中国轻工业“十四五”规划教材
“互联网 +”新形态立体化教学资源特色教材

木艺产品设计与制作

张世炜　张亚琴　主编
邹涵辰　姚翰超　吴晋卿　副主编

中国轻工业出版社

图书在版编目（CIP）数据

木艺产品设计与制作 / 张世炜，张亚琴主编. —
北京：中国轻工业出版社，2024.6
ISBN 978-7-5184-4703-9

Ⅰ. ①木…　Ⅱ. ①张…　②张…　Ⅲ. ①木制品—设计—高等职业教育—教材　②木制品—制作—高等职业教育—教材　Ⅳ. ①TS66

中国国家版本馆 CIP 数据核字（2023）第 238833 号

责任编辑：毛旭林
文字编辑：梁若水　　责任终审：劳国强　　设计制作：锋尚设计
策划编辑：毛旭林　梁若水　　责任校对：朱　慧　朱燕春　　责任监印：张　可

出版发行：中国轻工业出版社（北京鲁谷东街5号，邮编：100040）
印　　刷：艺堂印刷（天津）有限公司
经　　销：各地新华书店
版　　次：2024年6月第1版第1次印刷
开　　本：870×1140　1/16　印张：11.25
字　　数：300千字
书　　号：ISBN 978-7-5184-4703-9　定价：59.80元
邮购电话：010-85119873
发行电话：010-85119832　010-85119912
网　　址：http://www.chlip.com.cn
Email：club@chlip.com.cn

230338J1X101ZBW

前言

本教材源自高职产品艺术设计专业核心课程“木艺产品设计与制作”，主要讲述木艺产品综合设计与创作的方法和过程，培养学生同步掌握木艺产品“设计”和“制作”两大核心技能。

2020年，教育部等九部门印发《职业教育提质培优行动计划（2020—2023年）》，2022年，中共中央办公厅、国务院办公厅印发《关于深化现代职业教育体系建设改革的意见》，要求主动适应国家区域发展战略，落实立德树人根本任务，深化产教融合，贡献职业教育的中国智慧。落实到产品设计专业，人才培养需要“因地制宜”，建立具有地域文化特色的教学体系，避免同质化。

基于长三角地区城市文创、非遗传承、苏作家具的文化特色，本教材面向文创设计、工艺美术、家具设计等行业岗位需求，对标木艺知识、实操技能、劳动素质三位一体的培养目标，重构了“模块—项目—任务—子任务”的模块化教学结构，将工具与工艺的讲解融入具体案例实践，学做一体，循序渐进。

（1）课程包含4个模块：木艺理论、手工木作、机械木作、家具设计，遵循由理论到手工再到机械的教学逻辑，层层递进。

（2）模块分解为7个项目：项目由易到难，由一般木作到特殊木作。

（3）项目细化为25个任务，每个任务再细分为多个子任务：从记忆理解到技术实践，从设计分析到综合创造，直达岗位能力本位，学生可有效举一反三。

木文化是人类文明的核心。教材出版和应用，可为艺术设计学生和对传统木作工艺感兴趣的社会学习者提供合理的学习平台。学生懂设计、精制作、善沟通、厚人文，有利于教师组织混合式教学，更深层面上，助力现代青年设计师在产品设计中传承东方智慧，讲好中国故事，增强文化自信，为中华优秀传统文化启迪现代产品设计探索可行途径。

本教材配套视频、课件等教学资源请于轻工教学服务网下载。

二维码索引

模块	项目	序号	名称	二维码	页码
模块一 木艺理论	项目一　劳动与安全	1	安全操作问卷调查		3
		2	劳动教育问卷调查		6
		3	木工实训工坊卫生清扫制度		8
	项目二　木材	4	手账素材		25
模块二 手工木作	项目三　手工工具与手感小物	5	手工木勺1:1图纸		42
		6	木质餐具欣赏		44
		7	木艺首饰欣赏		51
		8	木艺首饰设计制作学生作品成果		51
	项目四　木材的接合	9	木艺玩具狗模型		59
		10	榫卯结构模型		66
		11	鲁班锁拆件结构图纸		71
		12	六柱鲁班锁模型		71

续表

模块	项目	序号	名称	二维码	页码
模块二 手工木作	项目四　木材的接合	13	六柱鲁班锁拼装方式模型		72
		14	三柱鲁班锁图纸		73
		15	画框模型		78
		16	实木花架模型		79
		17	榫卯宫灯模型		87
模块三 机械木作	项目五　机械工具与木质玩具	18	费斯托工具模型		106
		19	轴测图介绍		130
		20	三视图与立体图转换练习		130
		21	格物“智”知 · 中国传统玩具再设计		135
		22	网格设计介绍		138
		23	木马榫卯定位图		140

续表

模块	项目	序号	名称	二维码	页码
模块三 机械木作	项目五　机械工具与木质玩具	24	木马开料单		140
		25	木马三维模型		141
		26	木马三视图		141
模块四 家具设计	项目七　从木艺到家具：家具设计初探	27	板凳尺寸与开料单		167
		28	板凳模型		167
		29	高脚吧台圆凳模型		169
		30	高脚吧台圆凳图纸		169
学习任务单					
任务记录单					
学习评价表					

课时安排

（建议课时：96）

模块	课程内容		课时
模块一 木艺理论	项目一　劳动与安全	任务一　安全防护	4
		任务二　劳动教育	
	项目二　木材	任务一　木与人类文明	6
		任务二　木材物理特性	
		任务三　木材的类别	
模块二 手工木作	项目三　手工工具与手感小物	任务一　认识手工工具	22
		任务二　使用手工工具	
		任务三　案例实践：木艺餐具设计与制作	
		任务四　材料拓展：木艺首饰设计与制作	
	项目四　木材的接合	任务一　木材连接的艺术：接合	18
		任务二　中国的乐高：榫卯结构的凹凸之美	
		任务三　技术实践：交叉半榫的锯凿与鲁班锁制作	
		任务四　技术延伸：传统榫卯结构的现代发展——多米诺榫连接	
		任务五　设计实践：榫卯结构在文创产品中的传承与创新	
		任务六　应用实践：榫卯结构在文创产品中的应用与制作	

续表

模块	课程内容		课时
模块三 机械木作	项目五　机械工具与木质玩具	任务一　认识机械工具	28
		任务二　使用机械工具	
		任务三　技术实践：如何加工一块方正的木板	
		任务四　设计基础：技术图纸	
		任务五　设计实践：木质玩具设计	
		任务六　应用实践：木质玩具制作工艺与流程	
	项目六　机械工具与木旋技艺	任务一　木旋机械与工具	8
		任务二　案例实践：木旋技艺与陀螺	
模块四 家具设计	项目七　从木艺到家具：家具设计初探	任务一　家具设计初探	10
		任务二　案例实践：木质家具制作工艺与流程	

目录

001 模块一 木艺理论

002 项目一 劳动与安全
003 任务一 安全防护
006 任务二 劳动教育

009 项目二 木材
010 任务一 木与人类文明
014 任务二 木材物理特性
019 任务三 木材的类别

026 模块二 手工木作

027 项目三 手工工具与手感小物
028 任务一 认识手工工具
033 任务二 使用手工工具
040 任务三 案例实践：木艺餐具设计与制作
045 任务四 材料拓展：木艺首饰设计与制作

052 项目四 木材的接合
053 任务一 木材连接的艺术：接合
060 任务二 中国的乐高：榫卯结构的凹凸之美
066 任务三 技术实践：交叉半榫的锯凿与鲁班锁制作
074 任务四 技术延伸：传统榫卯结构的现代发展——多米诺榫连接
080 任务五 设计实践：榫卯结构在文创产品中的传承与创新
088 任务六 应用实践：榫卯结构在文创产品中的应用与制作

096 模块三　机械木作

097 项目五
机械工具与木质玩具
098 任务一　认识机械工具
107 任务二　使用机械工具
118 任务三　技术实践：如何加工一块方正的木板
123 任务四　设计基础：技术图纸
130 任务五　设计实践：木质玩具设计
138 任务六　应用实践：木质玩具制作工艺与流程

144 项目六
机械工具与木旋技艺
145 任务一　木旋机械与工具
151 任务二　案例实践：木旋技艺与陀螺

156 模块四　家具设计

157 项目七
从木艺到家具：家具设计初探
158 任务一　家具设计初探
163 任务二　案例实践：木质家具制作工艺与流程

170 参考文献

模块一

木艺理论

项目一　劳动与安全　002
任务一　安全防护　003
任务二　劳动教育　006

项目二　木材　009
任务一　木与人类文明　010
任务二　木材物理特性　014
任务三　木材的类别　019

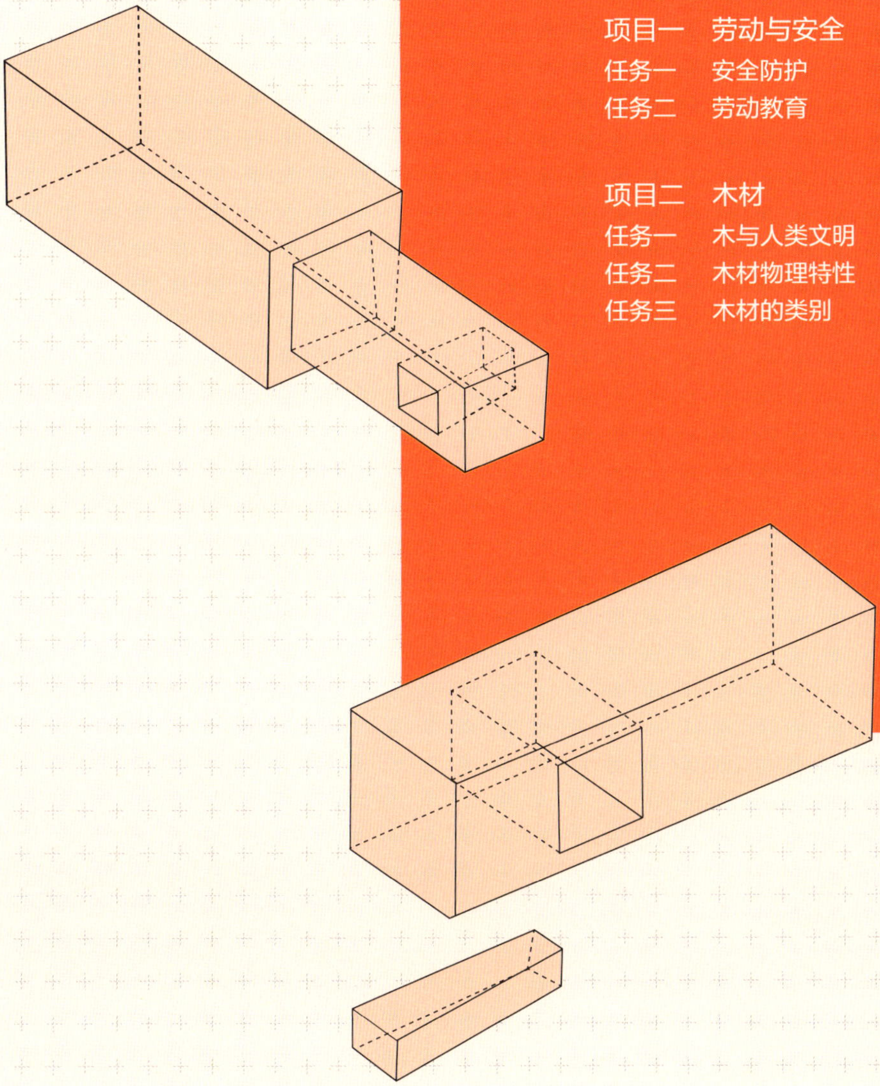

1 PROJECT

项目一

劳动与安全

木工工作有一定的危险性。手工工具和木工机械的不当使用，或者忽视安全操作规则，都可能导致永久性的伤害甚至死亡。无论什么时候，请将“安全”牢记心中。

本项目作为全部学习和操作的基础，将系统介绍木工安全操作通则和安全防护方法，指导学生在任何情况下严格遵守安全操作规则，建立全面的个人防护体系。同时，通过结合马克思主义劳动观，将劳动教育落实到细节，养成规范操作的工作态度，树立正确的价值导向。

学习目标

1. 知识目标

（1）了解木工安全操作通则和安全防护方法。

（2）理解新时代的劳动形态与劳动内涵。

2. 能力目标

（1）在任何情况下严格遵守安全操作规则，建立全面的个人防护体系。

（2）在专业实训中进行生产劳动实践，塑造劳动品质。

3. 素质目标

（1）树立安全意识，提升劳动品德和人文素养。

（2）培养敬业、精益、专注、创新的工匠精神和职业素质。

任务设计

任务一	安全防护	课时	2
任务内容	木工安全操作通则和安全防护方法		
任务要求	1. 了解木工安全操作通则和安全防护方法 2. 在任何情况下严格遵守安全操作规则，建立全面的个人防护体系		
任务二	劳动教育	课时	2
任务内容	理解劳动内涵，弘扬劳动精神		
任务要求	1. 理解新时代的劳动形态与劳动内涵 2. 在专业实训中进行生产劳动实践，塑造劳动品质 3. 弘扬劳动精神，提升职业劳动素养		

任务一　安全防护

一、任务目标：安全操作与防护

1. 知识目标

了解木工安全操作通则和安全防护方法。

2. 能力目标

在任何情况下严格遵守安全操作规则，建立全面的个人防护体系。

3. 素质目标

（1）树立牢固的安全意识，提升劳动品德和人文素养。

（2）培养敬业、精益、专注、创新的工匠精神和职业素质。

二、重点难点：全程安全规范操作，建立个人防护体系

1. 重点

背诵木工安全操作通则和安全防护方法。

2. 难点

整个学习过程中需全程注意安全规范操作，绝对禁止不规范操作和侥幸心理。

三、任务导入：安全防护自测小调查

（1）领取学习任务单，阅读学习指南，预习任务中涉及的相关概念。

（2）观看木工操作相关视频，思考记录安全操作行为与危险操作行为。

（3）扫码进行安全防护自测小调查。

安全操作
问卷调查

学习任务单

一、开课任务

安全防护
1. 健康和安全
2. 安全通则
3. 安全防护

二、学习情境

本任务，我们将学习健康与安全的知识，木工安全操作通则和安全防护方法，在任何情况下都要严格安全操作，建立全面的个人防护体系

三、学习指南

1. 观看木工操作相关视频，思考记录安全操作行为与危险操作行为
2. 扫码进行安全防护自测小调查
3. 利用课余时间到木工实训工坊参观，观察地面警戒线，阅读墙面操作规范
4. 背诵木工实训安全通则
5. 按照安全防护的知识点，购买个人安全防护装备
6. 完成任务测验

四、相关概念

1. 健康与安全
2. 木工实训安全通则
3. 木工实训个人安全防护

五、任务规范

1. 如实填写安全防护自测小调查
2. 购买木工实训安全防护用品
3. 本任务中的知识概念熟练背诵，牢记于心
4. 注意课前、课中、课后学习表现，关乎职业素养与专业学习评价
5. 任务测验成绩将计入课程成绩

四、知识传授：健康和安全，安全通则，安全防护

（一）健康和安全

一切和木工相关的讨论都要先从木工安全说起。木工机械是用来做锯切、刨削、打磨、钻铣的，如果用得好，机械工具对我们帮助很大。相反，如果使用时不注意，机器就会变得很危险。

健康和安全是我们必须要学习的知识，在此提醒大家，仔细阅读并严格遵守所有厂家提供的设备安全操作手册。另外，健康和安全也包括了预防事故的发生，防止木屑、粉尘、噪声对我们身体的损

害，对眼睛、耳朵和身体的保护也是非常重要的。

（二）安全通则

1. 保持精神集中

在进入木工实训室前，请自我检查是否饮酒，是否服用过药物，比如某些感冒药中会有嗜睡的成分。疲惫、饮酒和药物会使人精神不集中，非常危险。

制作时注意力一定要高度集中。如果累了，一定要休息。当一个人做一件重复的事情而注意力不集中时，很容易发生事故。

2. 注意穿着

一定要穿着合身、舒适的衣物，女生的长发必须盘起，防止卷入机器。穿坚固、不露脚面的安全鞋，防止凿子等尖锐物品掉落砸到脚面而受伤。另外，有些学生为了防止木刺扎手，喜欢佩戴手套，这在操作机械时是绝对不允许的。稍微有一点点小线头，一旦卷入机器，会造成不可估量的后果。

3. 穿戴防护设备

操作锯切类设备时戴耳罩和护目镜，操作打磨类设备时佩戴口罩和护目镜，操作车床时一定要佩戴安全面罩。

4. 保持场地整洁

所有与机器相关的操作要注意工作场地限制。保持工作场所干净、整洁，避免被废料或者电源线绊倒。

5. 工具与机械操作

保持锯片锋利，操作者使用钝了的锯片操作时需要使用更大的力气，控制性会变差。

操作机器前进行漏电检查，检查电源线、台面、刀刃工作区域。更换工具、排除故障和清洁维护前，应断开机器的电源，防止意外启动。

如果觉得操作不顺手，尤其是做特殊切割或不确定操作是否安全时，请寻求专业人士的帮助，不要盲目进行。

6. 严禁明火

木工实训室禁止明火，严禁吸烟。木屑、刨花、粉尘均为易燃物，极易引发火灾，所以在每天的工作结束后要清理工作现场，避免可燃物随意堆积，准备好必要的灭火设备。

7. 应急预案

做好应对紧急事故的准备。平时备好急救装备，牢记并能准确描述自己的所处位置，熟悉基本的自救和止血操作。

8. 严重伤害

如果发生严重的伤害，立即拨打急救电话“120”。如果不幸切断了手指，做好断端止血，离断指冷藏处理，用8层以上纱布包裹，置于干净的塑料袋内，扎紧并将袋口朝上，放置于10℃左右的有冰容器中冷藏保存，尽快送到就近医院进行再植手术。

（三）安全防护

从上到下，操作者需要对眼睛、耳朵、呼吸器官和身体采取防护措施，分别对应使用护目镜、耳塞、口罩和围裙（图1-1-1）。

1. 护目镜

木工操作中佩戴护目镜（图1-1-2）非常重要，业余木工中对眼部的伤害是最常见的。护目镜一般采用透明、宽大的聚碳酸酯镜片，抗冲击，防紫外线，可以防止粉尘和碎片飞入眼中。优秀的护目镜采用防雾涂层技术，使用过程中不易起雾，可以提供良好的清晰度。普通眼镜也可以起到一定的防护作用，但千万不要佩戴隐形眼镜。

2. 降噪耳塞

当使用电锯、带锯、电刨等机械时请佩戴耳罩或耳塞（图1-1-3），防止长时间的强噪声对听力的

图1-1-1　个人安全防护

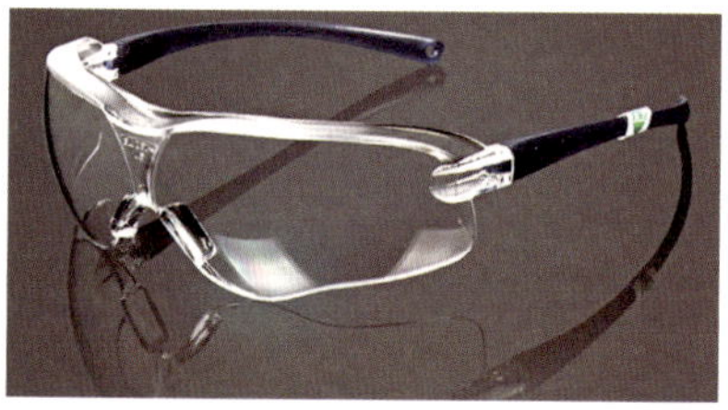

图1-1-2　护目镜

损害。人体耳朵舒适度上限约为75分贝，长期处于噪声环境，容易产生失眠焦虑、注意力不集中、情绪低落、听力受损等症状。

3. 防护口罩

木工操作过程中会产生大量的粉尘和木屑，普通医用口罩（图1-1-4）对颗粒物的防护是很有限的，不能全面保护呼吸器官。

所以在木工制作时需要使用专业的自吸过滤式防颗粒物呼吸器，其过滤元件的级别需达到KN90及以上标准，俗称KN90或KN95口罩。这种口罩一般有头戴式与耳戴式两种（图1-1-5）。

头戴式口罩、耳戴式口罩的使用方法见图1-1-6、图1-1-7。

无论哪种口罩，要想达到最佳的防护效果，口罩与脸部的密合性是非常重要的。这边有个检查的方法，用双手罩住口罩，避免影响口罩在脸上的位置，然后快速吸气呼气，如果空气从鼻梁处泄漏，应该重新调整鼻夹直至密闭贴合。

总的来说，耳戴式口罩使用方便，但时间长了耳朵勒得难受；头戴式适合长时间佩戴的人群使用，气密性更好。所以木工制作时更推荐头戴式口罩。

4. 木工围裙

木工围裙一般采用加厚帆布（图1-1-8），耐穿耐磨，围裙上设计了多个口袋，可以随身携带一些小工具，比如铅笔、尺子。围裙不仅用于阻挡灰尘，更重要的是限制衣物到合身状态，防止被机器卷入。

5. 防护面罩

防护面罩（图1-1-9）可以对面部提供整体式的防护。面罩跟护目镜采用同样的材质，能有效阻止颗粒物、液体飞溅，木屑、金属熔融物、热固体的喷溅和撞击。防护面罩不是必需的，但在木旋操作时一定要佩戴使用（图1-1-10）。

图1-1-3　耳罩和耳塞

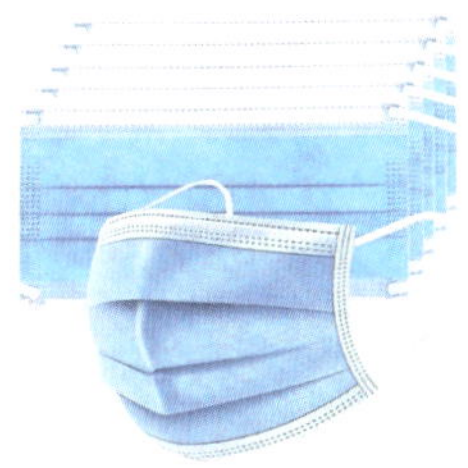

图1-1-4　普通医用口罩

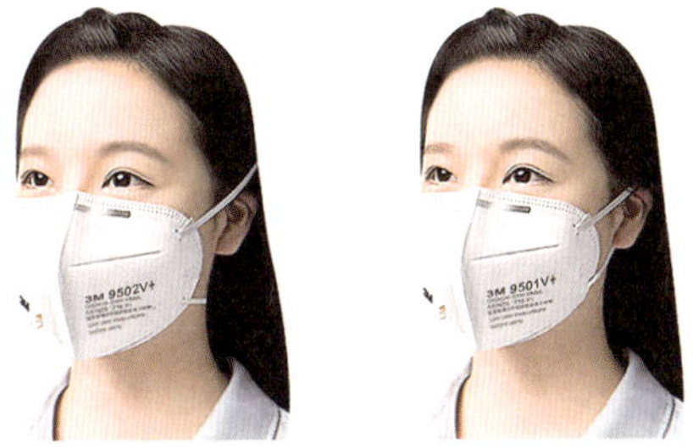

图1-1-5　自吸过滤式防颗粒物呼吸器（头戴式与耳戴式）

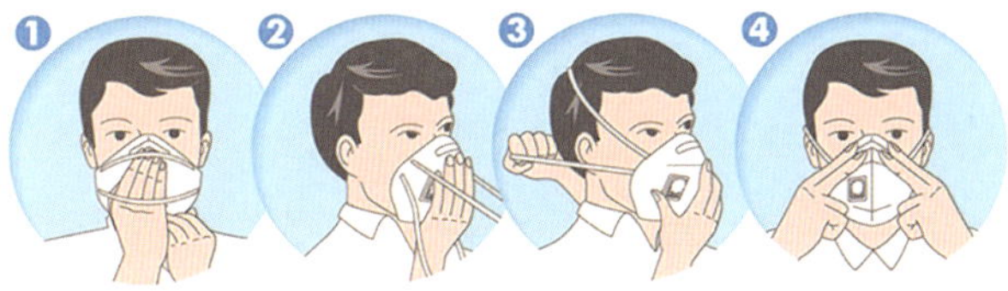

图1-1-6　头戴式口罩使用方法

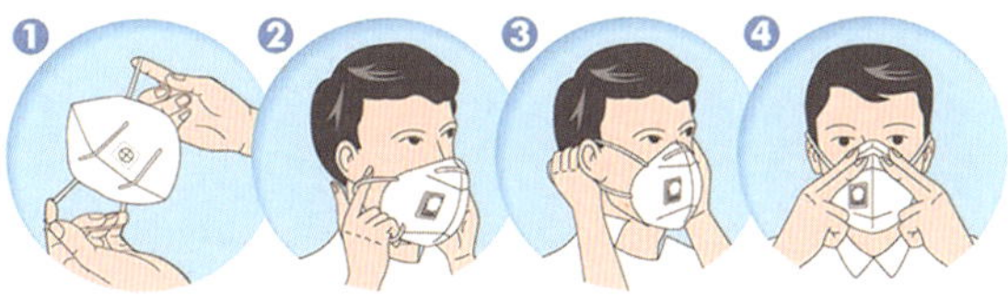

图1-1-7　耳戴式口罩使用方法

图1-1-8　木工围裙

图1-1-9　防护面罩

图1-1-10　木旋操作

五、任务拓展：《中华人民共和国劳动法》中的劳动安全

（1）拓展知识：《中华人民共和国劳动法》中对安全规程执行的规定。

（2）购买个人安全防护用品。

六、任务评价：《安全防护-学习评价表》

根据《安全防护-学习评价表》，展开学生互评、教师评价。

任务二　劳动教育

一、任务目标：理解新时代的劳动形态与劳动内涵

1. 知识目标

理解新时代的劳动形态与劳动内涵。

2. 能力目标

在专业实训中进行劳动实践，塑造劳动品质。

3. 素质目标

（1）树立牢固的安全意识，提升劳动品德和人文素养。

（2）培养敬业、精益、专注、创新的工匠精神和职业素质。

二、重点难点：树立劳动思想，提升劳动素养

1. 重点

树立正确的劳动思想，掌握劳动安全与保护相关知识。

2. 难点

在专业学习中进行劳动实践，深化专业课中的劳动内涵，提升职业劳动素养。

三、任务导入：劳动教育自测小调查

（1）领取学习任务单，阅读学习指南，预习关于新时代劳动的概念。

（2）观看央视系列节目《大国工匠》，谈谈受到了哪些启发。

（3）扫码进行劳动教育自测小调查。

劳动教育
问卷调查

学习任务单

一、开课任务

劳动教育
1. 理解劳动内涵
2. 塑造劳动品质
3. 弘扬劳动精神
4. 劳动托起中国梦

二、学习情境

2020年3月，中共中央、国务院印发《关于全面加强新时代大中小学劳动教育的意见》，明确提出职业院校以实习实训课为主要载体开展劳动教育，其中劳动精神、劳模精神、工匠精神专题教育不少于16学时。本任务基于国家政策背景和专业课中劳动教育现状，探讨艺术设计课程中的劳动教育，在项目化教学中实现“设计”与“劳动”结合

三、学习指南

1. 观看央视系列节目《大国工匠》，记录受到了哪些启发
2. 扫码进行劳动教育自测小调查
3. 学习并深刻理解任务中的相关概念
4. 为劳动品质和劳动精神找寻相关案例，相互分享学习
5. 按照实训空间卫生规范，分组完成实训室清扫工作
6. 完成任务测验

四、相关概念

1. 劳动内涵
2. 劳动品质
①专心致志 ②吃苦耐劳 ③诚实守信 ④团结协作
3. 劳动精神
①培育劳动精神 ②发扬工匠精神 ③践行劳模精神

五、任务规范

1. 如实填写劳动教育自测小调查
2. 深入理解本任务中的概念内涵，能与木艺设计制作相联系并讲述
3. 列举有代表性的体现劳动品质和劳动精神的相关案例
4. 注意课前、课中、课后学习表现，关乎职业素养与专业学习评价
5. 任务测验成绩将计入课程成绩

四、知识传授：理解劳动内涵，塑造劳动品质，弘扬劳动精神，劳动托起中国梦

（一）理解劳动内涵

1. 马克思主义劳动观

马克思主义劳动观的内涵包括以下三个方面：劳动创造人和人类社会，劳动创造社会财富，劳动推动社会全面发展。马克思主义劳动观论述了人类如何通过劳动从猿进化为人，又如何在劳动中不断进化，发展出人类社会和社会文化。

2. 新时代的劳动新形态

（1）新时代生活劳动。生活劳动是指可以直接满足生活需求的劳动，不仅可以为人们提供舒适整洁的生活环境，也可以促进人的健康。

（2）新时代生产劳动。随着科技的进步，先进工业生产的自动化和智能化程度越来越高，对劳动者的要求也越来越高，需要一专多能、有着强烈责任感以及团队协作精神的复合型技术技能人才。

（3）创新创业新型生产劳动。随着信息技术的飞速发展和全球经济一体化的迅猛推进，“创新创业”已经成为新时代的关键词，是当今经济和社会发展的主要力量源泉。

（二）塑造劳动品质

1. 专心致志，坚守梦想

木工是一门需要专心、技巧和创造力的手艺。做木工就是和木头的交流，只有通过一双手和一颗匠心，细细打磨手上的作品，才能创造出美丽、实用和个性化的家具和装饰品，让人们的生活更加美好（图1-1-11、图1-1-12）。

2. 吃苦耐劳，迎难而上

在五千年的历史长河中，中华民族历经了无数的苦难与忧患，在这些大灾大难面前，英勇的中华儿女不仅没有被吓倒，反而铸就了坚忍顽强、无坚不摧、吃苦耐劳的民族精神，战胜了艰难与困苦。

3. 诚实守信，修身立德

诚实守信体现了人们对待劳动的心理态度，影响人们的劳动行为和劳动效果。在新时代，我们更要强调诚实守信的劳动意识，将“诚信”二字内化于心，外化于行。树立诚实守信的劳动意识要从每个人做起，一个有责任感的公民，应当身体力行，用自身的诚实劳动去影响周围的人。

4. 团结协作，共享愿景

随着生产的现代化和社会化程度的不断提高，工业生产的分工也日益细化，只有通过专业化的劳动协作，才能促进劳动生产率的提高。

（三）弘扬劳动精神

1. 培育劳动精神

勤俭、奋斗、创新、奉献等是具有鲜明中华传统文化特征、新时代特征和社会主义特征的劳动精神，对树立正确的劳动价值观、培养崇高的劳动品质、塑造健全的人格等都具有重要意义。

2. 发扬工匠精神

工匠精神，就是工匠们在自己的职业中淬炼出来的品质与气质。工匠精神的核心是精益求精，是

图1-1-11　木工刨削

图1-1-12　木工雕凿

对职业的责任感，是一丝不苟的态度。木匠们专注于每一个细节，运用智慧和经验，创造性地改造物质世界。他们对每一项工作都充满敬畏，对每一个步骤都一丝不苟，同时对最后的劳动结果充满诚意，并由此获得成就感，他们赋予了作品灵魂和生命。

3. 践行劳模精神

劳模精神体现在实践中，要在平凡的岗位上践行劳动理念，在本职工作中培育劳动素养，自力更生、奋发图强、不怕困难、不畏艰险，全力完成各项任务。要在实践中践行劳模精神，还要学习劳动模范的工作态度、工作作风、工作方式，推动劳模精神贯彻落实、创新发展。

（四）劳动托起中国梦

1. 劳动推动民族复兴

亿万劳动者在党的领导下，正在以昂扬的斗志和拼搏进取的精神，用自己的双手书写中国故事、创造中国奇迹、刷新中国速度、成就中国光荣，释放更多推动社会发展的正能量，提供更多构建人类命运共同体的新智慧，构筑通向伟大梦想的坚实路基。

2. 劳动成就美好未来

大学阶段是学生塑造正确的世界观、人生观、价值观的重要阶段。离开大学，走向社会，成为一个真正的劳动者，是每个大学生成长的必经之路。因此，大学生应在勤学、修德、明辨、笃实上下足功夫，牢固树立“劳动最光荣、劳动最崇高、劳动最伟大、劳动最美丽”的观念，坚定中国特色社会主义共同理想。

五、任务拓展：实训空间标准化清理

（1）拓展案例：寻找体现劳动品质和劳动精神的相关代表性案例，并分享。

（2）拓展任务：每次结束实训后，按照实训空间卫生规范进行实训室清扫工作，要求分组协作完成，达到实训空间卫生规范标准。

木工实训工坊卫生清扫制度

六、任务评价：《劳动教育-学习评价表》

根据《劳动教育-学习评价表》，展开学生互评、教师评价。

2 PROJECT

项目二　木材

不同的生长环境，如气候、土壤、地理位置等都会对木材产生影响，每种木材都具有独特的颜色、密度、纹理和加工特性。因此，研究木材的特性非常关键，只有足够了解，我们才能更好地应用它。

本项目重点介绍木材的相关知识，探究木材与人类文明的关系，学习木材的物理特性并将其与加工行为结合，以便后续选择适合的木材进行设计与制作。

学习目标

1. 知识目标

（1）理解木与人类文明的关系。

（2）理解木材的物理特性、常用木材的分类和原木的加工方式。

2. 能力目标

（1）能够举例说明人类生活对木的依赖和木对人类文明的作用。

（2）能够将木材的物理特性与加工行为相联系，会根据设计要求选择适合的木材。

3. 素质目标

（1）建立文化自信心和民族自豪感，树立环保意识、质量意识。

（2）锻炼举一反三的学习能力和方法。

任务设计

任务一	木与人类文明	课时	2
任务内容	理解木与人类文明的关系		
任务要求	1. 理解木与人类文明的关系 2. 多角度阐述木对人类文明的作用		
任务二	**木材物理特性**	**课时**	**2**
任务内容	理解木材的物理特性和加工方式		
任务要求	1. 了解木材的物理特性，包括纹理、水分和形变等 2. 将木材的物理特性与木材接合、开料等加工行为相联系		
任务三	**木材的类别**	**课时**	**2**
任务内容	理解常用木材的分类和性能		
任务要求	1. 了解常用实木材的分类和性能 2. 根据设计要求选择适合的实木材 3. 熟练识别选用常见的人造板材		

任务一　木与人类文明

一、任务目标：理解木与人类文明的关系

1. 知识目标

理解木与人类文明的关系。

2. 能力目标

（1）能举例说明人类生活对木的依赖。

（2）能多角度阐述木对人类生产生活的重要作用。

3. 素质目标

（1）理解科学技术是第一生产力。

（2）增强团队沟通协作能力，树立环保意识、质量意识。

二、重点难点：阐述木对人类生产生活的重要作用

1. 重点

理解木与人类文明的关系。

2. 难点

结合案例说明木对文明发展的积极作用。

三、任务导入：观看清华大学艺术博物馆线上家具展

（1）领取学习任务单，阅读学习指南，预习关于人类文明的产生与发展的知识。

（2）线上观看“清华藏珍”清华大学艺术博物馆藏品展的家具门类，以今天的生活视角谈谈这些家具给你的感受。

四、知识传授：木与人类文明的关系

学习木与文明，探讨木料、木器如何促进人类物质生活和精神文明的进步，能够帮助我们了解人类历史和文化发展，有助于我们欣赏和保护木文化，这对于传承和发展优秀传统文化非常重要。

学习任务单

一、开课任务

木与人类文明
1. 木与衣的关系
2. 木与食的关系
3. 木与住的关系
4. 木与行的关系

二、学习情境

前序课程中，我们已经了解了安全防护和劳动教育的知识，本任务属于理论学习的层面。木材作为一种天然材料，具有优良的特性，在建筑、家具、包装等领域发挥着巨大的作用。了解木与人类文明的关系，探讨木料、木器如何促进人类物质生活和精神文明的进步，能够帮助我们了解人类历史和文化发展，有助于我们欣赏和保护木文化

三、学习指南

1. 按课程任务要求分成小组，团结协作推进任务完成
2. 线上观看“清华藏珍”清华大学艺术博物馆藏品展的家具门类，以今天的生活视角谈谈这些家具给你的感受
3. 观看微课视频，进行课程预习
4. 小组讨论，结合案例说明木对人类文明发展的积极作用
5. 拓展阅读：《木与人类文明》
6. 利用网络或图书馆资源调研木材的创新应用

四、相关概念

木与人类文明的关系

五、任务规范

1. 课堂讨论能清晰表达自我观点
2. 注意课前、课中、课后学习表现，关乎职业素养与专业学习评价
3. 基础知识概念需要每个人都熟记于心，课后进行测试

（一）木与衣的关系

木材在衣料演化中扮演了重要的角色。在织造工具、纤维染料的来源、纤维来源等方面，木材为人类衣料的不断发展和演化做出了贡献。

1. 织造工具

最早的织布机和纺车（图1-2-1）都是由木材制成的，木材工具可以使人们更好地完成织造任务。

2. 纤维染料的来源

古代的许多纤维染料都是从木材中提取的，包括树皮、木质部和树叶等（图1-2-2）。树皮中的鞣质还可以制成皮革制品。

3. 纤维的来源

人们用木材工具从棉花、土豆根、麻类、树皮等原料中提取纤维，用于织造布料（图1-2-3）。

（二）木与食的关系

木材在人类食品和农业领域中也有着广泛的应用。从人类的早期文明开始，木材一直是人类饮食文化的重要组成部分。

1. 烹饪用具

在古代，木材被用来制作各种烹饪工具，如锅、盆、碗等。即使在现代，木质砧板和木质餐具依然被广泛使用。

（a）织布机　　（b）纺车

图1-2-1　织造工具

红花　蓼蓝　胡桃　茜草　紫檀　黄柏　黄栌　麻栎

图1-2-2　古代常用的染料植物

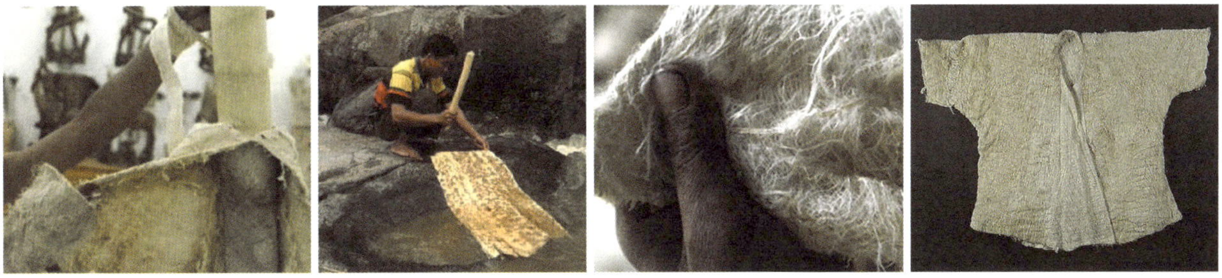

（a）剥离树皮　（b）浸泡捶打脱胶　（c）树皮纤维晒干整匀成树皮布　（d）制成的树皮衣

图1-2-3　树衣制作过程

2. 农业工具

早期人类使用木质耕具，如木犁、木耙等（图1-2-4）。现在，木材依然是农业工具中不可或缺的原材料，例如木质水桶和水槽等。

3. 食材来源

除了在食品生产和加工过程中使用木材外，一些食材本身也与木有直接的关系。例如，榛子、核桃、松子等坚果类和菌菇类食材是从树木中获得的。

（三）木与住的关系

木材是人类的建筑材料之一，几乎所有文明都使用过木材作为住宅建筑和家具的主要材料。

1. 建筑材料

在中华文明历史中，木材一直是建造房屋的主要材料（图1-2-5、图1-2-6）。到了现代，虽然建筑材料有了更多的选择，但木材仍然是一种常见的优质建筑材料，其耐久性、美观性和隔音性等性能也被广泛认可。

2. 家居装饰

木材在家具制造和家居装饰中广受欢迎，因为它们既美观又实用（图1-2-7、图1-2-8）。此外，木材的加工和处理技术也在不断发展，使得现代家具更加环保和多样化。

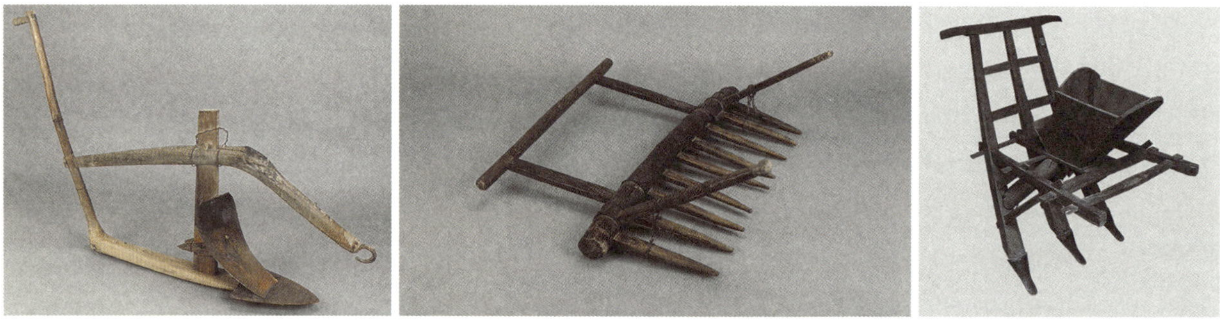

（a）曲辕犁　（b）耖　（c）耧车

图1-2-4　农业工具

图1-2-5　穿斗式木构架模型

图1-2-6　李乾朗的古建筑手绘

图1-2-7　明式书房陈列

图1-2-8　四出头官帽椅

3. 室内装修

在室内装修中，木材可以作为地板、天花板、墙板和梁柱等使用（图1-2-9、图1-2-10）。木材材质温馨自然，能够为房间营造出温馨的氛围。同时，木材还具备调节室内湿度和空气质量的功效，有益于人体健康。

（四）木与行的关系

人类从学习站立到直立行走，几乎都离不开木头，因此木与行也具有密切的关系。这里所说的“行”可以分为三种，分别是水上之行、陆地之行和空中之行。

1. 水上之行

木材具有轻便、美观且耐用的优点，自古以来，人类就使用木材来建造不同类型的船只（图1-2-11）。在今天，一些地方仍然使用特制的木筏或木船来进行水上交通。

2. 陆地之行

在陆路交通中，木材被广泛应用于道路建设和桥梁建设，用于构建桥面、横梁、支架等（图1-2-12）。木材的优点是重量轻，不需要大型机械，且可通过简单的工具进行处理。此外，木材有助于提高道路的支撑力和桥梁的耐用性。

3. 空中之行

在空运交通中，木材曾被用于飞机的建造和修复。因其轻便、强度高、易加工等特点，木材被用于制造飞机的机身、机翼、螺旋桨等（图1-2-13）。

人类祖先长期生活在木的环境之中，所以人类文明必然离不开木，人类现代文明的方方面面必然会留下木的痕迹。木是人类文明的起源，木的利用，引导和推动着人类文明的发展，这就是木与人类文明的关系。

五、任务拓展：阅读《木与人类文明》

（1）拓展阅读：《木与人类文明》，罗建举，科学出版社2015年版。

（2）完成任务测验。

六、任务评价：《木与人类文明-学习评价表》

根据《木与人类文明-学习评价表》，展开学生互评、教师评价。

图1-2-9　木地板

图1-2-10　木墙板

图1-2-11　南宋海船缩比模型

图1-2-12　浙江省泰顺县仙居桥

图1-2-13　莱特兄弟的飞行者一号

任务二 木材物理特性

一、任务目标：了解木材的物理特性

1. 知识目标

（1）了解木材的物理特性，包括纹理、水分和形变等。

（2）理解木材的类型和原木的加工方式。

2. 能力目标

（1）能够将木材的物理特性与木材接合、开料等加工行为相联系。

（2）能够根据实际需要选择适合的加工方式。

3. 素质目标

（1）建立文化自信心和民族自豪感，树立环保意识、质量意识。

（2）锻炼举一反三的学习能力和方法。

二、重点难点：根据设计、加工、制作要求选择适合的木材

1. 重点

了解木材的物理特性。

2. 难点

根据设计、加工、制作要求选择适合的木材。

三、任务导入：观察木材样板并深入调研

（1）领取学习任务单，阅读学习指南，预习木材的物理性质。

（2）在木工实训室观察木材小料样板，挑选感兴趣的木材做深入调研。

学习任务单

一、开课任务
木材物理特性 1. 木材的性质 2. 木材的加工

续表

二、学习情境
在之前的课程中，我们已经了解了木与人类文明的关系，探讨木料、木器如何促进人类物质生活的进步。本任务，我们将木材的物理特性与加工行为相联系，在以后的学习和工作中能够根据设计要求和加工制造需要选择适合的木材
三、学习指南
1. 按课程任务要求分成小组，团结协作推进任务完成 2. 在木工实训室观察木材小料样板，挑选感兴趣的木材做深入调研 3. 观看微课视频，进行课程预习 4. 在课堂上跟随教师进行话题讨论 5. 拓展阅读：《木与人类文明》 6. 利用网络或图书馆资源调研木材的创新应用
四、相关概念
1. 木材的物理特性 ①木材纹理 ②水与木材 ③木材形变 2. 木材的加工方式 ①木材的类型 ②原木的加工
五、任务规范
1. 课堂讨论能清晰表达自我观点 2. 注意课前、课中、课后学习表现，关乎职业素养与专业学习评价 3. 基础知识概念需要每个人都熟记于心，课后进行测试

四、知识传授：木材的性质，木材的加工

木材种类繁多，不同的木材其用途和性能都有所不同。本任务中我们将认识木材的诸多物理性质，学习这些知识可以让我们更好地认识木材、应用木材，提升自身的综合素质。

（一）为什么要学习木材物理特性

每种木材都拥有独特的颜色、密度、纹理和加工特性，呈现出它们的“个性”。当我们将木材制作成家具时，我们可以感受到每块木板独特的性质。要学习精湛的木工技艺，我们应该从了解树木生长的神奇过程和木材的物理特性着手，在设计项目中，根据需求选择适合的木材类型，对制作过程进行适当预测，提高加工效率。

（二）木材的性质

1. 木材纹理

木材是由树木中沿着主干、分支、树枝方向生长的各种细胞组成的，这些细胞大多由纤维素构成，它们通过木质素粘在一起，形成了木头的坚硬质地（图1-2-14）。

在树干的横截面上，我们可以清晰地看到树干从外到内，可以分为树皮、边材、心材和髓心（图1-2-15）。根据季节和环境的不同，每年春季和夏季形成的木材也有所不同，呈现出颜色和纹路的变化。在每年春天生长的材型叫“春材”，春材生长得较快，所以颜色较浅；而在夏季形成的叫“夏材”，其细胞密度更大，所以颜色较深。两种材型交替形成了木材中清晰的年轮分界。

对于大多数硬木来说，我们通常使用它们的心材部分来制作木艺品。例如紫光檀（图1-2-16），我们通常所见的紫光檀是紫黑色的，色泽深沉、光泽感强，手感细腻光滑，是它的心材部分。紫光檀的边材是浅色的，图1-2-17展现的正好是边材心材相交界的部分，深浅交界，很有视觉冲击力，又称“阴阳木”。还有我们常用来制作产品的黑胡桃、樱桃木、橡木，都属于心材的部分（图1-2-18至图1-2-20）。

我们可以将一块木材看作是用胶水（木质素）粘在一起的一束秸秆（细胞），这些粘在一起的秸秆很难被拦腰折断，但顺着长度方向将它们彼此分开却相对容易。如图1-2-21所示，木材更容易沿着纹

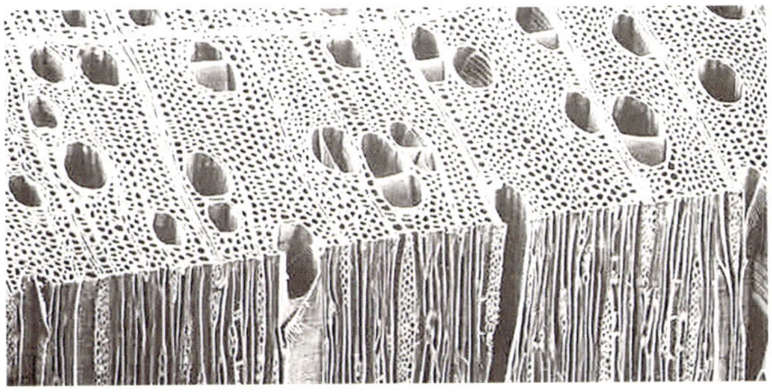

图1-2-14　木材细胞

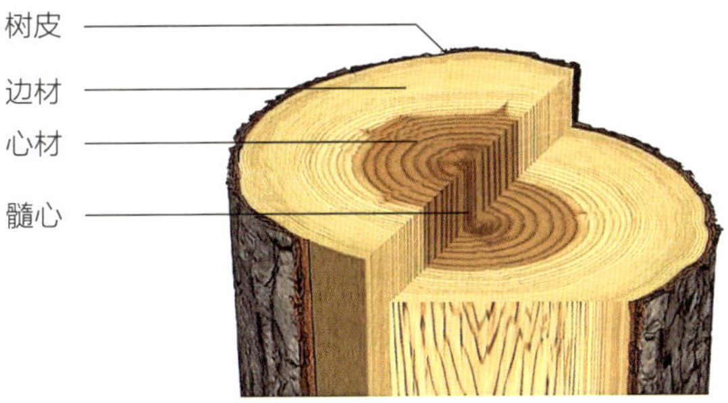

图1-2-15　树干的横截面

图1-2-16　由紫光檀心材部分制作的木艺品

图1-2-17　紫光檀的边材和心材

图1-2-18　黑胡桃

图1-2-19　樱桃木

理而不是横向于纹理开裂。

因此，在木材制作工艺中，顺着木材的纹理切割比横向切割更容易。木材开料一定要保证木纹方向沿着木材的长度方向，反之，如果垂直于长度方向，木材将失去结构强度，很容易断裂。同样的原理，手工刨、木凿的刀片一定要顺着木材纹理切割，这样不会产生严重的撕裂。

2. 水与木材

木材的细胞壁能够迅速吸收水汽。即使是看起来干燥的木材，在居住环境湿度的影响下，仍会吸收或释放水分。虽然木材的细胞壁会随湿度的变化而收缩或膨胀，但这种变化只会体现在木材的厚度上，对长度影响不大。这也就解释了为什么随着湿度的增加，桌面会变厚而不是变长。

既然木材会随湿度变化发生形变，那么干燥木材就变得尤为重要了。在对木材进行干燥处理时，不能简单将木材晾在户外，因为木材在这个过程中会收缩，这种自然的快速收缩会导致木材裂开。因此，在对木材进行干燥处理的过程中，需要专业的技术支持。木材的干燥处理有两种方式：自然风干和窑干。

将刚伐下的原木锯成厚木板，然后用油漆或者蜡密封木板的端面，在木板堆积时，使用小木块来间隔木板，这样可以让空气自然流通，同时需要避免阳光直射和过于干燥的环境，这个过程叫作自然风干（图1-2-22）。通常情况下约2.54cm厚的木板需要风干一年左右。

但是，木材公司没有很长的等待时间，这催生了利用干燥窑进行木材窑干的技术。将木材分层堆放在干燥窑内，板材用垫块间隔开，窑内流通着温暖潮湿的空气，空气湿度逐渐降低。每次调整时，空气湿度都必须保持在略低于木材湿度的程度，这种逐步降低湿度的方法叫做窑干（图1-2-23）。如果操作正确，不会导致木材开裂，且比自然风干的效率高很多。

3. 木材形变

当木材收缩或膨胀时，它在每个方向上形变的程度是不一样的。

（1）杯形形变。杯形形变可以理解为木材在宽度方向上的形变（图1-2-24）。杯形形变通常是由木材中心部分吸收水分造成的，水分从外部渗透进来，会让木材中内侧的纤维素膨胀，木材中心部分向外扩张。

图1-2-20　橡木

图1-2-21　木材沿着纹理开裂

图1-2-22　自然风干

图1-2-23　窑干

杯形形变的解决方法是，使木材两侧保持相同的湿度，或通过在内部表面减少或增加木材层压板的构造设计，来减少形变。

（2）弓形形变。弓形形变是指木材在长度方向上发生形变（图1-2-25）。木材在湿度变化时，当其中一侧湿度变化比另一侧大，导致受潮部分吸水膨胀，形成木材的弓形形变。

弓形形变的解决方法是，使用优质硬木木材，制作长度方向呈负曲率翘曲的侧板，并在对称位置施加反弯下的侧压，使木材相对平直并保持稳定。这种方法利用木材的旋转弯曲性质，通过结构设计来对抗弓形形变的发生，具有很好的效果，并已经得到广泛的应用。

（3）扭曲形变。扭曲形变是指木材在长度和宽度两个方向上同时发生形变，导致整个木材发生扭曲（图1-2-26）。木材发生扭曲形变时，其不同方向的纤维素受力不均衡，导致形状发生扭曲。扭曲形变通常是由木材不平衡地吸收水分造成的，在制材过程中发生翘曲或切削力不对称以致力心位置变化，导致木材形状不稳定。

扭曲形变的解决方法是，对木材进行适当的干燥处理使已经变形的木材得到控制或重新制材。另外，适合的工艺加工方案和木材储存也可以减轻木材扭曲问题。

由此可见，不同方向的形变类型是由不同的因素引起的，对木材的材质和综合性能会产生不同的影响。在木材的生产和加工中，需要采取适合的预处理和处理措施来减少木材的形变。

（三）木材的加工

1. 木材的类型

木材有很多种类，其中最基本的分类是根据硬度和密度可以分为硬木和软木两类。它们在物理特性、用途等方面存在着很大的差异。

（1）硬木。硬木产自落叶乔木，具有较高的密度和硬度，也拥有更强的抗压性、弯曲强度和耐久性，通常用于要求承受高压或呈现高品质效果的工业和商业应用。常见的硬木包括橡木、山核桃、胡桃木、枫木、柿木等（图1-2-27）。

家具产品：硬木的纹理丰富、颜色变化多样，光洁度好，某些种类还带有香气。因此，硬木常用于制造实木家具，如椅子、桌子、衣柜等。

运动器材：硬木制成的运动器材比较坚固耐用，例如滑雪板、高尔夫球杆和棒球棒等。

（2）软木。软木大多来自松科树木，外观呈锥形，是四季常青的裸子植物，密度和硬度相对较低，但它具有优异的弹性和吸震能力。常见的软木有松木、杉木、桦木等（图1-2-28）。

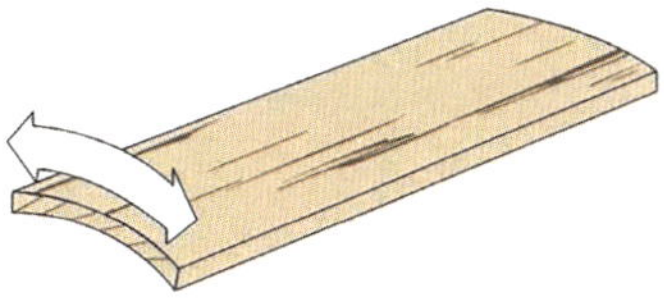

图1-2-24　杯形形变

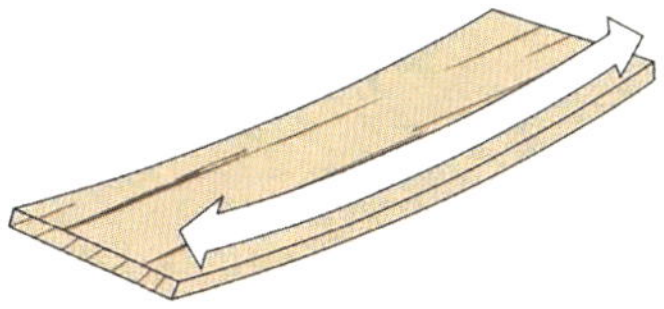

图1-2-25　弓形形变

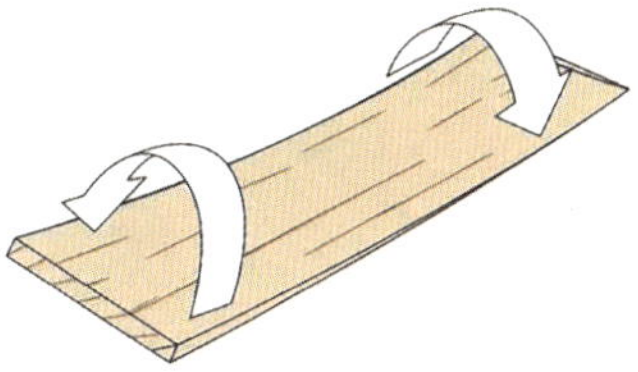

图1-2-26　扭曲形变

图1-2-27　硬木

（a）松木

（b）杉木

（c）桦木

图1-2-28　软木

建筑业：软木用于构建建筑物的框架、内部结构、地板和门窗等。

装饰材料：由于其柔软的特点，软木可以用于制造规格各异的装饰材料，例如地垫、墙板和天花板，可以带给使用者柔和、舒适的触感。

隔音材料：软木具有非常好的吸音和隔音能力，广泛用于制作各类建筑和工业应用中的隔音板。

2. 原木的加工

木工师傅在加工原木的时候有多种选择，弦切板、径切板和斜切板是三种常见的原木切割方法，它们有各自独有的特点和用途。

（1）弦切板。弦切板也叫平切板，是指将原木锯成与木材圆形表面平行的切面板材（图1-2-29）。弦切板的标志是端面纹理为弧形纹，表面纹理为火焰纹（图1-2-30）。弦切板的优点在于易于加工，可用于制作桌椅、地板和墙板等大面积的木材制品。另外，弦切板还具备装饰性，其木材表面的火焰纹增加了木材的艺术效果。

每棵树的中央部分有髓心和密集的节疤，所以把原木加工成弦切板的方法是，从四个边分别开始锯原木，以避开原木的中心，如图1-2-29所示。

（2）径切板。径切板是指将原木锯成与木材表面垂直的切面板材（图1-2-31）。径切板的特点是端面纹理中有相互平行且垂直于表面的条纹（图1-2-32），以及表面纹理为平行的直线纹。径切板的主要用途是制作木材构件，如梁、柱、桁架等。有时使用直径较小的原木进行径向切割会更划算。

（3）斜切板。斜切板是指将原木沿30°～60°的角度锯成切面板材。斜切板的特征与径切板类似，唯一的区别就是其端面纹理中的线条并不垂直于板材表面，而是斜的。斜切板是一种中间选择，可以保留原木的纹理和形态，同时也可以为原木赋予一定的艺术感。斜切被广泛用于珍贵木材的制作，如紫檀、铁木等。

三种加工原木的方法各有利弊。从木材的稳定性而言，径切板较弦切板和斜切板更稳定，因为弦切板和斜切板的纹理更容易受到木材水分和环境条件的影响，且弦切板的两面要同时承受径向和切向两个方向的不平衡的力。但在加工成本方面，径切板和斜切板的加工成本要比弦切板高，且木料利用率低。鉴于这

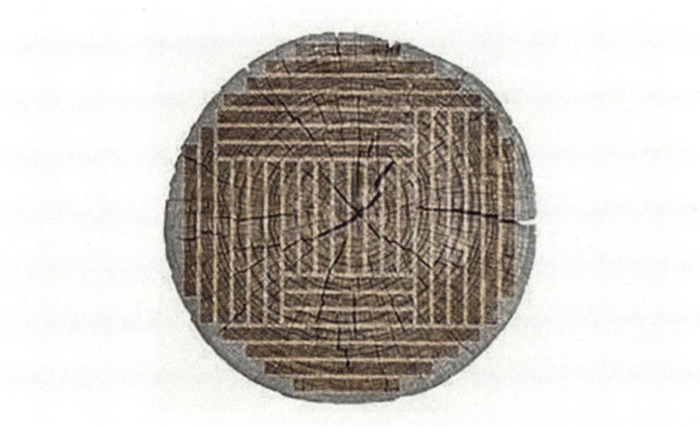

图1-2-29　弦切板

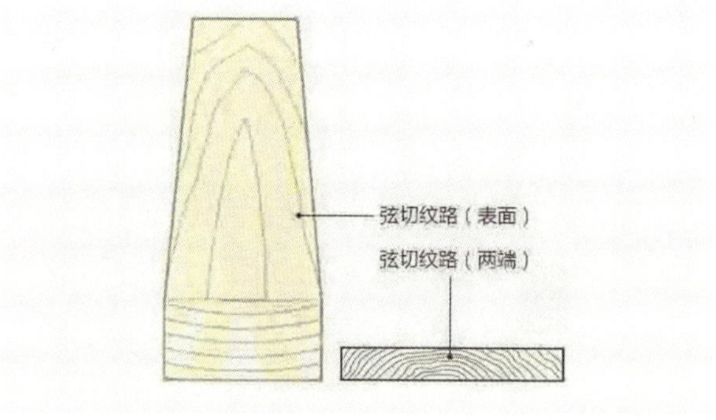

图1-2-30　弦切板纹路

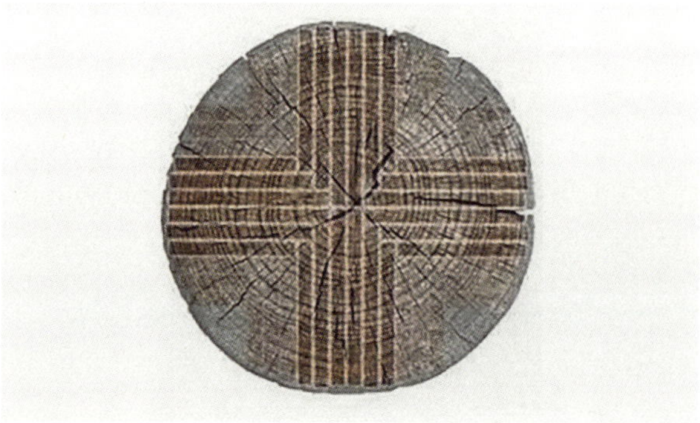

图1-2-31　径切板

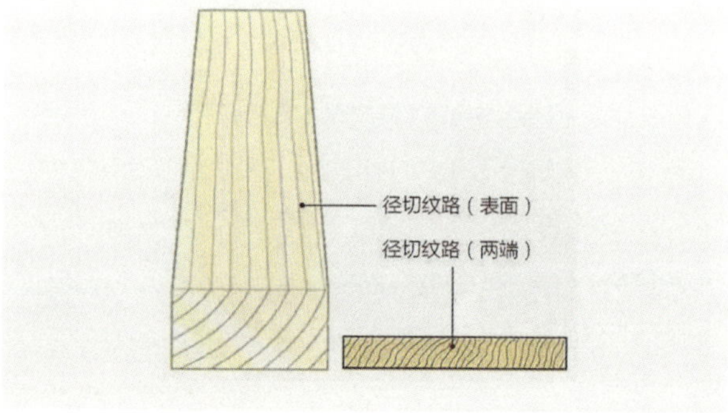

图1-2-32　径切板纹路

些原因，在木材场见到更多的还是弦切板。

五、任务拓展：阅读《木工全书》

（1）拓展阅读：《木工全书》，英国DK出版社编著，北京科学技术出版社2014年版。

（2）完成任务测验。

六、任务评价：《木材物理特性-学习评价表》

根据《木材物理特性-学习评价表》，展开学生互评、教师评价。

任务三　木材的类别

一、任务目标：了解常用木材的分类和性能等

1. 知识目标

（1）了解常用木材的分类。

（2）理解常用木材的性能。

2. 能力目标

（1）能够根据设计要求选择适合的木材。

（2）能够熟练识别常用的人造板材。

3. 素质目标

（1）理解科学技术对人类生活方式的积极作用。

（2）增强团队沟通协作能力。

4. 思政目标

培养环保意识、质量意识和工匠精神。

二、重点难点：正确分辨和选用常用木材和人造板材等

1. 重点

正确分辨常用木材和人造板材。

2. 难点

根据设计、加工、制作要求选择适合的木材。

三、任务导入：观察红木样板、深入调研

（1）领取学习任务单，阅读学习指南，预习木材的类别。

（2）收集木材小料样板，在木工实训室观察红木小料样板，挑选感兴趣的木材做深入调研。

学习任务单

一、开课任务
木材的类别 1. 实木材 2. 人造板材 3. 装饰面板 4. 木皮 5. 购买木材
二、学习情境
利用课前同学们分组收集的木材小料，对木材进行分类，认知和识别后续工作中常用的木材
三、学习指南
1. 按课程任务要求分成小组，团结协作推进任务完成 2. 收集木材小料样板，挑选感兴趣的木材深入调研 3. 观察红木小料样板，挑选感兴趣的木材深入调研 4. 小组讨论，结合案例说明实木材和人造板材的优缺点 5. 说明自己在后续的案例制作过程中如何购买木材
四、相关概念
1. 实木材：经典实木材、红木 2. 人造板材：人造板材的优势、种类、环保等级 3. 装饰面板：实木饰面板、人造饰面板、金属饰面板 4. 木皮：天然木皮、科技木皮、无纺布木皮、染色木皮 5. 购买木材：原木、半成品木材、成品木材
五、任务规范
1. 收集不同种类的木材小料要注意分类，准确描述其特征，清晰表达自我观点 2. 注意课前学习及课中表现，关注自我表达力的提升，关注过程评价 3. 基础概念需要熟记于心，课后进行测试 4. 制作木料手账，图文并茂，描绘纹样，阐述特性，可上传社交平台分享

四、知识传授：实木材、人造板材、装饰面板、木皮、购买木材

根据加工形式的不同，生活中常见的木材主要可以分为四类：实木材、人造板材、装饰面板和木皮。每种木材都有其独特的纹理质感，深入了解不同种类木材的产地、特点以及用途，才能在未来的木艺产品制作中选择最适合的木材，运用正确的加工方法。

（一）实木材

1. 经典实木材

在中国古典家具制作中，最常使用的经典木材种类包括榆木、榉木、杉木、桦木、杨木、樟木、核桃木和橡木等。为确保产品设计和制作的质量，我们需要了解这些不同种类木材的特点和适用情况。

（1）榆木。榆木主要分布在中国北方各地，它是中国古代家具制作的材料之一。

特点：榆木的木质较为坚硬，纹理柔美而均匀，颜色略深。质地细腻，密度适中，易于加工，非常适合家具制造（图1-2-33）。榆木具有良好的稳定性和耐久性，容易打磨和上色，表面也容易被雕刻成各种图案。另外，榆木的吸音和绝缘性较好，可以满足建筑和音箱等制造领域的需求。

用途：榆木主要用于家具制造，在中国古代，被用于制造明清宫廷家具以及各种高档家具。榆木制成的家具质地结实，不易变形，具有较好的装饰效果。榆木还广泛应用于室内装修、音箱、车辆等制造领域，因为其良好的吸音性能，可以用于制造各种乐器。此外，榆木还可以作为建筑和船舶结构材料使用，不仅强度高，还具有较好的抗腐蚀性能。

（2）榉木。榉木主要生长在江苏、浙江和安徽。榉树可以长到30多米高，直径可达1.5米。

特点：榉木木质紧密且较重，抗冲击，硬度强，可媲美红木，蒸汽下易于弯曲，可以制作造型，但是易于开裂。榉木拥有如同重叠波浪尖的“宝塔纹”（图1-2-34），当木材的纹路足够优美时，甚至可以比拟纹理颇具戏剧性的鸡翅木。

用途：榉木在中国传统家具制作中应用广泛，是明清两代南方家具中非常重要的原材料之一，用于制作各种桌椅、床铺、屏风、炕几、橱柜等家具。

（3）杉木。杉木主要分布在中国长江流域，长江以南广泛用之造林，长江以北也有不少地区引种栽培，此树在土层肥厚、气候温暖多雨、排水良好的山地或河堤生长迅速。

特点：杉木的外观美观，具有细腻而均匀的纹理，颜色呈现自然的淡黄色调。它的木纹清晰，质感温和，给人一种自然舒适的感觉（图1-2-35）。另外，杉木具有较好的抗腐蚀性，这使得杉木在湿润环境中具有较好的耐久性，适用于室外建筑和湿度较高的场所。

用途：杉木的加工性能出色，质地较软，易于加工和切割。它具有良好的粘接性能，可以与胶合剂很好地结合，便于制作各种形状和结构的木制品。这使得杉木在家具制造和建筑工程中具有一定的优势。

图1-2-33　榆木

图1-2-34　榉木

图1-2-35　杉木

（4）桦木。桦木主要分布在中国东北地区，其中黑龙江省和吉林省的桦木质量更好。

特点：桦木年轮明显，纹理直，材质结构细腻且柔和光滑，质地较软或适中，富有弹性。其根部及节结处多有花纹，树皮也比较柔韧美丽，这是桦木的典型特征之一（图1-2-36）。桦木多汁，成材后多变形，加上纤维抗剪力差，易“齐茬断”，所以全部用桦木制成的桌椅很少见。

用途：桦木加工性能好，切面光滑，胶合性能好，在易于腐朽的环境下不十分耐久，更多以夹板形式使用。

（5）杨木。杨木属于阔叶树种，分布广泛，在中国的东北、华北、西南、江苏和浙江等地均有分布。

特点：杨木颜色淡黄，纹理直而柔和，质地较软，稳定性良好（图1-2-37）。杨木的质地轻柔均匀，易于加工和雕刻，表面也容易上漆和打磨，抗震性也比较好。

用途：由于杨木具有良好的加工性能和易染色性，在家具制作中常用于制作木雕、镂空及其他细致的雕刻，同时还可以制作桌椅、床铺、书柜，以及窗户和门框等家居用品。此外，杨木轻巧、稳定性好以及可塑性强，常用于制造建筑模板、支架、音箱壳体等。

（6）樟木。樟木主要分布在中国东南部，尤其是福建、广东等地。

特点：樟木质地较为坚硬，纹理细腻，天然色泽黄褐色，木材中含有樟脑，因此具有特殊的清香气味，同时也具有一定的耐水性、防虫性、防腐性。其所制家具表面平整光滑，不易翘曲、开裂变形，且可承受较大的冲击和压力（图1-2-38）。

用途：樟木制作的家具种类繁多，如床、柜、桌、椅、屏风等。此外，樟木的木材具有清香味，因此还被用于制作香盒、熏香等物品。同时，樟木的耐水性和防腐性也常被应用于造船、建筑等领域。

（7）核桃木。核桃木是一种高贵的硬木，分布于中国的东北、华北、西南等地区。

特点：核桃木质地坚硬，颜色从淡黄到淡棕色，有时带有紫黑色的条纹。其木质纹理优美，结实牢固，富有弹性，吸水率低，不易翘曲和开裂，具有较长的使用寿命和耐久性（图1-2-39）。

用途：核桃木色泽深沉，非常适合制作色调较暗的家具，其质地坚硬，也可以制作工艺装饰品。此外，核桃木也应用于建筑、地板、餐具等领域。

（8）橡木。橡木分为白橡和红橡，红橡主要分布在北美及欧洲，白橡主产于亚洲、欧洲及北美。

特点：橡木木材具有较高的强度，质地坚硬，纹理清晰美观，制作的家具非常坚固耐用、耐磨和耐腐蚀（图1-2-40）。但橡木不宜干燥，干燥时易开裂翘曲，锯解切削不易。此外，橡木的外观特性和质量可以与红木家具媲美，但价格却远低于红木家具，因此深受众多消费者的喜爱。

用途：如今，人们更喜欢使用橡木来制作现代

图1-2-36　桦木

图1-2-37　杨木

图1-2-38　樟木

图1-2-39　核桃木

简约风格的实木家具，以打造素净、优雅的家居空间。在国外，橡木常用于制作酿酒的木桶，因为橡木质地细腻，具有良好的防水性能。

2. 红木

中国古典家具制作中有一批特殊的木材，生长缓慢，材质坚硬，生长期都在百年以上，这批高端名贵的木材统称为红木。红木并不是指红色的木头，而是多种高端木材的泛称。

（1）紫檀。

特点：紫檀被视为红木中最为珍贵的一种，其横向抗压、耐磨损、抗弯曲性能极佳。紫檀木的颜色非常深沉，接近黑色，光泽感和纹理迷人，密度高且含有天然油脂，极其耐久，不变形，有非常高的观赏价值，被广泛用于制作具有华贵感的古典家具（图1-2-41）。

用途：利用紫檀木制作精致的桌、几、柜、屏风等家具，显现其典雅、精致的气质。制作钟、枕等小摆件，具有很高的观赏价值和收藏价值。

（2）黄花梨。

特点：黄花梨木材的硬度非常高，抗压和抗弯曲性能极佳。木材的颜色为金黄色，虽然没有紫檀那种深邃的颜色，但是具有非常独特的纹路和色调，给人以奢华高贵的感觉。木材中含有丰富的天然油脂，使得其耐久性非常好，且能很好地抵抗虫蛀（图1-2-42）。

用途：黄花梨家具在明代盛极一时，故宫博物院就有不少馆藏的黄花梨家具。利用黄花梨制作桌、椅、床等家具，能兼备优雅品位和实用性。黄花梨家具的雕刻非常精细，常有复杂花纹和镂空雕刻，如镂空格子门、雕花碗架等，凸显作品华贵精致的特点。

（3）鸡翅木。

特点：因其木质纹理酷似鸡的翅膀而得名，具有很强的艺术观赏性。唐代诗人“红豆生南国，春来发几枝”说的就是鸡翅木。鸡翅木密度较大，木质坚硬，颜色较暗，质地温润，光泽感较好。经常使用可以让颜色慢慢变深，色泽更加美丽（图1-2-43）。

用途：鸡翅木的硬度和强度非常高，因此能够制作各种大型家具，如宝座、床、柜等，结实耐用，不易变形。其很好的防腐性和耐水性，非常适合制作漆器家具，如漆红、漆黑的镶嵌柜、屏风等。

（二）人造板材

人造板材是随着胶水工艺的突飞猛进而产生的一种新材料。如今市面上很多成品家具都是由人造板材制成的，不同种类的人造板材有着不同的规格和厚度，在现代家具制造业中扮演重要的角色。

1. 人造板材的优势

（1）成本更低。人造板材可以使用木屑、刨花等较低成本的木材原料进行制造，与实木材相比，价格便宜。

图1-2-40　橡木

图1-2-41　紫檀

图1-2-42　黄花梨

图1-2-43　鸡翅木

（2）均质性更好。人造板材的制作过程是通过将木屑或刨花混合后进行压制而成，因此，每块面积类似的板材具有相似的均质性和密度。

（3）易于加工。由于人造板材具有更为均匀的密度和纹理，因此在加工和切割方面更为容易和方便，可以有效减少裂口和断裂的概率。

（4）稳定性高。人造板材的含水率可以通过生产过程进行控制，因此不易受潮和变形，耐水性和耐火性也更好，可以在潮湿的环境中使用。

2. 人造板材的种类

（1）大芯板。大芯板是一种常见的人造板材，又称木工板、细木工板。它表面平坦，内部是由一系列小碎木块拼接胶合而成的（图1-2-44）。相比于天然实木，大芯板更为廉价，非常适合制作一些功能性部件，如盖板、模板、低档木质框架等。

（2）多层板。多层板是人造板材中质量较优的，每一层都是由实木制成，再通过胶合技术将多层的木薄板粘合在一起（图1-2-45）。由于采用实木制作，多层板的质量较好，适用于制作家具和建材部件，如橱柜、窗框等，价格也较贵。

（3）密度板。密度板具有不同的密度等级，表面平滑，易于加工，经常用作产品设计、室内设计等模型的制作材料（图1-2-46）。密度板的密度越高，强度越大，也会相应增加重量和成本，所以要根据具体需求选择适合的密度和规格。同时，考虑材料的质量和环保性，选择符合国家标准的优质产品。

（4）刨花板。刨花板，又称颗粒板，是以各种小径木、速生木材、木屑等为原料，切削成一定规格的碎片后加入胶料、硬化剂、防水剂等，在一定的温度和压力下压制而成的一种人造板材（图1-2-47）。品质一般，但由于其便宜、易加工、重量轻，被广泛用于建筑和家装等领域。同时，其生产过程中可以利用各种木材废料和工业副产品，降低了资源消耗和环境污染。

3. 人造板材的环保等级

在购买家具时，实木家具是最好的选择，如果选择人造板材家具，一定要认真检查其环保等级，环保等级按照甲醛释放值划分，E0是最高级别，E1、E2则级别较低。劣质人造板材可能会含有大量甲醛，对人体健康有害。

（三）装饰面板

除了实木材和人造板材，为了满足建筑装饰和产品制造行业的美观性需求，人们还发明了装饰面板和木皮。它们在外形和颜色上都可与实木材媲美，但价格比实木材便宜。

装饰面板，即装饰单板贴面胶合板，是指以胶合板为基材，将经过精密刨切的实木或其他材料薄片，按一定纹理和拼接方式，采用胶合工艺制作的具有单面装饰效果的板材。常见的装饰面板如下。

1. 实木饰面板

由天然实木刨切成的薄片制成，具有自然的木

图1-2-44　大芯板

图1-2-45　多层板

图1-2-46　密度板

图1-2-47　刨花板

质纹理和质感，适用于制作高档家具和室内装饰（图1-2-48）。

2. 人造饰面板

以胶合板、中密度纤维板等人造板材为基材，表面贴上多种复合材料制成，具有表面硬度高、耐磨、易清洁等特点，适用于制作各种家具、内门等（图1-2-49）。

3. 金属饰面板

以金属材料为基材，表面贴上多种复合材料制成，具有现代感和冷峻的外观，适用于现代风格的室内装饰（图1-2-50）。

装饰面板具有装饰性强、价格适中、易加工等优点，但同时也存在一些缺点，如易受潮、易开裂等。所以购买时应注意选择符合自身需求和环保标准的产品。

（四）木皮

木皮是一种细薄的木片，用于对木作进行装饰，根据木材天然颜色和纹理的不同，可以制成多种类型的木皮。每块木皮都是独一无二的，由木材的种类、切割位置和方式决定。在木工门类下，木皮装饰贴面是高级木工的代表技艺之一，也是世界技能大赛家具制作项目的考核标准之一。目前市场上主要有以下几种类型。

图1-2-48 实木饰面板

1. 天然木皮

用天然木材直接刨切成厚度为0.2～0.5mm的微薄木皮，广泛应用于家具、地板、乐器、豪华车、飞机、游艇的内饰等（图1-2-51）。切割天然木皮的方法主要有弦面平切、径面平切和旋切三种。传统工艺可以将每片木皮切割至约3mm的厚度，而现代专用设备可以切割至不到0.5mm。

制作木皮的工艺还可以合理利用那些具有不规则纹理的木材，比如树瘤。这些木材在受力后可能会出现崩裂或粉碎的问题，但将其切割成木皮就能够很好地解决这个问题，并呈现出独特的美感。

天然木皮具有木材的自然美，质感强烈，其天然纹理更能为人们带来回归自然的艺术享受，这是科技木皮所无法比拟的。

2. 科技木皮

以普通木材或速生木材为原材料，利用仿生学原理，采用电脑模拟设计对原材料进行各项技术改良的新型木质装饰材料，适用于家具、门窗、装饰、地板、木质工艺品等（图1-2-52）。因为科技木皮能够完成对原木材缺陷的改造，表面光滑，纹理更加丰富，可以满足消费者多样化的需求。

3. 无纺布木皮

在木皮底面加上一层无纺布或纸，使木皮富有光泽，更加柔软，改善以往木皮不容易贴合凹凸曲面的缺点，使木皮不容易碎裂（图1-2-53）。

4. 染色木皮

利用普通树种的木皮或者花纹与珍贵树种相近的普通木皮，经过调色或者显色处理而制成具有某种色彩效果或者是仿珍贵树种的木皮（图1-2-54）。木皮染色以后可以使木材早晚材对比更加突出，利用染色木皮贴面处理的办公家具在涂装时可

图1-2-49 人造饰面板

图1-2-50 金属饰面板

图1-2-51 天然木皮

图1-2-52 科技木皮

以免去涂色的麻烦，节省油漆、提高效率，也避免了喷涂颜色不均匀的缺陷。

（五）购买木材

目前已知的数千种木材只有很少部分作为商业用途，其中不到70种是我们可以买到的。购买木材有三种方式，主要由价格和加工条件来决定。

1. 原木

最便宜的方式就是在木材加工厂购买原木（图1-2-55）并自行加工，最大的优点是价格低廉，缺点是后续加工烦琐，运输不便。

2. 半成品木材

专业的木材市场上出售的硬木都是粗锯的，称为半成品木材。这些木材一般经过干燥和简单成型，没有经过精细加工，表面留有粗糙的痕迹（图1-2-56）。这些木材买回家后需要重新加工，以保证其达到可使用的标准。

购买半成品木材是一种折中的方式，价格适中且留有后续加工的余地，但需要个人有精细加工的条件。学校的木工实训室、小型的商业木工房，大多是以这种方式购买木材。

3. 成品木材

对于没有合适的木材加工设备的人来说，最方便的方法就是直接购买成品木材。成品木材已经被四面刨光，形态方正，尺寸精准，可以根据需求进行尺寸的定制加工（图1-2-57）。在电商平台如火如荼的今天，购买成品木材十分便利，唯一的缺点就是价格高。

图1-2-53　无纺布木皮

图1-2-54　染色木皮

图1-2-55　原木

图1-2-56　半成品木材

图1-2-57　成品木材

五、任务拓展：制作木料手账

（1）拓展实践：搜集日常生活中的不同种类木料，拍摄照片，描绘纹样，阐述特性，制作“木料标本手账”。将手账带至课堂进行线下分享。

手账素材

（2）完成任务测验。

六、任务评价：《木材的类别-学习评价表》

根据《木材的类别-学习评价表》，展开学生互评、教师评价。

模块二

手工木作

项目三　手工工具与手感小物　027

任务一　认识手工工具　028

任务二　使用手工工具　033

任务三　案例实践：木艺餐具设计与制作　040

任务四　材料拓展：木艺首饰设计与制作　045

项目四　木材的接合　052

任务一　木材连接的艺术：接合　053

任务二　中国的乐高：榫卯结构的凹凸之美　060

任务三　技术实践：交叉半榫的锯凿与鲁班锁制作　066

任务四　技术延伸：传统榫卯结构的现代发展——多米诺榫连接　074

任务五　设计实践：榫卯结构在文创产品中的传承与创新　080

任务六　应用实践：榫卯结构在文创产品中的应用与制作　088

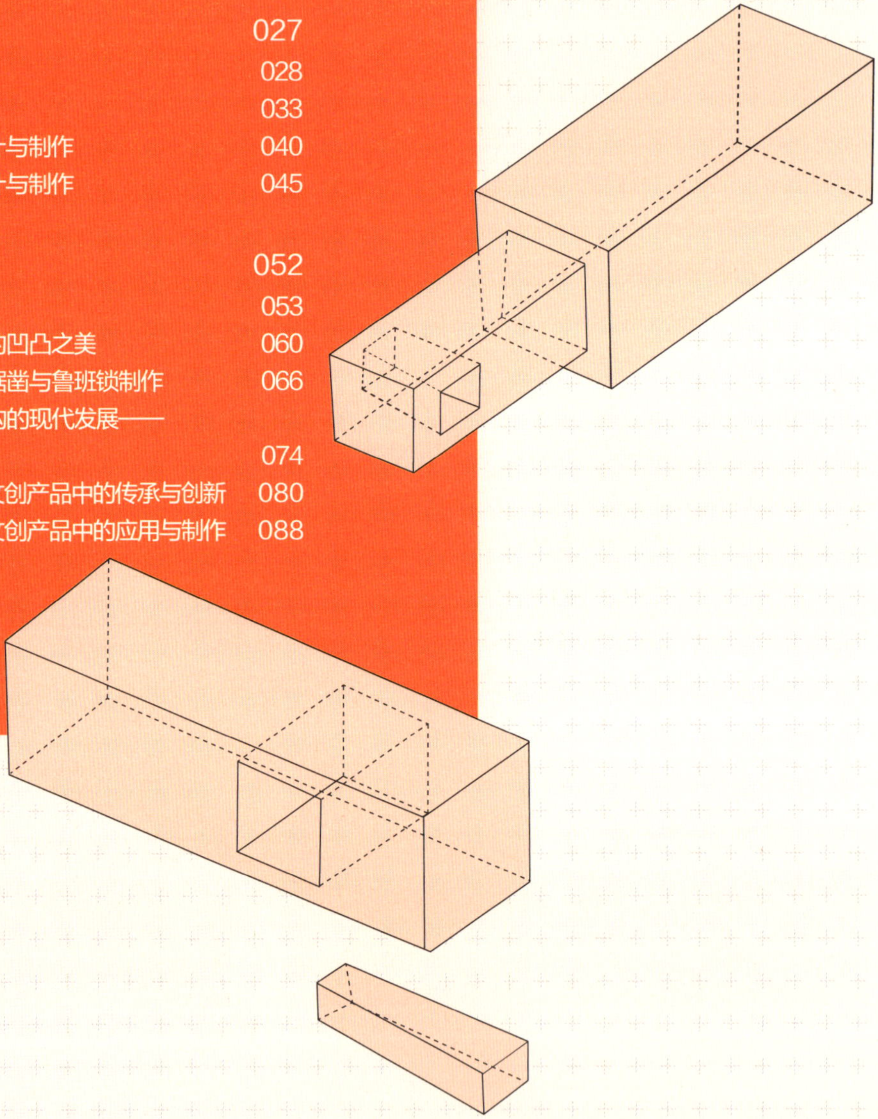

3 PROJECT

项目三

手工工具与手感小物

本项目将介绍常用手工工具的安全操作规范和使用方法，并以此为基础，学习手感小物的制作。通过画线、凿挖、锯切、修整、打磨等工艺手段，做出充满艺术感染力的木艺餐具，展现木头的实用之美与自然之美。进而配合滴胶树脂，拓展材料多元性，制作挂坠、戒指、耳坠等木艺首饰，酣畅淋漓地表达心中的艺术理念，收获造物的喜悦。

学习目标

1. 知识目标

（1）熟悉常用手工工具的安全操作规范和使用方法。

（2）了解并掌握木艺餐具的制作工艺与流程。

（3）了解并掌握木材与滴胶树脂相结合的制作工艺与流程。

2. 能力目标

（1）能安全、正确操作使用常用手工工具。

（2）能综合利用手工工具，通过画线、凿挖、锯切、修整、打磨等工艺手段，制作木艺餐具。

（3）能综合利用手工工具，配合滴胶树脂定型，制作挂坠、戒指、耳坠等木艺首饰或其他工艺品。

3. 素质目标

（1）树立牢固的安全意识，提升劳动品德和人文素养。

（2）形成良好的审美观和创新设计能力。

（3）培养敬业、精益、专注、创新的工匠精神和职业素质。

（4）提升团结协作精神和沟通协调能力。

任务设计

任务一	认识手工工具	课时	2
任务内容	认知常用手工工具分类和特性		
任务要求	1. 熟悉常用木作手工工具分类 2. 了解、观察、熟记不同类别手工工具的具体特性		
任务二	使用手工工具	课时	4
任务内容	常用手工工具安全操作规范和使用方法		
任务要求	1. 掌握安全正确操作常用手工工具的方法 2. 针对木工桌、测量工具、锯切工具、锯凿工具、刨削工具、木工夹具、锉磨工具等不同类别的工具，进行典型操作，解决实际问题		

续表

任务三	案例实践：木艺餐具设计与制作	课时	8
任务内容	手工木勺设计与制作		
任务要求	1. 综合利用手工工具，通过画线、凿挖、锯切、修整、打磨等工艺手段，制作手工木勺 2. 熟能生巧，以木勺制作的工艺流程和方法举一反三，制作其他木艺餐具，如木盘、木叉、木砧板等		
任务四	材料拓展：木艺首饰设计与制作	课时	8
任务内容	滴胶树脂木艺首饰设计与制作		
任务要求	1. 综合利用手工工具，遵照滴胶树脂材料与木材结合的特性，制作戒指 2. 以戒指制作的工艺流程和方法举一反三，制作其他滴胶树脂木艺作品，如挂坠、胸针、耳坠等		

任务一　认识手工工具

一、任务目标：了解、观察、辨别不同类别的手工工具

1. 知识目标

（1）了解、观察、辨别不同类别手工工具的具体特性。

（2）熟记常用手工工具的安全操作规范。

2. 能力目标

（1）能正确保养和收纳工具。

（2）针对木工桌、测量工具、锯切工具、雕凿工具、刨削工具、木工夹具、锉磨工具等不同类别的工具，进行正确操作。

3. 素质目标

（1）树立牢固的安全意识，提升劳动品德和人文素养。

（2）培养敬业、精益、专注、创新的工匠精神和职业素质。

二、重点难点：熟记常用手工工具的安全操作规范

1. 重点

常用手工工具的安全操作规范。

2. 难点

同类手工工具的区别与应用场景。

三、任务导入：观看木工手作微课视频

1. 领取学习任务单，阅读学习指南，预习任务中涉及的概念。

2. 观看与木工手作相关的微课视频，思考并列出其中运用了哪些工具。

学习任务单

一、开课任务
认识手工工具 1. 手工工具注意事项 2. 认识常用手工工具
二、学习情境
本任务，我们进入手工工具与手感小物的学习，目标是学会正确使用手工工具，制作简单的木艺小物件，比如木艺餐具、木艺首饰等，体会中国传统木作中的中式审美与匠心
三、学习指南
1. 复习前课内容并完成前续课程的任务测验 2. 观看与木工手作相关的微课视频，思考并列出其中运用了哪些工具 3. 按课程任务要求分成小组，团结协作推进任务完成 4. 背诵手工工具注意事项，练习保养和收纳工具 5. 在木工实训工坊练习手工工具，注意操作规范与安全 6. 利用网络或图书馆资源收集古代传统木工工具，介绍其用法，找到与其同类的现代木工工具，分析区别
四、相关概念
1. 手工工具使用注意事项 2. 常用手工工具的形制与特征

续表

五、任务规范
1. 分组时考虑组员不同性格、不同特长的互补，对任务的推进有益处 2. 传统木工工具的收集要注意分类，最好能够清晰展现结构部分 3. 在练习手工工具的过程中进一步规范木工操作 4. 注意课前、课中、课后学习表现，关乎职业素养与专业学习评价 5. 任务测验成绩将计入课程成绩

四、任务准备：手工工具注意事项，认识常用手工工具

木工是古典家具制作的一个很重要的工序，涉及选料、开料、计算、榫卯制作以及组装等环节。凿子、刨子、锯子、墨斗等传统木工工具，凝聚着中国传统匠人的智慧，承担着中华文化传承与解读的功能，让我们感受到跨越千年仍经久不衰的工匠精神。

（一）手工工具

在木工操作中，能提高我们工作效率的工具分为两类：靠手驱动的手工工具（图2-3-1）和靠电驱动的木工机械（图2-3-2）。

手工工具和木工机械的关系就如同步行和开车的关系。手工工具可以让我们创造出丰富的形式、纹理和细节。当我们用木工刨来找平、抛光桌面时，能听见锋利的刀刃划过木材的刨削声，能看见半透明的刨花，能感受到木工刨底部遇到的细小凸起与凹坑。在这个过程中的体验深度是木工机械所不能及的，而机械工具则是对于效率的追求。

（二）手工工具使用注意事项

1. 安全问题

木工工具一般都有较锋利的刃口，使用时一定要注意安全。最主要的是掌握好各种工具的正确使用姿势和方法，例如锯、凿、刨时，都要注意身体的位置和手、脚的姿势。

手工工具使用安全规则：保持工作区域干净整洁；经常对工具和设备进行保养维护；尽可能接受工具和设备安全使用的培训；使用个人防护设备；遵循正确的操作顺序，切勿偷工减料或敷衍了事；适当使用支撑物支撑工件。

工具类别	潜在危险	防范措施
锯切工具	切伤	不使用时放入保护套中 固定工件 切割时切勿用力过大 开始切割时需格外小心
敲凿工具	刺伤	切勿将刀头朝向手或身体方向
刨削工具	手持刀片时切伤	手持锋利的刀片时佩戴手套

2. 保养问题

木工刀具需要经常修磨，尤其是刨刀、凿刀，要保持锋利，才能在使用时既省力，又保证质量。使用钝了的工具只会更加费力，甚至导致严重打滑，增加危险性，制作精度也不高。

3. 收纳问题

任何时候都要把“物归其位”作为工具收纳的黄金法则，心中牢记每个工具的位置，在需要的时候快速而安全地拿到。小心保管收纳工具有助于延长使用寿命，每次使用完毕应将工具整理好，确保干净，上好油，存储在干燥的箱子或储物柜里，或者存放在特制的工具墙上。

（三）常用手工工具

手工工具品类繁多，根据使用功能和工作流程的不同，主要分为木工桌、测量工具、画线工具、锯切工具、雕凿工具、刨削工具、锉磨工具、木工夹具等。

图2-3-1　手工工具

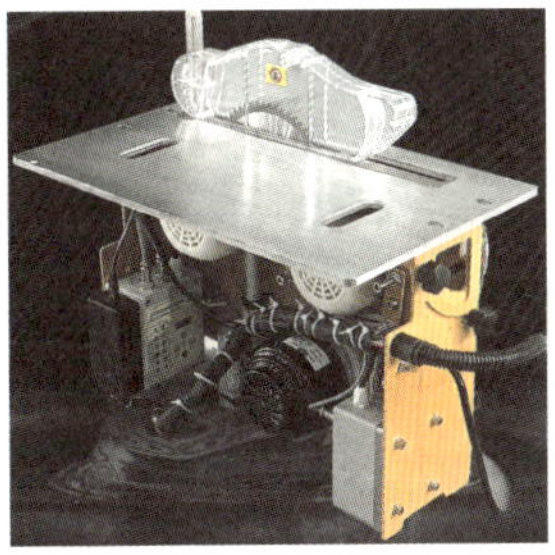

图2-3-2　木工机械

1．木工桌

木工桌（图2-3-3）是木工实训室的主要装备，大部分工作都要在这样的工作台面上完成。一个好的木工桌应该坚固、平整，有适当的重量，经得起由刨切引起的扭曲力、震动力。它通常有一个平整的台面，几个木工桌钳和尾钳来夹持工件。优秀的木工桌大多由榉木制成，还有一种折叠式简易木工桌，适合小空间，不使用时可以收纳。

2．测量工具

直尺（图2-3-4），一般用不锈钢制作，精度高且耐磨损，用于榫线、锯切线等类型的画线。

卷尺（图2-3-5），用于下料和度量部件，携带方便，使用灵活，常选用2m、3m、5m的规格。

折尺（图2-3-6），兼顾了直尺的精确性和卷尺的便携性。

直角尺（图2-3-7），一般用于画线和检验工件的垂直度。注意，直角尺的直角精度一定要保护好，不得乱扔，更不能随意拿直角尺敲打物件，一旦尺柄和尺翼结合处松动，垂直度发生变化就不能使用了。

3．画线工具

墨斗（图2-3-8），是古代木匠绘制长直线的经典工具，其原理是墨线缠绕在活动的轮子上，端头的线拴在一个定针上。使用时，拉住定针，在活动轮的转动下，抽出的墨线经过墨斗沾墨，拉直墨线在木材上弹出需要加工的线。

现代木作，主要画线工具是铅笔（图2-3-9）。铅笔用H和B表示不同的软硬，另外还有彩色铅笔、工程笔等。除铅笔外，我们还可以用刻刀来画线，用锥子标记钻孔点位，特别适用于颜色深的木头。在榫卯结构的制作中，我们用专业工具画线器（图2-3-10）或榫规来画线。

木作工艺中，画线至关重要，线越细，制作越精准，要根据工艺规范正确运用吃线和留线的方法，一线之差可以保证制作结构的牢固，也可以造成结构的松动。

4．锯切工具

传统木工采用框锯（图2-3-11）来进行木材锯切，框锯历史悠久，适用性广，但携带不便，且精度有限，所以今天的精细木工制作中已经很少见到框锯的身影，取而代之的是各类精细锯。比如手板锯、弓锯，还有一种在精细木工制作中可以达到极高精度的工具——直板锯。直板锯具体分为三种。

（1）夹背锯（图2-3-12）。强调刀背力量，通

图2-3-3　木工桌

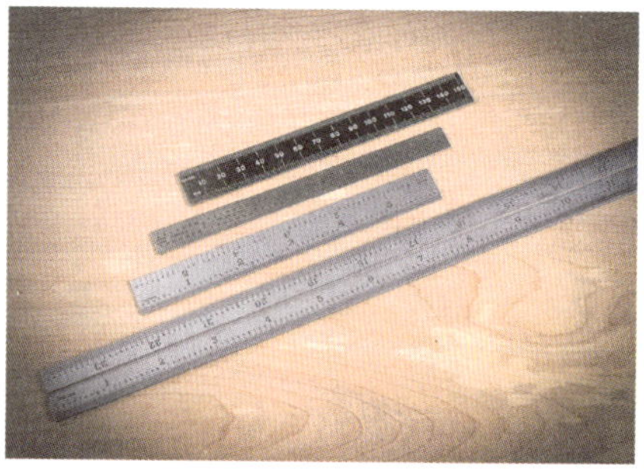

图2-3-4　直尺

图2-3-5　卷尺

图2-3-6　折尺

图2-3-7　直角尺

图2-3-8　墨斗

图2-3-9　木工铅笔

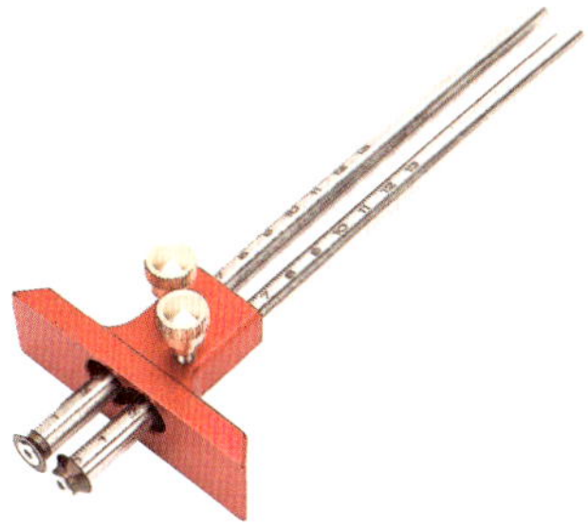

图2-3-10　画线器

图2-3-11　框锯

图2-3-12　夹背锯

图2-3-13　单刃锯

图2-3-14　双刃锯

过对刀背进行包覆处理，增强锯切过程的稳定性。适合精细木工锯切，但也因此限制了锯片切削木材的深度。

（2）单刃锯（图2-3-13）。刀背没有加强包覆，锯片弹性高，使用范围广，填补了夹背锯的不足，在锯切木材时没有深度限制。

（3）双刃锯（图2-3-14）。两边锯刃采用不同大小的锯齿设计，应用范围广。大锯齿边方便顺着木材纹路锯切，小锯齿边方便横向截断木材。

直板锯的超薄精密锯刃仅0.2mm厚，意味着锯路只有约0.2mm的损耗，这个精度是其他锯切类工具难以达到的。

5. 雕凿工具

木工中的凿子往往跟锤子配合使用，凿子的凿、削能力注定了它可以有多种用法，尤其是在做手工切割和加工榫眼、榫头时非常有用，是手工木工中的重点工具。

木工凿有三大类：

（1）斜凿（图2-3-15）。斜凿的刀刃由凿柄向刀锋形成一个斜角，与两侧为垂直边的凿子不同，斜凿两边形成的斜面减少了面积，因此能够轻松进入一些死角或接合面。使用时，斜凿可以用手推开，也可以用木槌锤击。

（2）扁凿（图2-3-16）。尽管扁凿与斜凿看起来十分相似，但是其刀刃相比斜凿更细且更长，主要用来修平表面或移除一些小木屑。这种凿子在修平粗糙的凿口接面时特别有效，比如清理榫眼的各个面。当需要处理一个大的表面时，扁凿的长刀刃能从工件的边缘处理至最内侧。细长的刀刃使得凿子具有灵活性，但其强度有限，所以不能使用木槌锤击。

（3）榫眼凿（图2-3-17）。榫眼凿的主要作用就是用来开榫眼。榫眼凿有大截面的刀刃和粗大的凿柄，可以承受木槌的反复锤击。有效的锤击能够减少锤击次数并保持刀刃刃面的锋利。

凿子的质量好坏体现在凿刃的钢材和手柄的耐久性上。钢材的质量和韧性是最重要的，钢如果太软或者太脆都不能让边缘保持锋利，太软会卷刃，太脆易崩坏。太薄的刀片在使用过程中可能弯曲，

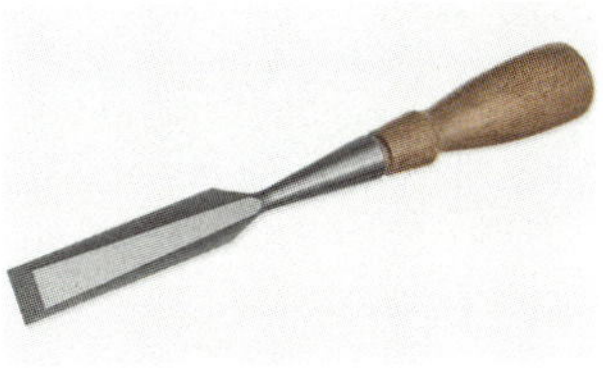

图2-3-15　斜凿

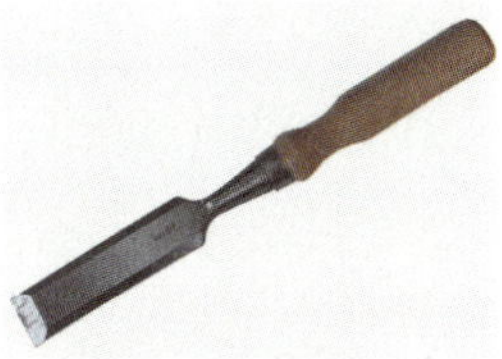

图2-3-16　扁凿

或者在磨快时由于摩擦温度高而弯曲。

需要注意，买来的新凿子往往在凿刃上配有塑料保护套，存放凿子时不要使用塑料保护套，如果湿气被困在保护套里，凿口很快会生锈。每次使用后，都应该打磨凿子使其保持锋利状态。

6. 刨削工具

刨子，用来刨直、削薄的一种木工工具，也用于对木料表面进行精细加工。对木料表面及凿榫、锯榫后进行反复刨削的过程，被称为“刨料”和“净料”，经验丰富的老木工带徒弟时，光“刨料”“净料”就得学上两三年。

木工刨的种类、功能及样式也相当丰富。家具制作中最常用的是长刨和短刨，它们用来刨平和刨光木板表面。不同类型的专用刨可以用于清理接合的榫肩部、做搭口榫、处理边缘等，比如榫肩刨，主要用于修理榫肩和榫颊。榫肩刨的侧面和底板是平整且互相垂直的，刀片与整个刨体等宽。

一把传统木工刨（图2-3-18），其构造一般由刨身、刨刃、刨楔、盖铁、刨把等部件组成，用锤敲击刀片来调节刨削深度和刀片角度。刨身多以槐木、枣木、柞木、水曲柳、柴檀木等硬质木制成。

7. 锉磨工具

木工锉刀（图2-3-19）主要用来磨边、做曲线和雕刻木材。锉刀的整体都是硬钢，其表面分布一道道平行刻痕，刻痕的形态决定了其对木材的磨损能力。锉刀有各种形状，从横截面上看，可以是长方形、半圆形、圆形或三角形等。

木工砂纸（图2-3-20），俗称砂皮，用以研磨木材等表面，使木材光洁平滑，通常在原纸上胶着各种研磨砂粒制成。干磨砂纸（木砂纸）用于磨光木、竹器表面，耐水砂纸（水砂纸）用于在水中或油中磨光金属或非金属工件表面。定义砂纸粗糙程度的单位是“目”，干磨砂纸常用目数为：80，100，120，150，180，220，280，320，400，500，600，800。用于精细带水打磨的耐水砂纸目数有：1000，1200，1500，2000，3000。数字越大，砂纸越细。

8. 木工夹具

夹具主要用于将木料固定在某一位置实施工作，也可以夹紧接合面使连接缝隙变小。木工夹具种类多样，常用的有G夹、快速夹、F夹、弹簧夹等。

（1）G夹（图2-3-21）。造型就像大写字母G，由铸铁制成，不会变形，夹持力非常大，稳定性很

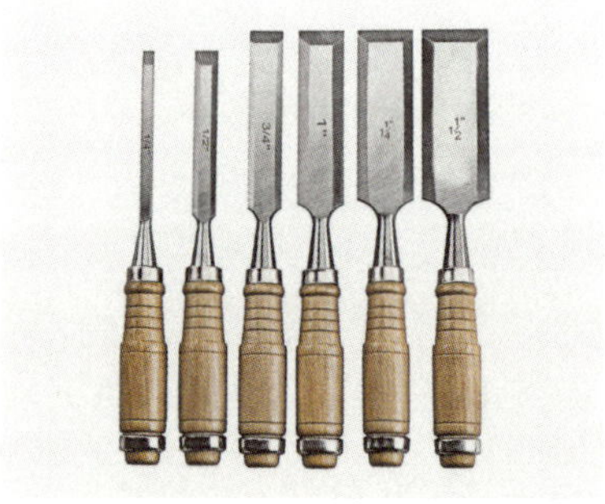

图2-3-17　榫眼凿

图2-3-18　木工刨

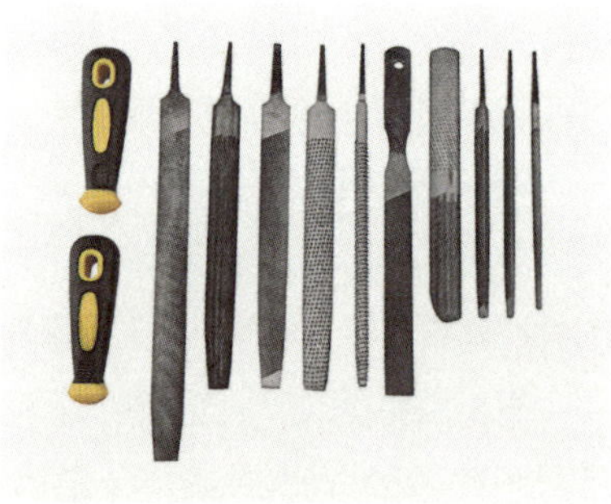

图2-3-19　木工锉刀

图2-3-20　木工砂纸

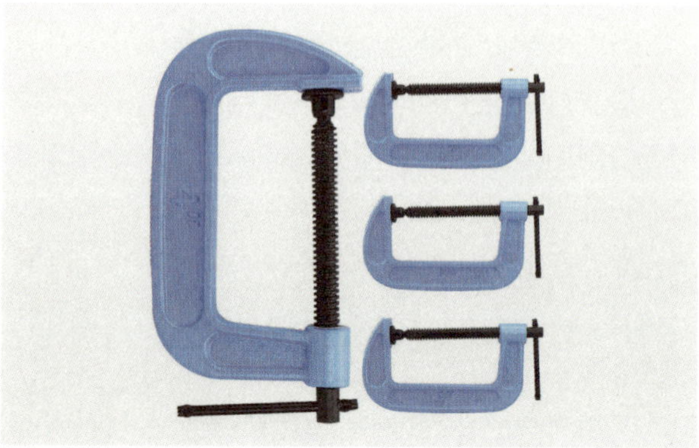

图2-3-21　G夹

图2-3-22 快速夹

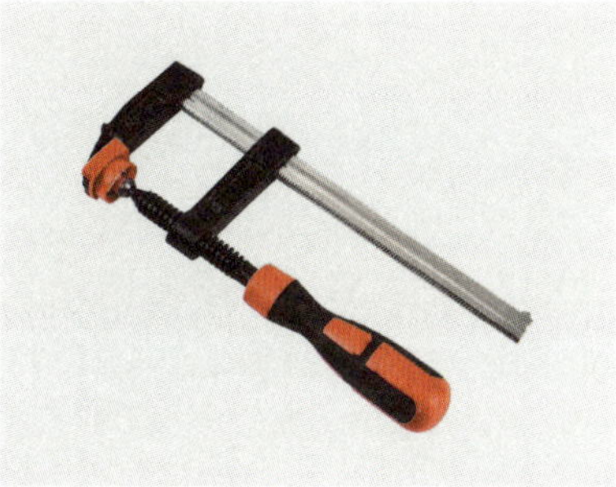
图2-3-23 F夹

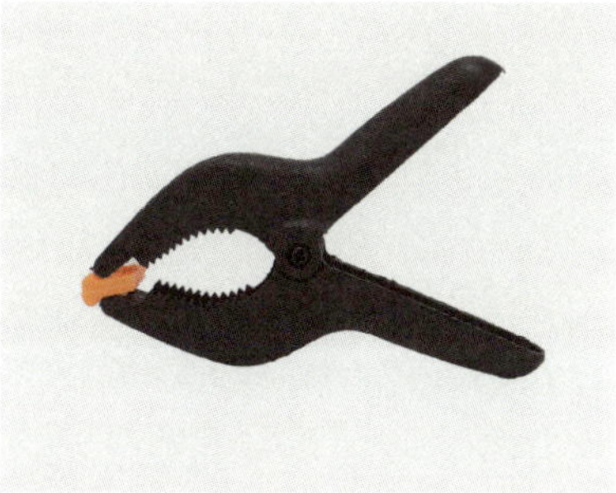
图2-3-24 弹簧夹

高。使用时，将开口对准夹持点拧紧螺杆，就能把木块固定牢固了。但是G夹的夹持范围有限，超出夹持范围就需要更换更大的G夹，所以G夹有很多规格，从3寸到12寸不等，大号的G夹较笨重，使用起来不方便。

（2）快速夹（图2-3-22）。造型形似机枪，有一个把手和一个扳机，同时捏把手和扳机可以夹紧物体，把手上有一个按钮，按下可以松开。快速夹使用起来十分便捷，单手就可以进行操作，小尺寸的快速夹非常适合加工过程中固定木料，大尺寸的快速夹在组装家具时非常有用。

（3）F夹（图2-3-23）。造型就像大写字母F，其结构包括导杆、固定臂、活动臂、螺杆等。使用时在导杆上移动活动臂，确定位置后慢慢旋转活动臂上的螺杆螺栓，夹紧工件。

（4）弹簧夹（图2-3-24）。弹簧夹主要用于夹紧一些局部的小接合面，结构简单，能单手操作。

注意，在夹持木料时经常会有连接处的胶水溢出，应及时将溢出的胶水清理干净，避免后期胶水凝固铲除不便。

五、任务拓展：调研传统木工工具与同类现代木工工具

（1）挑选一件古代传统木工工具，介绍其用法，说明其与同类现代木工工具的区别。

（2）完成任务测验。

六、任务评价：《认识手工工具-学习评价表》

根据《认识手工工具-学习评价表》，展开学生互评、教师评价。

任务二 使用手工工具

一、任务目标：安全操作手工工具

1. 知识目标

熟悉常用手工工具的使用方法。

2. 能力目标

（1）能安全、正确操作常用手工工具。

（2）针对木工桌、测量工具、锯切工具、雕凿工具、刨削工具、木工夹具、锉磨工具等不同类别的工具，进行典型操作，解决实际问题。

3. 素质目标

（1）树立牢固的安全意识，提升劳动品德和人文素养。

（2）培养敬业、精益、专注、创新的工匠精神和职业素质。

二、重点难点：选择合适的手工工具解决实际问题

1. 重点

正确安全操作常用手工工具。

2. 难点

熟能生巧，举一反三，选择合适的工具解决实

际问题。

三、任务导入：提炼手工工具的特征

1. 领取学习任务单，阅读学习指南，预习任务中涉及的概念。

2. 观看手工工具相关视频，提炼其特性关键词。

学习任务单

一、开课任务
使用手工工具 1. 使用手工工具 木工桌、测量工具、画线工具、锯切工具、雕凿工具、刨削工具、刃具养护 2. 使用手工工具任务记录单
二、学习情境
本任务，我们进入任务实施的阶段，跟随任务目标，正确、安全地操作工具，解决实际问题，并做好任务记录
三、学习指南
1. 复习前课内容并完成前续课程的任务测验 2. 观看手工工具相关视频，提炼其特性关键词 3. 按课程任务要求分成小组，团结协作推进任务完成 4. 跟随任务目标，合理使用各类手工工具，注意操作规范与安全 5. 小组成员之间互相观摩，做好任务记录单 6. 针对得分低的任务点，思考改进措施
四、相关概念
1. 木工桌的使用方法 2. 测量工具（直尺、卷尺、直角尺、三角尺）的使用方法 3. 画线工具（画线器）的使用方法 4. 锯切工具（直板锯）的使用方法 5. 雕凿工具（手持凿）的使用方法 6. 刨削工具（中式刨、欧式刨）的使用方法 7. 锉磨工具的使用方法
五、任务规范
1. 分组时考虑组员不同性格、不同特长的互补，对任务的完成推进有益处 2. 在练习手工工具使用的过程中进一步规范木工操作 3. 实事求是填写任务记录单，总结有效的改进措施 4. 注意课前、课中、课后学习表现，关乎职业素养与专业学习评价

四、任务实施：使用手工工具

（一）使用手工工具

1. 木工桌

任务目标1：利用木工桌钳夹持木料。

木工桌上的桌钳是横向的，与桌面齐平，方便固定木料，是手工操作时最常用的辅助工具。

值得注意的是，用桌钳直接固定短小的木料是不合适的。由于钳口只有一部分夹到木头，将桌钳夹紧时就会发生歪斜，造成木料只有一角被夹到，不但无法夹紧木料，还容易将木料夹坏。遇到这种情况时可以在钳口的另一端夹持一块厚度一致的木料，保持两端平衡，将木块夹紧（图2-3-25）。

任务目标2：利用木工桌尾钳固定木料。

安装在桌面侧端的是尾钳，尾钳有一个嵌在桌面里的滑块，配合插在桌面内的木栓一起使用就可以固定桌面上的物体（图2-3-26）。

注意，普通的桌钳是不可以用来凿榫眼的，因为木料下方悬空不受力，并且长期敲打也容易损坏桌钳的金属部件。而尾钳相比桌钳，优势在于它保证了木料的下方有桌面支撑而不是悬空，这样可以胜任有较大下压力的操作，比如凿榫眼和刨削较大的平面。

2. 测量工具

任务目标1：利用直尺测量和检验木料。

在木工工作中，一般推荐使用钢材的直尺，不推荐塑料直尺，因为钢尺不易磨损，使用寿命也比较长。

直尺主要有两大作用。

第一是用来测量长度和标注尺寸。需要注意，钢尺的零刻线往往就是钢尺的左侧边缘线，日常使用难免会有磨损，造成零刻线直角变钝，导致测量不精准。所以在使用钢尺测量和标记时，我们往往舍弃零刻线，在其后方找一个整数值作为起始线。比如量取120mm长度，可以从“1”cm处作为起始线，量取到“13”cm处。

第二是用来检查木块是否平整。把直尺垂直放置在要检查的木块表面，观察直尺的边缘和木块的表面是否存在缝隙漏光（图2-3-27）。如果没有缝隙，直尺边缘和木块表面完全贴合，说明这个面是平整的。如果存在缝隙，需要先把木料表面找平。

任务目标2：利用卷尺测量木料。

卷尺有钢卷尺和皮卷尺之分，是测量长度或厚度的测量工具，其优点在于长度长、体积小、便于携带。钢卷尺由一条薄的、富有弹性的钢带制成，整条钢带上刻有长度标志，可测量长度根据卷尺的量程来确定。

卷尺使用方法简单，只要把尺拉出盒子就可以进行测量（图2-3-28）。有些卷尺外部有个开关，按下去可以锁紧，能保持拉伸出去的卷尺不回缩，方便读数。松开开关，卷尺会自动收回盒子里面。

卷尺并非精确测量工具，主要用来测量较大的范围，比如柜子的高度、桌面的长度或者丈量房间的大小。

任务目标3：利用直角尺测量与检验。

直角尺的构造其实就是一把直尺，在一头安装了一个靠山（手柄），直尺与靠山相互垂直。

直角尺有三个主要的作用。

①画垂直线。

将直角尺的靠山紧贴木块的直边，就能在直尺边画出与这条直边垂直的线条，这是木工中最常用的画垂直线的方法［图2-3-29（a）］。前提是这个边一定要平直，如果这个边本身就弯曲不平，那么画出来的垂直线就不准了。操作中注意靠山一定要贴紧直边，否则也会影响垂直线的精准度。

②检查垂直度。

将直角尺的靠山紧贴在木块的一个平面上来检查它与相邻的面是否呈90°直角［图2-3-29（b）］。

③检查木工机械是否调校垂直。

用直角尺来检查台锯的锯片是否垂直，将直角尺的靠山外侧贴合台锯的台面，尺子靠近锯片，观察它们之间是否存在缝隙［图2-3-29（c）］。

任务目标4：利用三角尺画线。

三角尺的构造原理和直角尺很像，利用凸出的边沿和尺的一边呈90°直角，同时它又比直角尺多了一条夹角为45°的边。所以三角尺既可以画90°的垂直线，也可以画45°的倾斜线。

三角尺画线的方法和直角尺一样，必须将边沿贴紧木块的直边才能画得更精确，同时要求木块的参考面是平直的（图2-3-30）。

3. 画线工具

任务目标：使用画线器画线标记。

画线器能利用尖锐的刀片将尺寸画在工件上，

图2-3-25　桌钳夹持木料

图2-3-26　尾钳夹持木料

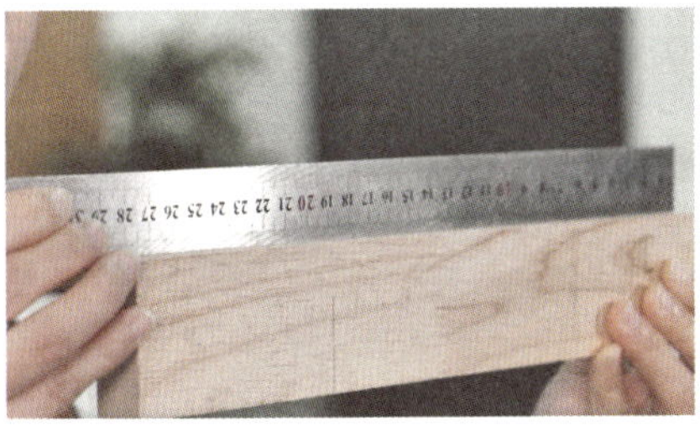

图2-3-27　直尺检测平整度

图2-3-28　利用卷尺测量

（a）　（b）　（c）

图2-3-29　直角尺的运用

在标记榫槽时特别有效。相比于铅笔，画线器画出的线条更细，精度更高，无需后续消除。

使用时先松开旋钮，移动画线器的靠山，将中心圆柱的数值设置到需要的长度，锁紧旋钮。将靠山紧贴在木料边缘，滚动画线器，利用刀片尖端在木料上刻画出印记（图2-3-31）。

4. 锯切工具

任务目标1：使用直板锯进行木料横截。

木料横截，就是沿着与木头纤维垂直的方向锯切，把木纤维切断，露出木材的端面，即把木料锯短。

首先画出木料的锯切线，将木料在桌钳上固定，用小锯齿的手工锯沿锯切线下锯。横切多采用小锯齿，这样便于切断木纤维，使切割面更光滑。左手辅助定位，右手持锯在前端开一个锯口，将视线与锯片、锯切线重合，双手握住锯柄，匀速拉锯，先倾斜锯切，慢慢水平拉锯，锯到末端时要放慢速度（图2-3-32）。

任务目标2：使用直板锯进行木料纵切。

木料纵切，就是顺着木纤维的方向进行切割，即把木料切细。

把木料固定在木工桌的尾钳上，画出锯切线，用大锯齿的手工锯沿锯切线下锯。纵切和横截的不同之处在于，它不是切断木纤维，而是沿着木纤维的方向进行剔除，所以纵切所使用的锯子锯齿要相对大一些，这样才更容易排出木屑，让锯切的过程更加顺畅。用锯子在前端开一个小口，采用与横截同样的方法开始拉长锯路锯切（图2-3-33）。因为锯路比较长，需要耗费一定的体力，不要操之过急，要匀速锯切，注意观察，不要切歪。

5. 雕凿工具

任务目标1：使用手持凿修整木料。

固定木料，右手握住凿子的把手，左手捏在靠近凿刃的位置，然后刃口对准需要修整的部位，轻轻地往前顶凿子（图2-3-34）。

使用手持凿时禁止用手直接握住木头进行修整，这非常危险，从榫眼里穿出的凿刃很容易刺到手。精修木料时所使用的凿子必须打磨得非常锋利，才能保证使用顺畅、安全。如果凿子变钝，使用者就需要用更大的力气，会有失控的危险。

任务目标2：使用靠山修整木料。

为了使刀刃保持垂直凿切，用一块木板作为靠山，用夹具将其与木料相对固定（图2-3-35）。这个方法对水平凿切同样适用。

注意：当利用靠山进行垂直凿切或水平凿切精修时，应当用拇指和食指捏住刀刃，其他手指靠在

图2-3-30　利用三角尺画线

图2-3-31　利用画线器画线

图2-3-32　直板锯横截木料

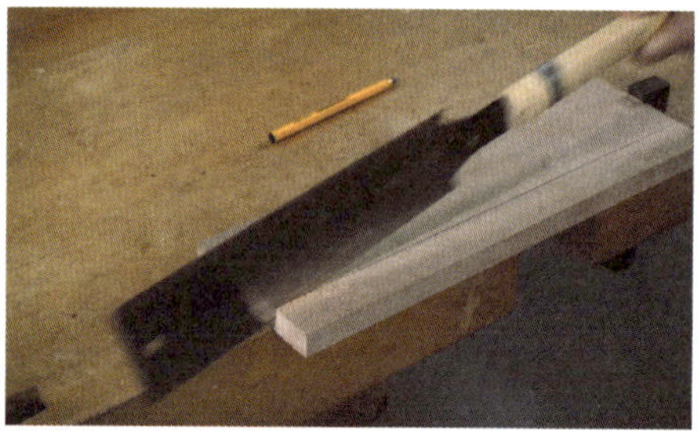

图2-3-33　直板锯纵切木料

图2-3-34　手持凿修整木料

图2-3-35　利用靠山凿切

靠山上以稳住刀具。

任务目标3：垂直开凿与水平开凿（图2-3-36）。

垂直开凿工件，最重要的是保持凿子与工件的垂直对齐，可以用直角尺检查切口是否垂直。将工件放置在木工桌的边缘，使木槌敲击的效果达到最佳。

在水平开凿时，要使用一块木头固定在工件的末端，确认工件被固定住。

6. 刨削工具

任务目标1：中式刨的调节（图2-3-37）。

中式刨的调节需要通过反复敲击、观察，进行细致的调整。

①将中式刨翻转过来，放到接近视平线的位置，观察刨底刀刃的露出量来判断刨削量。

②如果没有观察到刀刃露出刨底，需要将刀刃再装进去一点。左手握住把手同时大拇指按住木楔，用锤子轻轻敲击刨刀的尾部，边调整边观察，调整后将木楔敲紧。

③如果刀刃露出太多，则需要将其退出来一点。通过轻轻敲击刨身尾部来退出刨刀，边调整边观察，调整后将木楔敲紧。

图2-3-36 垂直开凿与水平开凿

④如果刨刀安装有些倾斜，通过敲击刨刀的侧面进行调整。

最终调节到观察刨刀露出量呈现的黑线只有头发丝粗细即可。使用刨刀刨削木料，拉出连续、半透明、柔软的刨花，说明刨刀调节合适。

任务目标2：使用中式刨刨平木料（图2-3-38）。

①两手握住把手，同时伸出食指压住刨身，使刨身紧贴在木料上。

②使用中式刨时全身发力，特别是腰腹发力，利用惯性快速往前推。开始推刨前手臂往里收，推刨结束时手臂要伸直伸长。两手均匀用力，不要在木料上晃动。推刨结束时刨刀的刀刃要超过木料的端面。当刨花达到连续、轻薄、柔软的状态时，面也就平整了。

③如果木料本身非常毛糙，需要先用长刨大致刨平，将刨削量调大一点。在木料不平整的时候，刨出的刨花是断断续续的，随着刨削的深入，木料表面渐渐平整时，就会出现连续的刨花了。木料大体刨平后，可以再使用短刨精细刨光。

任务目标3：欧式刨的安装与调节。

将盖铁和刨刀安装在一起，盖铁的前端要安装在离刃口半毫米的位置，拧紧连接盖铁和刨刀的螺丝。将刨刀放入刨身的蛙座上，盖铁朝上，螺丝和挂钩穿出刨刀，安装盖板，按下锁扣，刨刀安装完成。

欧式刨的调节相比中式刨简单得多，只要旋转蛙座后面的调节旋钮（图2-3-39）。顺时针旋转旋钮，刨刀就会向下露出；相反，逆时针旋转旋钮，刨刀就会向上缩回。

跟中式刨相似，从刨身的底部观察刀刃伸出刨口的位置，形成一条很细的黑线，这就是刨削量，最终调节这条黑线至头发丝粗细即可。

图2-3-37 中式刨的调节

图2-3-38 使用中式刨刨平木料

图2-3-39 欧式刨的调节

如果这条黑线一头粗一头细，说明刀刃安装歪斜，需要调节刨刀后面的拨杆进行校正。

任务目标4：使用欧式刨刨平木料。

使用欧式刨进行刨削操作，左手握住前把手，右手握住后把手，刨身平稳贴在木块表面，将刨子向前推送（图2-3-40）。欧式刨自身有一定的重量，使用时保持平稳前推，不需要紧压在木料上。

当木料表面较粗糙时，我们先进行粗刨，将刨削量调大一点，方便快速去除木料表面毛糙、高低不平的部分。随着木块逐渐被刨平，慢慢将刨削量调小。

每一次刨削，从木料的前端开始，到末端结束。在木料前端，刨刀接触木料之前，按住前把手，确保刨身前端可以贴合木料；在木料末端，刀刃需完全超过木料的端面。当出现连续的刨花，且刨花长度、宽度与木料大体一致时，说明木料表面已经平整，可以用直尺辅助检查。

欧式刨较容易生锈，一旦碰到汗液或者水，要及时用干布擦干，长期存放时可以在刨身上喷涂防锈剂。

7. 刃具养护

任务目标：使用定角磨刀器磨刀。

凿子由刀身、刃面、刀背以及刃口组成，将已经用钝的凿子放大观察，刃口的顶端是一个小平面，并没有刃角，所以凿子不锋利。磨刀的原理就是利用磨石打磨刃面，减小这个小平面的面积，从而使尖端变薄，形成锋利的刃角。

磨刀所使用的主要工具是磨石和定角磨刀器。磨石有粗细之分，跟砂纸一样，研磨的时候按目数从小到大使用。还有一种双面磨刀石，一面是粗磨，另一面是细磨。

①浸泡磨刀石（图2-3-41）。

磨刀石要通过加水润滑才能用于研磨刀具。干燥的磨刀石会迅速吸收水分，同时将研磨下来的铁屑也吸入磨石内部，这会使研磨颗粒钝化，降低磨刀石的研磨效果。所以磨刀石在使用前必须要用水浸泡5分钟使其完全吸收水分，有助于加快研磨的过程。

②磨刀背（图2-3-42）。

木工凿的刀背一定是平的。双手按住刀背，贴合磨刀石研磨，研磨到的部分会变得光亮，没磨到的比较暗，磨到整个刀背光亮即可。

③磨刀刃。

有经验的木工师傅会找准刀刃的斜面，左手按住，右手支撑，来回研磨，但对于初学者来说这很难控制，所以需要借助定角磨刀器。定角磨刀器下面有一个滚轮，帮助我们在磨刀时保持刀刃的角度不变，提高磨刀效率。

将凿子的刀背朝上，安装在磨刀器加持口的中间位置，凿子的侧面对齐磨刀器上的刻度，这样磨出来的刀刃才是垂直的。用直尺贴滚轮和刃面，调整磨刀器和凿子的前后位置，直到直尺完全贴合刃面（图2-3-43）。最后拧紧螺丝，确保磨刀时凿子不会来回移动。

使用磨刀石的粗磨面，双手持磨刀器，平稳地放在磨刀石上来回研磨（图2-3-44）。

注意观察滚轮是不是滚动的，如果被卡住了还来回研磨，磨刀石就会把滚轮磨损，一旦滚轮被磨损，磨刀器就不能用了，必须更换新的滚轮。

研磨至新的、光亮的研磨面覆盖原来刀刃的位置即可，并不需要将整个刃面都磨亮。轻轻摸一下凿子的背面，感觉整个刃口都起了卷刃之后，再翻过来磨几下刀背去掉卷刃。

图2-3-40　使用欧式刨刨平木料

图2-3-41　浸泡磨刀石

图2-3-42　磨刀背

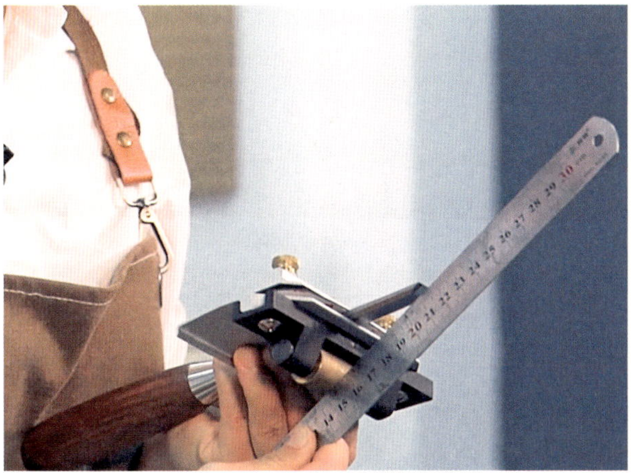

图2-3-43 安装定角磨刀器

图2-3-44 磨刀刃

④重复细磨。

更换高目数的磨刀后进行细磨，重复刚才粗磨的过程。先磨刀背，再磨刃面，磨到出卷刃，再磨几下刀背去掉卷刃，完成后卸下凿子。

注意，整个研磨过程不能松开磨刀器，磨刀器一旦松开，就很难安装回原来的位置，也就意味着前面的工夫都白做了。

⑤验证。

找一张普通的A4纸来测试凿子的锋利程度，只要刀刃可以轻松划开纸张就算达标。也可以在木料上进行验证，测试其锋利程度。

（二）使用手工工具任务记录单

□个人自评　□小组互评　□教师评价　□企业评价　□社会评价

序号	手工工具	任务目标	完成指标	评分	改进措施
1	木工桌	利用木工桌钳夹持木料	夹持牢固		
2		利用木工桌尾钳固定木料	夹持牢固		
3	测量工具	利用直尺测量与检验木料	测量准确，画线精准		
4		利用卷尺测量木料	测量准确		
5		利用直角尺测量与检验	测量准确		
6		利用三角尺画线	测量准确，画线精准		
7	画线工具	使用画线器画线标记	操作准确，画线精准		
8	锯切工具	使用直板锯进行木料横截	工具选用，锯切精准		
9		使用直板锯进行木料纵切	工具选用，锯切精准		
10	雕凿工具	使用手持凿修整木料	持凿姿势正确		
11		使用靠山修整木料	木料和靠山固定，持凿姿势正确，修整垂直面或平面准确		
12		垂直开凿与水平开凿	木料固定，持凿姿势正确，开凿准确		
13	刨削工具	中式刨的调节	流程正确，调整有效		
14		使用中式刨刨平木料	姿势正确，刨花轻薄连续，木料平整		
15		欧式刨的安装与调节	流程正确，调整有效		
16		使用欧式刨刨平木料	姿势正确，刨花轻薄连续，木料平整		
17	刃具养护	使用定角磨刀器磨刀	流程正确，刀刃锋利，轻松划破A4纸		

五、任务拓展：完成目标任务，思考改进措施

（1）任务记录与评价：填写任务记录单，对得分低的任务点思考改进措施。

（2）完成任务测验。

六、任务评价：《使用手工工具任务记录单》《使用手工工具-学习评价表》

根据《使用手工工具-学习评价表》，展开任务的小组互评、教师评价。

任务三　案例实践：木艺餐具设计与制作

一、任务目标：掌握手工木勺的制作工艺与流程

1. 知识目标

（1）了解中国传统木质餐具历史。

（2）了解手工木勺的制作工艺与流程。

2. 能力目标

（1）能综合利用手工工具，通过画线、凿挖、锯切、修整、打磨等工艺，制作手工木勺。

（2）熟能生巧，举一反三，设计和制作其他类型的木艺餐具。

（3）能解决制作过程中出现的共性和个性问题。

3. 素质目标

（1）增强团队协作的能力。

（2）全面提升劳动品德和人文素养，逐步形成良好的设计审美观。

4. 思政目标

培养敬业、精益、专注、创新的工匠精神，注重对大国工匠精神的把握与传承。

二、重点难点：造型优美，工艺精湛，功能创新

1. 重点

（1）考虑木料、工具等限定性因素，进行木质餐具设计。

（2）掌握手工木勺的制作工艺与流程。

2. 难点

（1）木艺餐具的设计与制作要综合考虑造型、审美、工艺、功能、创新。

（2）对匠人匠心精神的把握与传承。

三、任务导入：观看木艺餐具手作视频

（1）领取学习任务单，阅读学习指南，预习任务中涉及的概念。

（2）观看木艺餐具手作视频，整理要点。

学习任务单

一、开课任务
案例实践：木艺餐具设计与制作 1. 竹木餐具 2. 手工木勺设计与制作的材料和工具 3. 手工木勺设计与制作的流程和方法
二、学习情境
本任务开始，进行手工木勺的设计与制作，一方面使工具的使用达到熟能生巧的程度，另一方面掌握手工木勺的制作工艺与流程，全面提升劳动品德和人文素养 思政要点：传统技法、匠人匠心、精益求精、节约用材
三、学习指南
1. 复习雕凿工具的使用方法，整理要点 2. 观看木艺餐具手作的视频，思考总结制作的共性步骤 3. 按课程任务要求分成小组，团结协作推进任务完成 4. 跟随任务目标，使用相应材料和工具，完成手工木勺设计与制作 5. 小组成员之间互相观摩，做好任务记录单 6. 以照片和视频的形式记录制作过程，制成短视频，发布于社交平台
四、相关概念
1. 竹木餐具的历史发展与现状 2. 手工木勺设计与制作的材料和工具 3. 手工木勺设计与制作的流程和方法

续表

五、任务规范
1. 分组时考虑组员不同性格、不同技能特长的互补，对任务的推进有益处 2. 在木勺设计的过程中发挥创意设计思维 3. 在木勺制作的过程中进一步规范木工操作，安全操作不能忘 4. 实事求是填写任务记录单，反思改进措施 5. 注意课前、课中、课后学习表现，关乎职业素养与专业学习评价 6. 任务测验成绩将计入课程最终成绩

四、任务准备：竹木餐具，材料和工具准备

（一）竹木餐具

竹木餐具的起源必须从我国特有的筷子说起。筷子，古称“箸”，是当今世界上公认的独特餐具。对使用刀叉的西方来说，学会用筷子确实有一定的难度，可一旦能熟练地操纵，使用起来灵巧无比，所以西方有学者赞扬筷子是古老的东方文明代表，是华夏民族智慧的结晶。

今天的木制餐具多使用橡胶木和黑胡桃木，木质细腻，具有优美的天然纹理。而竹木餐具的产品系列丰富，有盛具、砧板、碗杯、底托、筷子、盒子等（图2-3-45）。与陶瓷、玻璃、塑料餐具相比，竹木餐具稳重典雅，还具有保温、防烫、耐用的优点，体现了厨具设计中的环保性和以人为本原则。

图2-3-45　竹木餐具

（二）为什么以木勺制作为第一个案例

木勺制作步骤简单，所需工具不多，但需要综合运用手绘、凿挖、锯切、打磨等工艺，有利于初学者的综合手工技能训练，成功制作后可大大激发兴趣和建立信心，同时也可通过这个案例对工匠精神有更切身和深刻的体会。

（三）材料和工具准备

制作木勺需要准备的材料和工具包括：木料、圆弧雕刻刀（打坯刀、精修刀）、U形拉花锯、锉刀（黄金锉、什锦锉）、砂纸、木蜡油等（图2-3-46）。

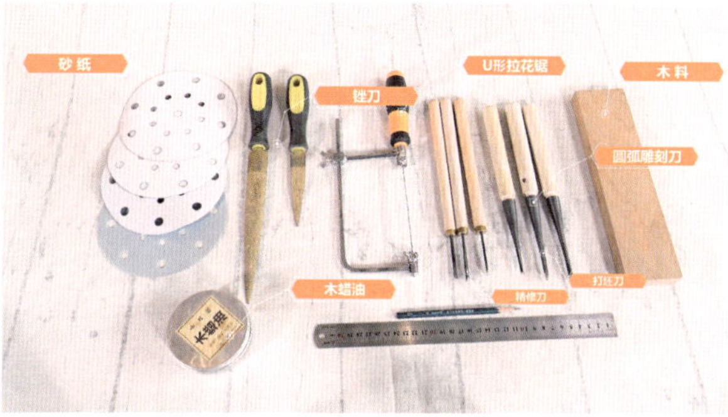

图2-3-46　材料与工具准备

在正式制作之前，需要挑选木料。可以雕刻木勺的木材很多，初学者可以选择榉木、黑胡桃木、樱桃木等细腻的木材（图2-3-47），避免选择橡木、枫木、紫光檀等硬木。选择材料时注意，不要选择带有结疤、树瘤或接近髓心的木材，这些部位的木材质地不均，雕刻难度大，雕刻的时候还有大块掉落的风险。雕刻前先试试木料的软硬度，短纹细腻的木料优于长纹理木料。

榉木　　黑胡桃木　　樱桃木

图2-3-47　推荐木料

五、任务实施：手工木勺设计与制作，注意事项，从手工木勺到木艺餐具

（一）手工木勺设计与制作

手工木勺设计与制作的过程主要分为开方料、绘制图样、凿挖勺体、锯切轮廓、修整侧面形态、表面处理六个步骤。其中绘制图样决定了木勺的样式，凿挖勺体是难点所在，需重点练习。

1. 开方料

对于初学者来说，在没有机械工具的情况下，建议直接购买成品木料。本书会在“项目五　机械工具与木质玩具”相关内容中讲解精确开料，即如何加工出一块方正的木板。一般制作勺子的木料尺寸为150mm×50mm×20mm，长柄勺子的木料长度可以达到200mm。

2. 绘制图样

根据构思在木料上画出勺子的样式。木料本身尺寸不大，本着节省材料的原则，画线尽量上下撑满木料。

手工木勺
1：1图纸

勺子的设计风格不一，有极简主义、卡通风格、仿生形态等，设计勺子需要考虑的因素包括：勺子的大小、形状、深度、厚度，勺子的预期功能，是用作汤勺还是饭勺。绘制图样一定要建立设计的全局观，做到心中有数。

勺口部位需画出双线，双线间距2mm左右，内线是后期凿挖的定位，外线是后期锯切的定位，画线笔迹尽量纤细，保证造型精准（图2-3-48）。

3. 凿挖勺体

根据绘制的图样凿挖勺口是本任务的难点，用到的主要工具是圆弧雕刻刀。

圆弧雕刻刀按功能可以分为打坯刀和精修刀两类（图2-3-49）。打坯刀的刀刃和刀身是分离结构，刀刃厚实，可用锤子敲击木柄，用于初期凿挖时快速去料。精修刀的刀刃和刀身是一体的，刀刃纤薄锋利，不可敲击，只能手推，用于后期的精细修光。使用过程中，要注意观察刀刃，当刀刃变钝、下刀吃力时，需要用磨刀石或砂纸研磨锋利后使用。

凿挖前，将木料固定在木工桌尾钳上，或用G形夹固定于工作台面。先将打坯刀竖起，沿着勺口的内线慢慢敲击出一圈痕迹，防止后面凿挖勺口的时候凿过线（图2-3-50）。将浅圆打坯刀贴着刚才的痕迹，稍稍倾斜，辅助木槌慢慢往勺口中间凿，打坯刀不要立起来，也不能一下子凿很深。两面对着凿，由浅入深逐步下刀，直到勺口基本成型达到设计预期（图2-3-51）。

打坯成型后换精修刀，左手大拇指按压住精修刀口上端，控制方向，将打坯刀留下的凹坑和毛糙修整平滑（图2-3-52）。

安全操作方面，禁止将刀口对着自己或他人，禁止用手按着材料操作，不能把手放到出刀的方向上，否则很容易因为收不住力，刀口滑出伤到自己。

4. 锯切轮廓

凿挖勺体完成后，调整木料的夹持位置，找到贴近木料边缘的轮廓线，用拉花锯从木料边缘进锯，慢慢贴近绘制的轮廓线，沿着轮廓线将勺体锯下（图2-3-53）。在勺口的位置，注意贴着刚刚绘

图2-3-48　绘制图样

图2-3-49　打坯刀和精修刀

图2-3-50　敲击出一圈痕迹

图2-3-51　打坯

图2-3-52　精修

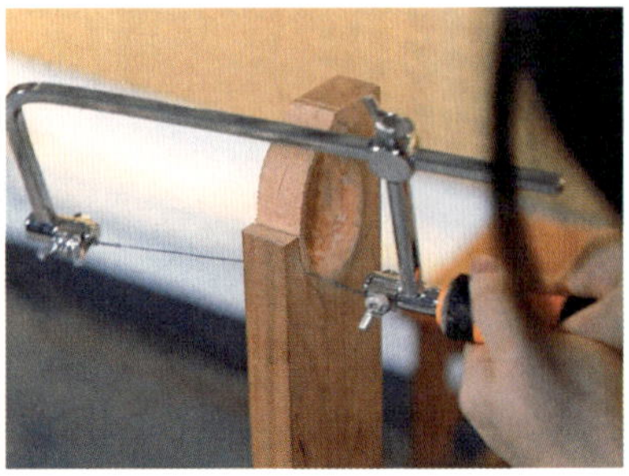

图2-3-53　锯切轮廓

图2-3-54　侧面形态线

图2-3-55　黄金锉锉削勺体

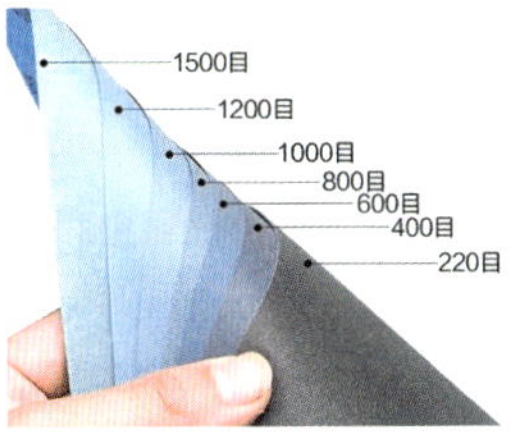

图2-3-56　不同目数砂纸

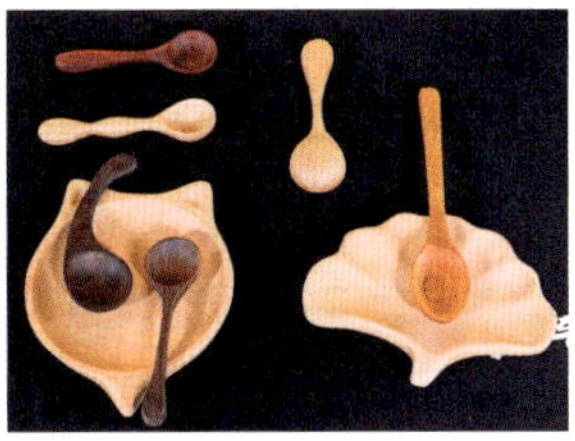

图2-3-57　木勺制作完成

制的外线锯切。锯切的过程中需要不断调整夹持位置，找到顺手的着力点。

初学者操作拉花锯不熟练，不能锯出连续的长段曲线锯路，可以先沿着木料边缘垂直向轮廓线切出一块块小木格，再用拉花锯沿着轮廓线，将小木格一块块去除。

操作顺序上，不建议先锯切轮廓，再凿挖勺口，因为锯切轮廓线后，木料勺柄太细难以固定，会给凿挖勺体带来困难。

5. 修整侧面形态

锯切轮廓后可以看到木勺的雏形，继续修整侧面的形态。考虑勺柄的曲线弧度造型，考虑握持勺柄的舒适度，用笔画出侧面形态线，继续用拉花锯去掉多余的木料（图2-3-54）。

选择合适尺寸的黄金锉锉削勺体，注意勺体的外弧度、勺头和勺柄的过渡流畅，仔细处理勺柄的边缘棱角，继而用更小的什锦锉锉削细节，锉削黄金锉留下的明显锉痕（图2-3-55）。

6. 表面处理

砂纸打磨勺体表面，先选用120目砂纸将前面锉刀留下的痕迹打磨平整，接着按照180—240—320—400—600的顺序，从粗砂纸到细砂纸依次打磨，直至打磨光滑，不可跳步，必须用下一目数的砂纸将上一目数的砂纸留下的砂纸痕去除（图2-3-56）。

勺子体积小，形式多变，打磨勺口时可以将砂纸折成弧形，用拇指按压打磨，打磨勺柄时将砂纸包裹住来回打磨，更细小的地方，可将砂纸折叠成尖角。最后用白色棉布将食品级木质餐具护理油或橄榄油均匀涂抹于木勺上，反复摩擦，直至光亮（图2-3-57）。

（二）手工木勺设计与制作任务记录单

□个人自评　□小组互评　□教师评价　□企业评价　□社会评价

序号	任务流程	任务目标	评价指标	评分	改进措施
1	开方料	选料	木料软硬适度，短纹细腻，避开结疤、树瘤或髓心		
		开料	适合目标餐具尺寸的标准方料		
2	绘制图样	确定设计风格	明确极简主义、卡通风格、仿生形态或其他设计风格		
		确定设计功能	明确餐勺、饭勺、汤勺、叉勺一体或其他设计功能		
		确定设计尺寸	明确餐具的长、宽、高		
		勺口画出双线	双线间距2mm，画线纤细，造型精准		
3	凿挖勺体	固定木料	木料正确固定在台面上，不得用手按压操作		
		打坯	正确安全操作打坯刀，沿勺口内线敲击出一圈痕迹		
			正确安全操作打坯刀，配合木槌往勺口中间凿，由浅入深，勺口基本成型		
		精修	正确安全操作精修刀，修整平滑凹坑和毛糙		

续表

序号	任务流程	任务目标	评价指标	评分	改进措施
4	锯切轮廓	固定木料	木料正确固定在台面上，不得用手按压操作		
		锯垂直小木格	沿木料边缘垂直向轮廓线切出一块块小木格，熟练后可减少此步骤		
		沿轮廓线锯切	锯路流畅精准，无杂乱锯痕在勺口位置贴合外线		
5	修整侧面形态	画侧面形态线	勺柄曲线造型优美，握持舒适，画线精细		
		锯切侧面形态线	锯路流畅精准		
		锉修勺体	正确安全使用黄金锉和什锦锉，勺体过渡流畅，边缘棱角修整仔细		
6	表面处理	砂纸打磨	打磨顺序正确，打磨细致，圆润光滑，细节处理到位		
		涂擦护理油	勺体光亮		

（三）注意事项

问：画图的时候要注意些什么？

答：一定要预留一些余地，以便打磨、修改。

问：挖勺子的时候要注意些什么？

答：挖勺子凹面的时候，开始最好逆着木纹挖，顺木纹挖很容易掀起一大块，破坏勺子的形状。另外，越到后期越要注意勺口的底部，时不时用手摸一下厚度，防止不小心挖穿。

问：如果做到一半，或者做得差不多了，不小心把勺子摔到地上断了怎么办？

答：可以用太棒胶或502胶水粘合。

太棒胶干得较慢，勺子也很难上夹子，需要用手扶住，固定一定的时间，需要耐心，但处理好的话后期很自然。

502胶水是速干的，想要粘合得更稳固则需要有介质，先涂上胶水，再在接口处撒一些木粉，然后再粘合起来，干透打磨，但502胶水固化的地方会产生硬质。

问：怎样避免勺子断掉？

答：凿挖勺口过程中注意敲击的力度，全程注意夹子夹持的力度，锯切和打磨勺柄过程中注意勺柄最细的部位，另外千万小心不要让勺子坠落地上。

（四）从手工木勺到木艺餐具

餐具是人们生活中最常用的工具之一，用木头制作的餐具与金属及陶瓷材质的餐具相比有其鲜明的特点，木制器皿往往能给人一种沉静而有亲和力的感觉。另外木材能吸收水汽，因而生活中常常用木头做成托盘或砧板放置面包。其他类别木质餐具的制作流程方法与本任务所讲述的木勺制作相似，但视其具体造型和功能不同，又有细微的差别。

手工木叉的制作。与手工木勺的形态极其相似，需要考虑叉子的弧度和叉齿的间距，叉子的弧度大多较平缓，凿挖深度也比较浅。

手工木盘的制作。与手工木勺的制作流程相似，但在形态上大有不同。木盘体量更大，凿挖的工作量较大，但因为底盘面积大，不管凿挖还是打磨操作更加方便顺手。同时，不同的使用功能也赋予了木盘更多的造型可能性。

手工砧板的制作。砧板，也叫菜板，是厨房的必备品，不仅可以作为切割食品的用具，木质砧板更是提升氛围感的餐具好物。砧板以平面造型为主，与木盘相比，省去了凿挖的步骤。可以在拼料工艺上进行尝试，采用不同深浅、色泽、纹理的原木木材，拼版制作个性砧板，不仅美观，而且避免了木材受潮受热容易开裂的缺点，非常实用。

在掌握正确方法的同时，勤加练习，熟能生巧，以严谨认真的工匠精神和精益求精的态度投入设计与制作，就能把一块普普通通，甚至奇形怪状到有些丑陋的木头变成美好的日常用具，这无疑是一件非常美妙的事情（图2-3-58）。

木质餐具欣赏

图2-3-58 木艺餐具

六、任务拓展：制作手工餐具、成果发布

（1）案例实践：以小组为单位，设计木勺和周边餐具图样，领取木料和工具，按照分组进行小组合作，制作一套手工餐具，制作完成后上传任务记录单。

（2）成果发布：将制作过程以照片和视频的形式记录，制成短视频，发布到社交平台上，收集点赞和评论。

七、任务评价：《手工木勺设计与制作任务记录单》《木艺餐具设计与制作-学习评价表》

根据《木艺餐具设计与制作-学习评价表》，展开任务的小组互评、教师评价。

任务四 材料拓展：木艺首饰设计与制作

一、任务目标：掌握木材与滴胶树脂相结合的制作工艺与流程

1. 知识目标

（1）了解滴胶树脂的特性。

（2）了解木材与滴胶树脂相结合的木艺首饰制作工艺与流程。

2. 能力目标

（1）能综合利用手工工具，配合滴胶树脂成型，制作木艺戒指。

（2）举一反三，设计和制作其他类型的滴胶树脂木艺作品，如挂坠、耳坠、胸针等首饰或其他工艺品。

（3）能解决制作过程中出现的共性和个性问题。

3. 素质目标

（1）增强团队协作的能力。

（2）全面提升劳动品德和人文素养，逐步形成良好的设计审美观。

4. 思政目标

培养敬业、精益、专注、创新的工匠精神。

二、重点难点：风格多变、工艺精湛、审美提升

1. 重点

（1）根据材料特点，进行不同风格的木质首饰设计。

（2）掌握与滴胶树脂相结合的木艺首饰制作工艺与流程。

2. 难点

（1）在设计与制作过程中综合考虑造型、审美、工艺、功能、创新等要点。

（2）对设计审美风格的认知与实践。

（3）对匠人匠心精神的把握与传承。

三、任务导入：调研滴胶树脂手作工艺品

（1）领取学习任务单，阅读学习指南，预习任务中涉及的概念。

（2）调研滴胶树脂手作工艺品，对不同风格的作品做出自己的评价。

学习任务单

一、开课任务
材料拓展：木艺首饰设计与制作 1. 木艺首饰设计与制作的材料和工具 2. 木艺首饰设计与制作的流程和方法
二、学习情境
本任务通过木艺首饰设计与制作，使我们了解并掌握木材与滴胶树脂相结合的制作工艺与流程。这个过程中，一方面要求我们对材料进行拓展，在实际案例制作中尝试综合材料，另一方面在设计过程中要综合考虑造型、审美、工艺、创新
三、学习指南
1. 调研滴胶树脂手作工艺品，对不同风格的作品做出自己的评价 2. 按课程任务要求分成小组，以小组为单位团结协作推进任务完成 3. 跟随任务目标，使用相应材料和工具，完成滴胶首饰设计与制作 4. 小组成员之间互相观摩，做好任务记录单 5. 将制作过程以照片和视频的形式记录，制成短视频，发布在社交平台上
四、相关概念
1. 滴胶树脂的特性 2. 木艺首饰设计与制作的材料和工具 3. 木艺首饰设计与制作的流程和方法
五、任务规范
1. 分组时考虑组员不同性格、不同技能特长的互补，对任务的推进有益处 2. 在首饰设计的过程中发挥创意设计思维 3. 在首饰制作的过程中进一步规范木工操作，在调配树脂时严格遵照比例标准，工匠精神牢记于心 4. 任务记录单填写要实事求是，反思改进措施 5. 注意课前、课中、课后学习表现，关乎职业素养与专业学习评价 6. 任务测验成绩将计入课程最终成绩

四、任务准备：滴胶树脂，安全问题，材料和工具准备

（一）滴胶树脂

滴胶树脂又名环氧树脂、水晶滴胶，硬度上有硬胶、软胶、超软胶，其黏度低、流平性好、消泡性能好，可以在常温状态下固化，固化速度适中。固化后透明度佳，硬度高，表面平整光亮，有良好的耐溶剂性、抗创性及耐黄变性能。

图2-3-59　常用滴胶树脂

常用滴胶树脂分为AB胶和UV胶（图2-3-59）。

1. AB胶

AB胶由两种不同的液体搅拌混合而成，其凝固是自然凝固，凝固时间在24小时到48小时不等。正常情况下一般12小时左右脱模，24小时左右全干，冬天气温低，凝固时间会大大延长。AB胶较便宜，价格大约在每千克40～50元。

常见AB胶以质量比3：1的比例调和，比如A胶9g那么B胶就是3g，一定要用电子秤精确量取，不建议使用体积比计算，一旦配比不准很难凝固成型。

2. UV胶

UV胶质地比较稠，需配合紫外线灯使用，固化时间视产品不同而略有差别。和AB胶相比，UV胶价格要贵一些。

在近年来流行的滴胶手作中，UV胶一般用来制作小件，比如钥匙扣、各种首饰等，以及用来快速粘接，而AB胶适合做大件，比如一些收纳容器、水晶立方体等。

（二）安全问题

使用AB胶需要注意安全问题。A胶和B胶在未混合前，A胶无毒，B胶微毒。A胶和B胶在混合过程中，会释放毒性，产生有毒气体，对身体有害，吸入后患者会出现头疼、头晕、恶心、呕吐等症状。尤其在一些消泡操作中需要加热，温度升高释放有毒气体更多。AB胶凝固后安全，毒性可忽略不计。所以在AB胶混合过程中，需要注意以下几点：

①滴胶尽量在通风好的地方使用。

②选购有质检报告的产品。

③操作过程中佩戴手套和口罩，有条件的使用

防护面具。

④做完滴胶用盖子盖起来，避免有害气体挥发到空气中，同时防止落灰。

⑤孕妇和小孩尽量不要使用。

⑥不要使用滴胶制作餐具、杯具等产品。

（三）材料和工具准备

制作树脂与木艺相融合的首饰作品需要准备的材料和工具主要包括两类：一类是制作滴胶树脂相关的工具，包括滴胶树脂、硅胶模具、电子秤、量杯、色素等；另一类是传统木工工具，包括木料、拉花锯、迷你电磨、砂纸、抛光蜡等（图2-3-60）。

1. 量杯和分装杯

量杯和分装杯有塑料、硅胶等材质。塑料杯的缺点是用完无法清洗，硅胶杯使用后仍然会有小胶滴挂在上面，清洗起来要一个一个抠掉，也比较麻烦，建议使用一次性透明塑料杯，不重复使用。

2. 搅拌棒

搅拌棒可以使用雪糕棒。另外牙签也是一种特殊的搅拌工具，用来搅拌少量的滴胶着色以及挑气泡，在滴胶内部制造云烟等艺术效果。

3. 色素

滴胶色素多种多样，包括色精、晕染色精、色粉、荧光粉等，很多颜色可以通过混合实现。

4. 模具

初学者建议购买一些通用的硅胶模具，比如立方体、圆柱体等。一定要看清尺寸，可以根据电商平台详情页的尺寸画出大致的样子，与想制作的产品比量一下，以免尺寸小了用不上或尺寸大了造成滴胶的浪费。

五、任务实施：木艺首饰设计与制作，注意事项，从滴胶戒指到木艺首饰

（一）木艺首饰设计与制作

木艺首饰设计与制作的过程主要分为：图样绘制、木料准备、树脂准备、模具定型、形态制作、打磨修整。其中木料和树脂在模具中的定型是制作的难点，直接关系到树脂能否成功固化，形态设计和制作是重点，它决定了木艺首饰的样式和功能。

1. 图样绘制

在正式制作之前，根据构思，在纸上画出首饰的草图样式（图2-3-61）。设计时需要考虑的因素包括：首饰的品类，是戒指、手镯、挂坠或者耳坠；首饰的形态样式和造型风格，是简约的、华丽的、仿生的或者自然的；首饰的尺寸，戒指和手镯需要对标标准圈号；另外还要考虑木材和树脂以什么样的形式融合。

绘制图样可以帮助我们树立设计的全局观，做到心中有数，后续的制作以设计图样为准。

2. 木料准备

制作木艺首饰选取的木材一般为红木小料（图2-3-62），如紫光檀、鸡翅木、红檀木等。红木名贵，质感扎实，纹理生动，色泽亮丽，非常适合制作首饰，选择余料和小料可以大幅降低经济成本。

为了制作出木材的自然断面，将木料划分为长度约4cm的小段，利用拉花锯从侧面分别切割1cm的深度，再从正面切入2～3mm，掰开形成自然的

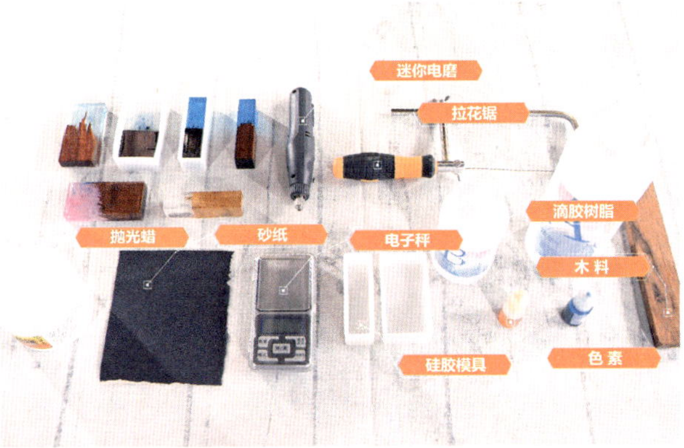

图2-3-60　材料和工具

图2-3-61　图样绘制

断裂尺状（图2-3-63、图2-3-64）。如果红木小料本身就有天然的断面或肌理，直接利用即可。

3. 树脂准备

将滴胶树脂中的A胶和B胶以3：1的比例混合（图2-3-65），注意，3：1是质量比，所以一定要使用电子秤，以体积配比的方法不精准，很容易固化失败。混合后，用搅拌棒将A胶和B胶搅拌均匀，如需要，可加入色素搅拌，直至看不到白丝，静置几分钟等待消泡。

4. 模具定型

木料和树脂都准备好后，使用模具定型。把木料放入模具，定好位置，压上鹅卵石，防止倒入树脂后木料浮起。将树脂沿着搅拌棒缓慢流入模具内没过木料，避免直接倒入（图2-3-66），那样会产生大量气泡影响美观，倒入后不能搅拌。本案例中加入白色色素，调出白色树脂，涂抹于木材断裂

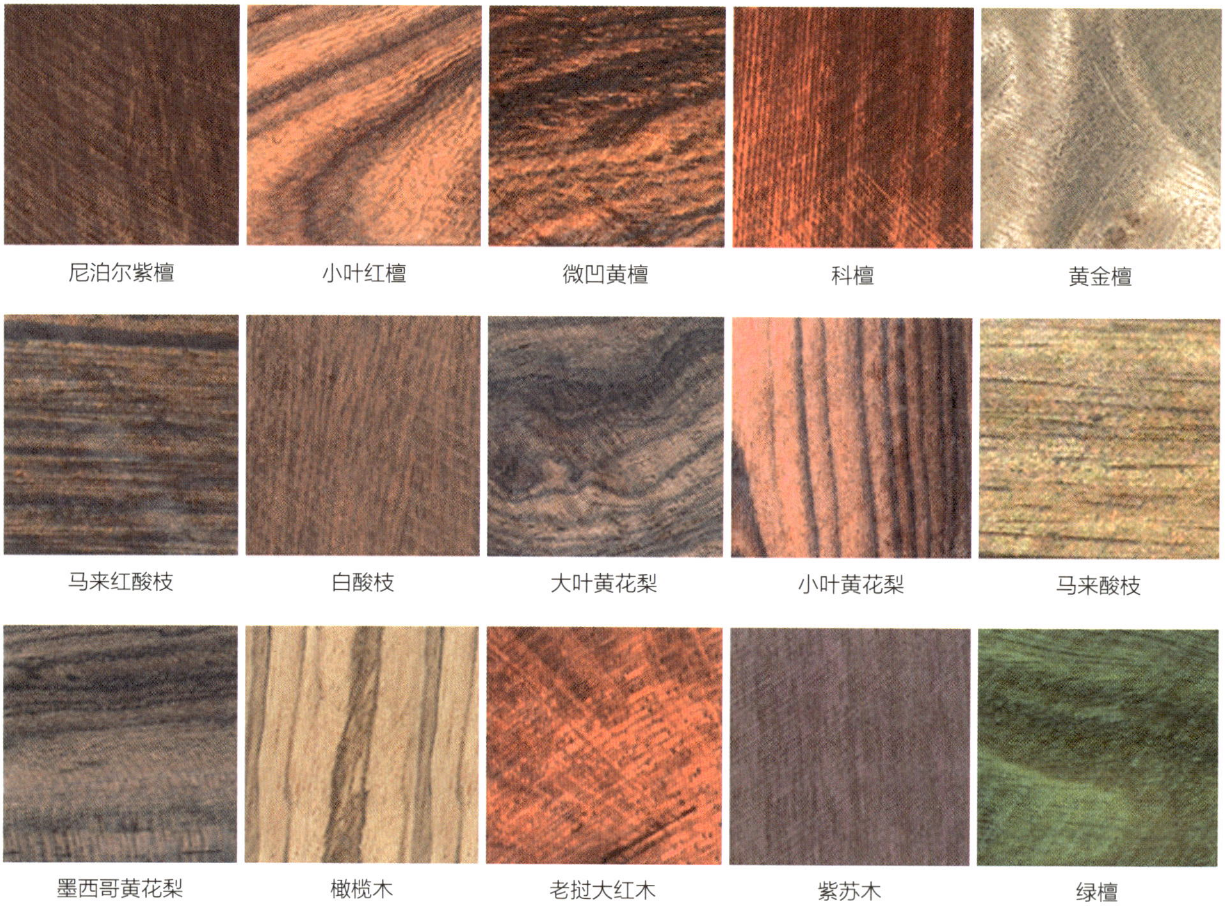

图2-3-62　红木小料

图2-3-63　锯切少许深度

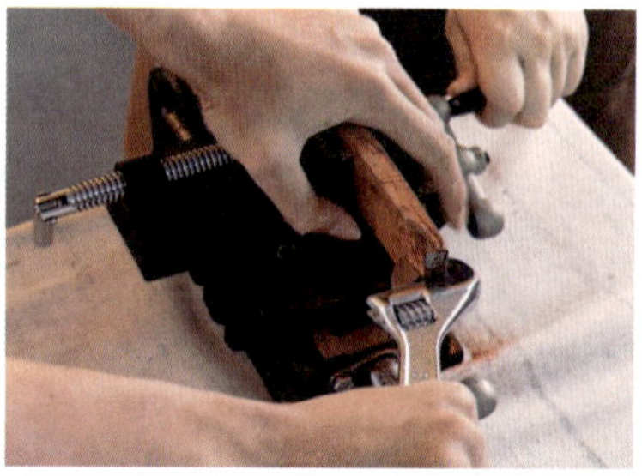

图2-3-64　自然断裂状

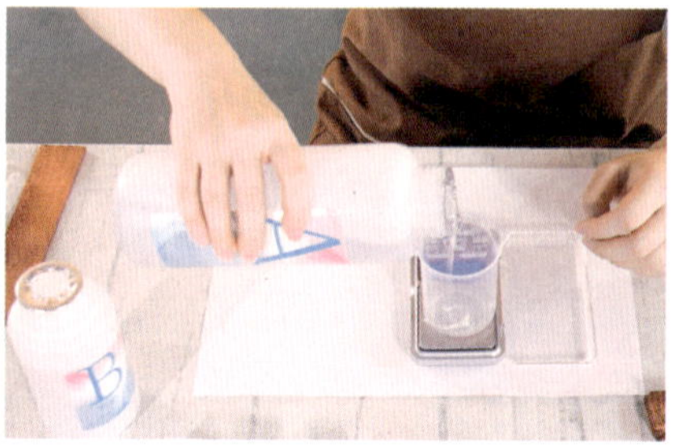

图2-3-65　混合A胶和B胶

处模拟雪山的效果（图2-3-67）。静置一天待树脂干透。

5. 形态制作

树脂干透后从硅胶模具中取出，进行形态制作。根据初期的图样绘制，在树脂和木材上画出图样（图2-3-68），用拉花锯进行形态切割（图2-3-69）。其中戒指的戒圈可以通过戒圈模板画圆，用手电钻钻孔实现（图2-3-70）。

6. 打磨修整

利用迷你电磨，配合砂轮对首饰进行粗磨，打磨掉拉花锯切割的锯路痕迹，修整其形态，根据设计图样打磨出硬边棱角或圆润的倒角（图2-3-71）。接着换手工砂纸，按照320、400、600、800、1000、2000目的顺序逐级打磨，其中800目以上需带水打磨。最后在首饰上抹少许抛光蜡，换抛光轮对首饰进行抛光，直至光亮（图2-3-72）。

图2-3-66　模具定型

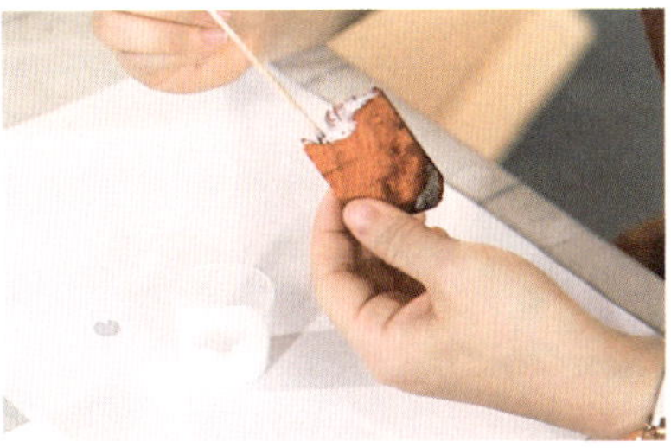

图2-3-67　用白色树脂模拟雪山效果

图2-3-68　画出图样

图2-3-69　形态锯切

图2-3-70　手电钻钻孔

图2-3-71　迷你电磨打磨

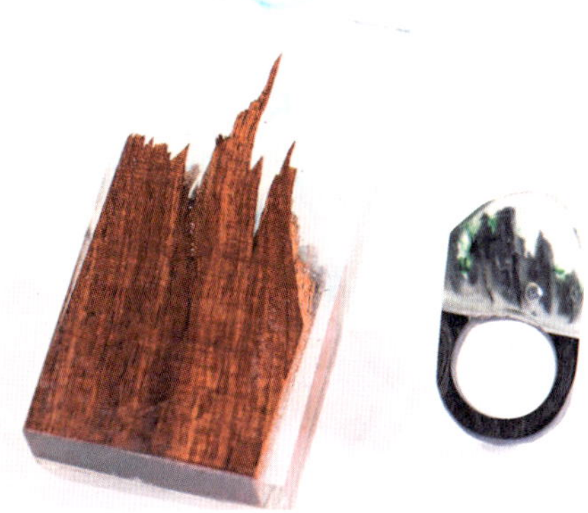

图2-3-72　木艺首饰完成

（二）木艺首饰设计与制作任务记录单

□个人自评 □小组互评 □教师评价 □企业评价 □社会评价

序号	任务流程	任务目标	评价指标	评分	改进措施
1	图样绘制	确定首饰品类	明确设计目标为戒指、手镯、挂坠或耳坠		
		确定形态样式和造型风格	明确简约、华丽、仿生或自然等关键词		
		确定设计尺寸	明确首饰的长、宽、高，戒指或手镯确定圈号		
2	木料准备	选料	红木小料，纹理生动，色泽亮丽		
		备料	木材造型符合设计需求，如做出自然断面		
3	树脂准备	混合	A胶B胶比例正确，气泡少，成功固化		
		调色	符合设计需求，色彩典雅自然		
			如设计需要，可对木料做单独色彩处理		
4	模具定型	模具准备	模具大小合适，滴胶浪费少		
		模具定型	正确安全操作，注意个人防护；A胶B胶比例正确，气泡少，成功固化		
5	形态制作	图样绘制	将设计图样绘制到固化后的滴胶树脂上		
		形态锯切	锯路流畅精准，无明显锯痕，贴合轮廓线		
6	打磨修整	修整形态	消除锯路痕迹，倒角符合设计预期		
		打磨	打磨顺序正确，打磨细致，圆润光滑，细节处理到位		
		抛光	首饰光亮		

（三）注意事项

问：为什么调色时一加色素颜色就深了，没有清透的感觉？

答：色素一定要一点一点地逐步添加，必要时用牙签挑一点色素搅拌，当滴胶量少的时候，一滴色素都可能让颜色变得很深。初学者多试验几次，才能对色素的添加量心中有数。

问：前期在树脂准备过程中会产生大量气泡，如何消除？

答：AB胶混合搅拌产生气泡是正常现象，无法完全避免，可以采取一些措施减少气泡。

（1）竖直搅拌，不要倾斜搅拌，搅拌速度不要太快，以免混入更多空气。

（2）利用搅拌棒吸附小气泡，静止一段时间后提起木棒，擦掉挂在木棒上的胶。

（3）隔热水搅拌，水的高度不要超过胶的五分之一。

问：模具定型阶段产生大气泡或小气泡的原因？

答：相对来说，大尺寸模具比小尺寸模具更容易产生气泡。

模具定型阶段气泡产生的原因是AB胶在凝固的过程中会发热，在凝固的时候会有某个部位先凝固、其他部位后凝固的情况，所以会产生气泡甚至大气泡。

对于大尺寸模具可以采取分批倒胶的方法，比如先倒50g，隔两个小时再倒50g，直至倒满。这种情况如果上下两层不是纯透明胶，会有轻微的色差，倒完后用牙签上下戳一戳让色差过渡自然。

AB胶倒入模具后一定不要搅拌，搅拌是极容易出气泡的。若因作品风格需要气泡，比如用细小的气泡营造出雪景或水下的氛围，那就可以保留气泡或用搅拌的方法增加气泡。

问：首饰设计的灵感主要来自哪里？

答：平时要多接触大自然，观察生活，积累素材，在各大设计平台多学习优秀作品。充分发挥想象力，营造首饰设计的叙事性，让作品的立意不仅限于造型。

（四）从滴胶戒指到木艺首饰

滴胶树脂本身拥有高透明度以及水晶般的质感，和温润的实木结合后散发出天然的美感，宛如松木中流出的松脂。手工滴胶在许多步骤中都可以迸发无限创意，在水晶滴胶产品中可任意加入想保存的物质，如花朵、相片、珍珠、标本等，封存独特的记忆，精细加工后制作成各种形状的首饰、挂坠，打磨光亮的透明滴胶好像在木头里流动（图2-3-73）。

图2-3-73　其他类别的木艺首饰

六、任务拓展：制作木艺首饰，成果发布

（1）案例实践：以小组为单位，设计首饰图样，准备木料、滴胶树脂和工具，按照分组进行小组合作，制作木艺首饰，制作完成后上传任务记录单。

木艺首饰欣赏

木艺首饰设计制作学生作品成果

（2）成果发布：将制作过程以照片和视频的形式记录，制成短视频，发布在社交平台上，收集点赞和评论。

七、任务评价：《木艺首饰设计与制作任务记录单》《木艺首饰设计与制作-学习评价表》

根据《木艺首饰设计与制作-学习评价表》，展开任务的小组互评、教师评价。

PROJECT 4

项目四

木材的接合

所有的木制品都是由各种形状、尺寸的零件和部件装配而成的，将若干零件结合成部件，再将若干部件结合成木制品的过程，称为装配。我们需要重点研究装配过程中木材的接合方式。

本项目将介绍木材连接的四种典型接合方式，特别针对榫卯结构，领会其中蕴含的中式美学和东方智慧，进行榫卯结构制作的技术实践，并以此为基础，探究榫卯结构在现代文创产品中的传承与再设计。

学习目标

1. 知识目标

（1）了解木材接合的四种方式，理解榫卯结构的优势、特点。

（2）理解榫卯结构在产品设计中的传承、创新途径和方法。

2. 能力目标

（1）能准确、快速识别常见木制品的接合方式。

（2）能综合利用手工工具，遵循正确的流程制作直榫和鲁班锁，并成功拼装。

（3）掌握多米诺榫连接制作的方法，会进行产品的实际连接制作。

（4）完成以榫卯结构创新为主题的现代文创产品设计与制作。

3. 素质目标

（1）在榫卯结构的美学特征和东方智慧中传承民族文化、弘扬民族精神。

（2）在榫卯结构的制作中培养敬业、精益、专注、创新的工匠精神与职业素质。

（3）以唯物辩证法的观点理性思考优秀传统文化与现代先进技术之间的关系。

（4）中华文化身份的认同和当代表达。

任务设计

任务一	木材连接的艺术：接合	课时	2
任务内容	木材接合实验		
任务要求	1. 明确实验规则，进行木材接合实验：胶接合、钉接合、连接件接合、榫接合 2. 五维要素分析与评价：美观度、牢固度、便捷性、成本和效率 3. 汇总雷达图，解读数据 4. 准确快速识别不同的结合方式		
任务二	中国的乐高：榫卯结构的凹凸之美	课时	2
任务内容	榫卯结构的美学特征和东方智慧		
任务要求	1. 进行榫卯结构逆向工程，观察、辨别、测量榫卯教具，利用Rhino软件建模，与实物比对，调整模型 2. 通过体验、参观、采访等活动，理解榫卯结构的天时地气与材美工巧		

续表

任务三	技术实践：交叉半榫的锯凿与鲁班锁制作	课时	4
任务内容	交叉半榫制作，鲁班锁制作		
任务要求	1. 理解直榫制作的基本流程和方法，制作交叉半榫 2. 评估自身能力和兴趣爱好，选择难度合适的鲁班锁，按照图纸制作 3. 将鲁班锁制作过程和作品制成短视频，发布于社交平台，收集点赞与评论		
任务四	技术延伸：传统榫卯结构的现代发展——多米诺榫连接	课时	2
任务内容	多米诺榫连接的画框制作		
任务要求	1. 多米诺榫连接技术解析 2. 多米诺榫连接技术示范 3. 多米诺榫连接技术应用——画框制作：榫孔设计、连接制作、画框展示		
任务五	设计实践：榫卯结构在文创产品中的传承与创新	课时	4
任务内容	校企合作课题：基于榫卯结构的文创产品再设计		
任务要求	1. 理解设计原则与设计方法 2. 按照不同的设计方法分组，进行文创产品再设计：产品预研、造型设计、结构设计、样机制作与验证 3. 邀请行业专家、企业专家，展开线上+线下汇报展示，进行评价与优化		
任务六	应用实践：榫卯结构在文创产品中的应用与制作	课时	4
任务内容	校企合作课题：基于榫卯结构的文创产品设计制作		
任务要求	1. 选择合适的材料，综合利用木工工具，按照精确定型、结构制作、优化组装的流程，将任务五的设计方案制作出来 2. 制作产品设计报告书，进行项目汇报与评价		

任务一　木材连接的艺术：接合

一、任务目标：掌握四种木材接合方式的特点和应用范围

1. 知识目标

（1）理解木材的基本构成与特性。

（2）掌握木材接合的四种方式、特点和应用范围。

2. 能力目标

（1）能准确识别常见木制品的接合方式。

（2）能评价和判断市场上各类木制品的接合强度和工艺质量。

（3）能为不同的木制品确定适合的接合方式。

3. 素质目标

（1）理解科学技术对产业发展的影响。

（2）增强团队沟通协作能力。

4. 思政目标

树立环保意识、质量意识和工匠精神。

二、重点难点：具体问题具体分析，确定适合的接合方式

1. 重点

木材接合的四种主要方式和各自的特点。

2. 难点

结合具体情况为不同木制品确定适合的接合方式。

三、任务导入：观看木材连接方式视频

（1）领取学习任务单，阅读学习指南，预习任务中涉及的概念。

（2）观看与木材特性及连接方式相关的微课视频，思考周围常见木制品的连接方式。

学习任务单

一、开课任务

理论讲授：木材连接的艺术——接合
1. 木材特性与连接
2. 木材接合与实验

二、学习情境

本任务开始研究木材接合的主要方式。木材作为一种天然材料，具有优良的特性，在建筑、家具、包装等领域发挥着巨大的作用。木材接合方式的选择，对结构的牢固性、稳定性、美观性和加工工艺等都有直接影响

三、学习指南

1. 观看相关微课视频，思考常见木制品的连接方式
2. 按课程任务要求分成小组，团结协作推进任务完成
3. 跟随任务目标，完成木材接合实验
4. 小组成员之间互相观摩，做好任务记录单
5. 基于实验，分组总结不同接合方式的优缺点
6. 利用网络或图书馆资源收集木材接合方式在实际木制产品中的应用案例

四、相关概念

1. 木材接合的四种方式（胶接合、榫接合、钉接合、连接件接合）各自的特点和应用范围
2. 雷达图

五、任务规范

1. 分组时考虑组员不同性格、不同技能特长的互补，对任务的推进有益处
2. 实验过程严谨细致
3. 实事求是填写任务记录单，反思有效的改进措施
4. 应用案例的收集要注意分类，最好能清晰展现结构
5. 注意课前、课中、课后的学习表现，关乎职业素养与专业学习评价
6. 任务测验成绩将计入课程最终成绩

四、任务准备：木材连接的四种典型方式

（一）为什么要学习接合方式

制作比较复杂、由多个部件组合而成的产品时，就会涉及木材的接合。接合是一门将木材彼此连接的学问，接合方式的选择，对产品结构的牢固性和稳定性、产品的美观性和加工工艺都有直接影响。

常用的木材接合方式有胶接合、钉接合、连接件接合和榫接合等四种，它们可以单独或组合使用。理想的木工接合应该在形式与功能之间达到平衡，即每一个接合部件设计应服从木制产品的整体构思，同时能有效承托施加于其上的各种外力。

只有熟悉各种接合方式的特点，才能在今后设计与制作中根据实际需要灵活选择。

（二）木材连接的四种典型方式

木材常用的连接方式分别为胶接合、钉接合、连接件接合和榫接合。

1. 胶接合

胶接合是指单纯用胶黏剂把制品的零部件接合起来，对零部件的接合面涂胶、加压，待胶液固化后即完成胶接合。在胶接合中，胶黏剂非常重要，它扮演了固定并连接木材的角色（图2-4-1）。目前行业中常用的胶黏剂种类繁多，最常用的是聚醋酸乙烯乳胶液，俗称白乳胶。

2. 钉接合

钉接合是指将两个零部件直接用金属钉连接在一起，主要借助于钉与木材之间的摩擦力（图2-4-2）。根据工作种类，钉子有各种形状、尺寸和材料。采用钉接合时，钉子的长度必须达到被钉工件厚度的2.5～3倍，才能保证钉接合的强度。

3. 连接件接合

连接件接合是指利用各种专用连接件、零部件装配成部件或产品（图2-4-3）。常用静态连接件有

图2-4-1　胶黏剂

图2-4-2 钉接合

平金属板、带齿金属板、螺钉、螺栓等，活动连接件有各种合页、挂钩等。连接件可以反复拆装而不影响产品的接合强度，连接件接合是组装家具必不可少的接合方式。

4. 榫接合

榫接合是由凸出来的榫头嵌入凹进去的榫孔中的一种接合方式，是中国古代建筑、家具及其他木制产品的主要结构方式。榫接合通过木件之间多与少、高与低、长与短的巧妙组合，有效地限制木件在各个方向的扭动，保证了接合强度（图2-4-4）。

图2-4-3 连接件接合

图2-4-4 榫接合

五、任务实施：木材接合实验，实验结论与应用，实验思辨

（一）木材接合实验

1. 实验目标

分别尝试四种不同的连接方式，将木材两两相连形成直角构件，分析不同连接方式的优缺点，判断其各自适合的使用情境。

2. 实验要求

（1）建议班级学生分成4组，每组承担一种接合实验。

（2）各组认领材料和工具，阅读实验须知，进行木材接合实验，做好视频和文字记录。

（3）围绕五维要素（美观、牢固、方便、成本、效率）打分，绘制雷达图，对本组接合方式的特点进行客观评价。

3. 实验步骤

（1）胶接合。

实验准备：方正木条2根、白乳胶、夹具。

实验步骤：

①处理接触面：处理木材接合面使其平整，保持接合面清洁。表面粗糙会导致产生接合空隙，油渍、木屑等物质的附着会降低粘接强度。

②涂抹胶黏剂：在两个待胶合材料的接合面分别涂上一层薄而均匀的白乳胶（图2-4-5）。

③夹具固定：用木工夹固定木料，以木料的接合面之间没有缝隙且有胶黏剂从接缝处挤出为佳，挤出的白乳胶可用湿毛巾直接擦除（图2-4-6）。夹具可以在几个小时后取下，胶水完全固化需要12小时左右。

（2）钉接合。

实验准备：方正木条2根、钉子、锤子。

实验步骤：

①选择钉子：根据木料厚度，选择长度能穿过木料的钉子。

②画线定位：在木料B的侧面画出木料A的厚度，并对画线处的中心进行定位。

③钉入钉子：捏住钉子对准画线中心位置，右手握锤腕部用力敲击，钉入钉子（图2-4-7）。注意力道的把握，不宜过猛，否则会导致钉歪。操作过程注意安全，防止锤子砸到手指。

（3）连接件接合。

实验准备：方正木条2根、手电钻或螺丝刀、金属连接件、木螺丝。

实验步骤：

①画线定位：将木料A、木料B及连接件按安装位置摆放，分别在两根木料侧面沿连接件边缘画线，标记木螺丝孔位（图2-4-8）。木螺丝长度需大于金属连接件的厚度。

②钻出孔位：移开连接件，固定木料，用手电钻钻头中心定位螺丝孔，协助拧入木螺丝（图2-4-9）。孔径应略小于螺纹内径。

③安装连接件：按照安装位置放回木料A、木料B及连接件，比对孔位，拧入螺丝并拧紧（图2-4-10）。如果没有电动工具，也可用螺丝刀完成。

（4）榫接合。

实验准备：方正木条2根、画线器、直板锯、木工凿、锤子、铅笔、角尺等。

本实验以结构相对简单的直角开口明榫（图2-4-11）进行连接，考虑到实验难度，建议提前准备榫卯结构的毛料，在实验中进行精修操作，使两个部件能顺利拼合。直角开口明榫的制作流程和方法可参阅本项目的任务三。

实验步骤：

①精修木料：固定木料，右手持凿，左手辅助固定和确定方向，稳定安全地剔除榫孔中的余量，使榫孔尺寸精确，孔壁光滑（图2-4-12）。如果铲削量较大，可以用肩、胸凹陷处顶住凿柄，以加大力量。

注意木凿的刃口不可正对自己或他人，每次使用完成后用工具袋将凿子分隔并收纳整齐，养成爱护工具的习惯。

②组装：将木料A和B的榫卯结构拼合，用锤子轻轻敲击。如果不能顺利拼合，观察问题点，重复精修木料的步骤。切勿大力敲击，防止木料断裂。

图2-4-5　涂抹胶黏剂

图2-4-6　夹具固定

图2-4-7　钉入钉子

图2-4-8　画线定位

图2-4-9　钻出孔位

图2-4-10　安装连接件

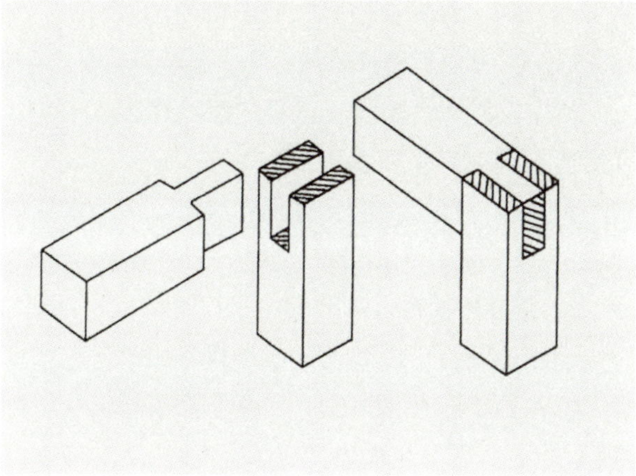
图2-4-11　明榫

图2-4-12　精修木料

（二）木材接合实验任务记录单

□个人自评　□小组互评　□教师评价　□企业评价　□社会评价

接合方式	实验准备	实验步骤	实验记录	
			接合效果	评分
胶接合	方正木条、白乳胶、夹具	①处理接触面 ②涂抹胶黏剂 ③夹具固定 提示：尝试不同面的连接，比较接合强度	优点： 遇到的问题： 是否有新发现：	美观： 牢固： 方便： 成本： 效率：
钉接合	方正木条、钉子、锤子	①选择钉子 ②画线定位 ③钉入钉子 提示：注意手工工具的使用安全	优点： 遇到的问题： 是否有新发现：	美观： 牢固： 方便： 成本： 效率：
连接件接合	方正木条、手电钻、螺丝刀、金属连接件、木螺丝	①画线定位 ②钻出孔位 ③安装连接件 提示：注意电动工具安全和规范操作	优点： 遇到的问题： 是否有新发现：	美观： 牢固： 方便： 成本： 效率：
榫接合	方正木条、画线器、直板锯、木工凿、锤子、铅笔、角尺	①精修木料 ②组装 提示：注意榫孔和榫头的配合关系	优点： 遇到的问题： 是否有新发现：	美观： 牢固： 方便： 成本： 效率：

（三）实验结论与应用

1. 胶接合

胶接合外形美观，制作简便，成本低廉，可以实现小材大用、短料长用、劣材优用，既节约木材，又提高了木材强度和表面装饰质量（图2-4-13）。

胶接合的牢固程度取决于各组件之间的纹理排列，长纹理方向的接合比端面接合更加牢固。因为木材端面细胞多孔易吸水，影响粘合强度，所以端面连接不可单独使用胶接合，须与其他方式配合使用。

胶接合应用非常广泛，适合粘接木艺产品小件或与其他方式配合使用（图2-4-14）。当遇到家具等大体量产品，仅以胶粘方式接合，则无法承载各种外力。因此，大多数木工接合须辅之以机械强化方面的设计，来抵御这些外力。

2. 钉接合

钉接合是操作最方便的接合方式，工艺简单，但接合强度小，且钉子跟木材的材性不同，对木材本身具有破坏性（图2-4-15）。若木材脆性较大，容易导致开裂，若木材较厚，钉子容易出现弯折（图2-4-16）。另外钉子裸露在外部，影响美观度。

所以，钉接合多用于家具内部不明显的部位、非承重构件或外观要求不高的地方。在家具制造中钉接合通常与胶接合配合使用，属于不可拆解结构（图2-4-17）。

3. 连接件接合

连接件接合可以简化产品结构和生产工艺，使板式部件直接组装成家具，有利于产品标准化、部件模块化生产，给家具包装、运输、存放带来方便，大大提高生产效率，有效降低成本。缺点是连接件裸露在外部，美观度不足（图2-4-18）。

连接件广泛用于方材、板件的接合，特别适用于板式家具部件之间的连接，如衣柜的面板与旁板、旁板与底板等板式部件之间的接合，再比如椅、凳、台、几框架件的脚架接合及其与面板的接合，但是在外观要求较高的品质实木家具产品上使

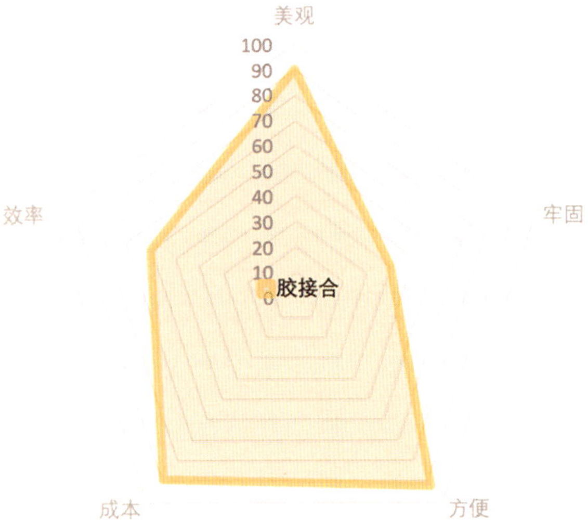

图2-4-13　胶接合的五维要素评分（供参考）

图2-4-14　胶接合的应用

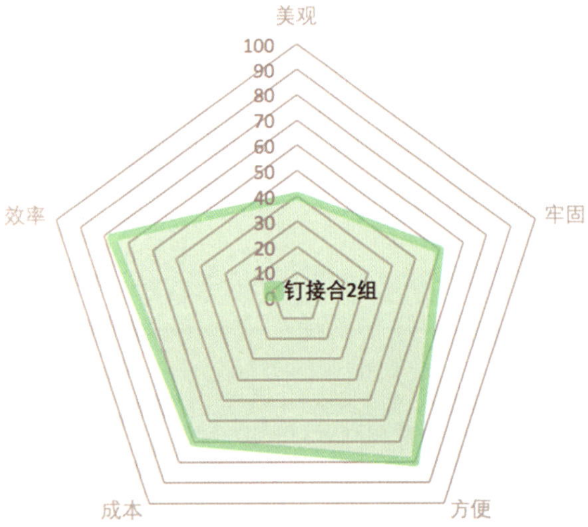

图2-4-15　钉接合的五维要素评分（供参考）

图2-4-16　木材开裂与钉子折弯

图2-4-17　钉接合的使用

用极少（图2-4-19）。

4. 榫接合

榫接合的外表美观，接合强度高，稳定性好，经久耐用，很好地保持了木材的完整度和一体性。但制作过程烦琐，需要精湛高超的工艺，导致制作耗时长、成本高（图2-4-20）。

图2-4-18　连接件接合的使用

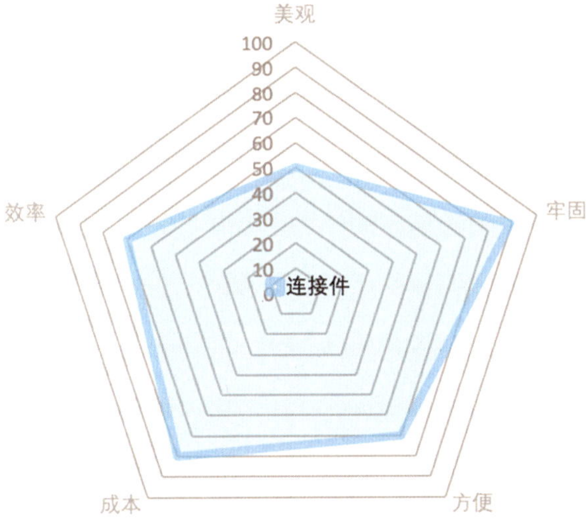

图2-4-19　连接件接合的五维要素评分（供参考）

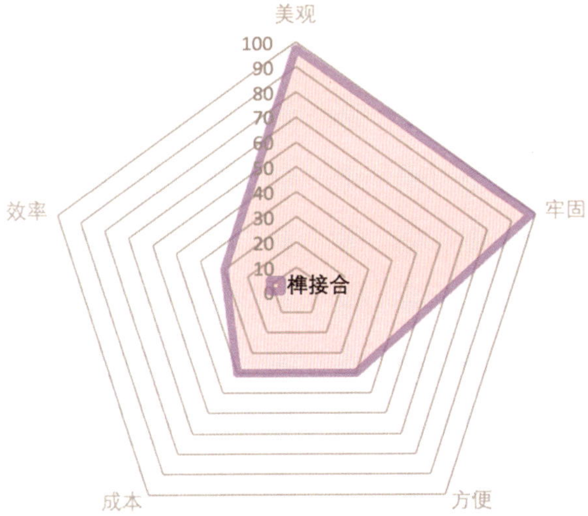

图2-4-20　榫接合的五维要素评分（供参考）

榫接合广泛应用于实木家具，传统的框式家具多采用整体榫接合，现代板式家具多采用圆榫接合（图2-4-21）。根据生活需求的不断提升，榫接合的种类也随着时代的发展不断创新，应用也不尽相同。作为一种特殊的制作工艺，榫卯结构绵延至今，凝结着中华几千年传统文化的精粹，沉淀着时光回转中经典的传承。

（四）实验思辨

木艺玩具狗模型

接合方式的选择通常取决于接合部位的功能以及它在产品中所处的位置，选择什么样的接合方式与所用木料也有直接关系。综合使用不同的连接方式，既能保证产品美观牢固，又能提高生产效率，降低生产成本。

将四种接合方式的雷达图拼合比较发现，不同的接合方式各有优势与不足，不能绝对地认为哪一种方式好，哪一种方式不好，要在实验的基础上具体问题具体分析，善于运用马克思主义的唯物辩证法思考并解决问题（图2-4-22）。

图2-4-21　榫接合的使用

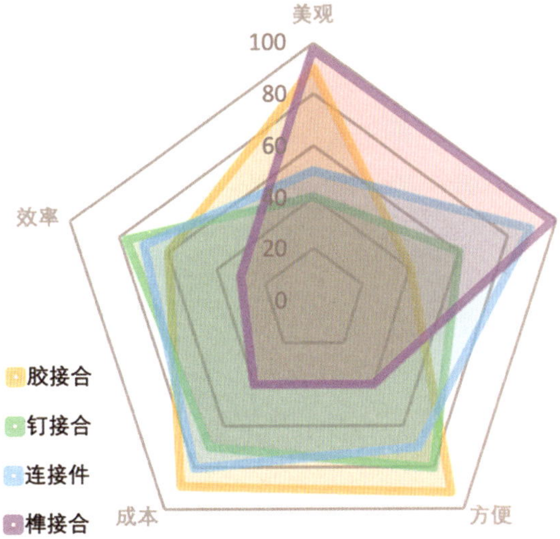

图2-4-22　四种接合方式五维要素评分雷达图

六、任务拓展：雷达图的概念、制作方式与应用

（1）木材接合实验任务：以小组为单位，进行木材接合实验，上传任务记录单，补充收集不同接合方式的木艺产品案例。

（2）拓展知识：雷达图的概念、制作方式与应用。

（3）拓展阅读：《木工接合》，泰利 · 诺尔，北京科学技术出版社2019年版。

七、任务评价：《木材接合实验任务记录单》《接合-学习评价表》

根据《接合-学习评价表》，展开任务的小组互评、教师评价。

任务二　中国的乐高：榫卯结构的凹凸之美

一、任务目标：了解榫卯结构的分类、应用和优势

1. 知识目标

（1）了解榫卯的分类和应用。

（2）理解榫卯结构的优势。

2. 能力目标

（1）能快速、准确识别家具中的榫卯结构。

（2）了解榫卯结构，并能灵活使用。

3. 素质目标

（1）培养学生的科学精神和创新精神。

（2）培养学生严谨、细致、精益求精的职业素质。

4. 思政目标

激发学生传承民族文化、弘扬民族精神的历史责任与担当。

二、重点难点：快速准确识别家具中的榫卯结构

1. 重点

榫卯的功能与分类。

2. 难点

榫卯结构在现代设计中的应用。

三、任务导入：学习“榫卯”App，感受中华传统木艺精粹

（1）领取学习任务单，阅读学习指南，收集榫卯结构在现代设计中的应用案例。

（2）观看与榫卯结构相关的微课视频，了解榫卯的基础知识。

（3）下载并安装“榫卯”App，了解各种榫卯结构及其在木制产品中的具体应用，感受中华传统木艺精粹。

学习任务单

一、开课任务
中国的乐高：榫卯结构的凹凸之美 1. 榫卯结构的概念与分类 2. 榫卯结构的应用与内涵
二、学习情境
榫卯结构绵延至今，精湛的技术工艺，散发着前人深奥的哲学思想及独特的文化内涵。我们研究它的概念、分类和应用，希望能够通过一件件精心制作的榫卯结构实物与可视化数字模型，深化对中华优秀传统文化的认识，增强文化自觉和文化自信
三、学习指南
1. 按课程任务要求分成小组，团结协作推进任务完成 2. 利用课余时间到木工实训工坊观察拆解榫卯教具 3. 观看微课视频，了解榫卯的基础知识 4. 下载并安装“榫卯”App，了解各种榫卯结构及其在木制产品中的具体应用 5. 观看清华大学艺术博物馆VR全景展览，记录榫卯的材料美学 6. 在学习强国中的云上展馆欣赏应县木塔，了解应县木塔的构造及其屹立近千年而不倒的秘密 7. 挑选榫卯部件教具进行数据测量，利用Rhino等三维软件逆向建模 8. 动手拆装鲁班锁，比较它与乐高积木的异同之处 9. 利用网络或图书馆资源收集榫卯结构在现代设计中的应用

续表

四、相关概念
1. 榫卯结构的概念与分类 榫卯的概念、榫卯结构的特点、榫卯结构的分类与应用 2. 榫卯结构的应用与内涵 材料美学、精工巧匠、现代应用
五、任务规范
1. 分组时考虑组员不同性格、不同技能特长的互补，对任务的完成推进有益处 2. 任务过程严谨细致 3. 应用案例的收集要注意分类，阐述对现代设计的启发 4. 注意课前、课中、课后学习表现，关乎职业素养与专业学习评价 5. 任务测验成绩将计入课程最终成绩

四、任务准备：关于榫卯

榫卯是古代科学技术与文化艺术的美妙结晶，承载着造物领域的民族技艺，凝聚了中国古代劳动人民追求完美、精益求精的工匠精神。本任务将继续深入探究榫卯结构，从中领悟中国传统造物的魅力和精巧。

（一）为什么要学习榫卯结构

之所以要学习榫卯，一方面因为榫卯是一种复杂且精密的结构。它在诞生之初是建筑和家具造型上，为实现某些特殊造型而专门设计制作的。今天的设计方案需要符合力学受力原理、材料特性以及美学原理，需要理解造型设计和结构设计之间的关系。懂得这些构造，是产品设计师的基本素养。

另一方面，榫卯延续到今天已升华为一种文化符号和语法，跨越建筑和家具等设计领域，代表着深奥的哲学思想及独特的文化内涵。只有系统地研究它的概念、分类、制作和应用，才能进一步挖掘榫卯结构的文化特征，实现新时代背景下对以榫卯结构为代表的优秀传统文化的传承与创新。

（二）关于榫卯

1. 榫卯的概念

榫卯，是在两个构件上采用凹凸部位相结合的一种连接方式。凸出部分叫榫（或榫头），凹入部分叫卯（或榫眼、榫槽）（图2-4-23、图2-4-24）。榫卯具有以下结构部件：榫端、榫颊、榫肩、榫眼和榫槽（图2-4-25）。

2. 榫卯结构的特点

（1）自然性。榫卯结构凹凸结合，阴阳相调，与自然界事物的形成规律相似。宇宙中，万物化生源于阴阳之间的相互作用。榫卯结构的组合中榫为阳，卯为阴，两者相互作用，才有完整的木作，具有统一、对立的特点。榫卯结构凹凸交合的组合形式究其根本，具有自然性。

（2）科学性。木材顺纹理方向出榫头，横纹理方向出榫眼，两相扣合，关键就在于部件之间采用的凹凸契合的连接方式，通过榫卯高低、长短之间的巧妙组合，有效地限制部件向各个方向扭动。这些基于力学原理和材料要求设计的宽厚、长短比例，很好地展现了榫卯的科学性。

（3）艺术性。榫卯结构通过改变材料自身实现连接，而非借助其他的材料加固或连接，所以保持了木作外观的完整性、和谐性。这种完整、和谐的视觉特点，给人以连贯、浑然的审美感受，材质的自然性特征也得以放大。榫卯结构不需要刻意修饰，本身自带的层叠与错落，展现出自然的节奏韵律以及稳定感。

（4）哲学性。工匠们取材于自然，遵循木材自身特性，依据需求设计榫卯结构，很好地体现了中

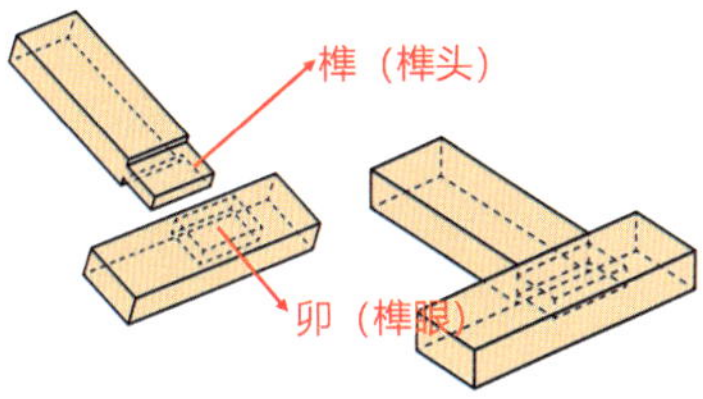

图2-4-23　榫卯示意图1

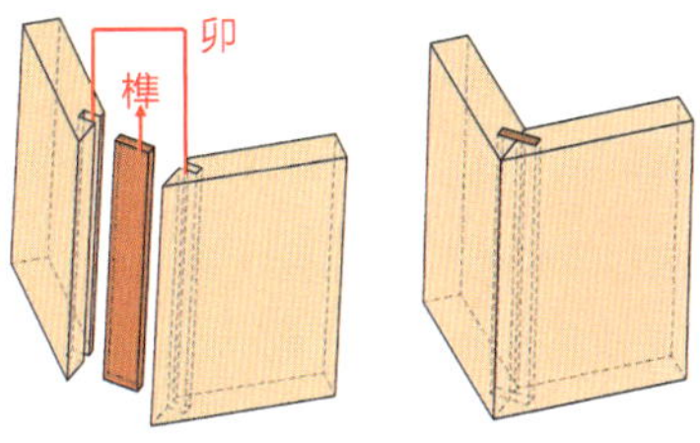

图2-4-24　榫卯示意图2

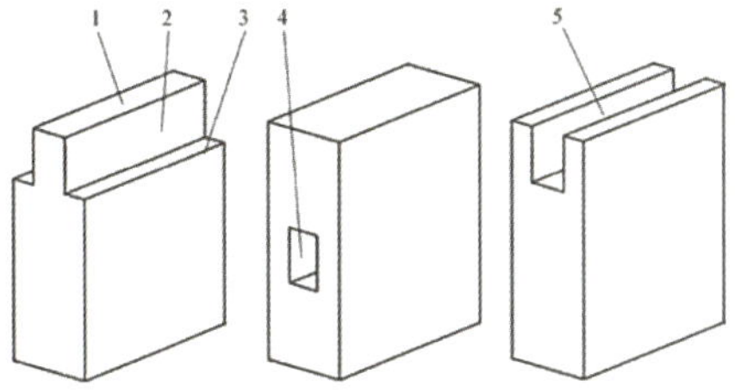

图2-4-25　榫卯部件名称（1榫端、2榫颊、3榫肩、4榫眼、5榫槽）

国传统文化中“天人合一”的造物观。榫卯结构一凹一凸，一虚一实，相生相克，与中国传统文化中的“虚实结合”“刚柔并济”的审美观不谋而合。榫卯结构力求达到相互平衡、调和的状态，流露出古人“与己和、与人和、与天地和”的人生观、世界观。

3. 榫卯结构的分类与应用

（1）按照榫头的基本形状，分为直角榫、燕尾榫、指榫、椭圆榫、圆榫等（图2-4-26）。

直角榫广泛运用于家具框架的接合（图2-4-27）。

燕尾榫接合紧密、结构牢固，外面大里面小，像燕子尾巴的形状，可防止榫头前后错动，常用于传统家具箱框、抽屉等处的接合（图2-4-28）。

指榫一般用于短料接长，目前广泛用于指接集成材的制造，俗称指接板（图2-4-29）。

椭圆榫常用于椅框的接合。

圆榫主要用于板式家具的定位和接合（图2-4-30）。

（2）按照榫头的数量，分为单榫、双榫及多榫（图2-4-31）。

（3）按照榫头与木材本身的关系，可以分为整体榫和插入榫。

整体榫是直接在方材上加工出来的，榫头与方材是一个整体（图2-4-32）。

插入榫是独立于零件外加工的榫头，榫头与方材不是一个整体（图2-4-33）。

以现代工业生产的特点来看，插入榫具有很多优点：①显著节约木材和提高生产率；②简化工艺过程；③便于安装、定位、包装、运输；④便于零部件涂饰和机械化装配。

（4）按榫眼深度，可以分为明榫（图2-4-34）和暗榫（图2-4-35）。

（5）按照榫眼侧开程度，可以分为开口贯通榫、半开口贯通榫、半开口不贯通榫、闭口贯通榫和闭口不贯通榫（图2-4-36）。实际使用时，几种榫接合是相互联系、可以灵活组合的。

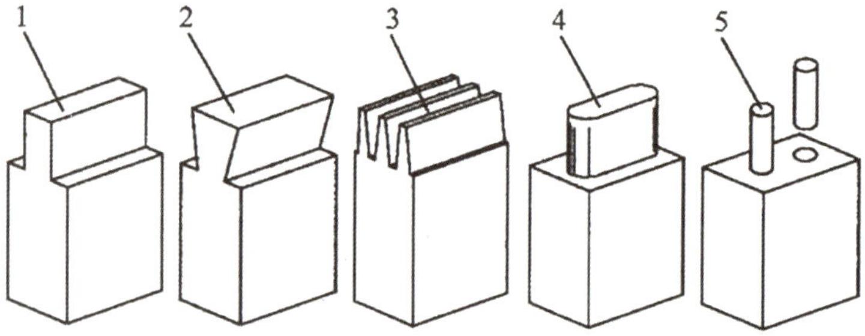

图2-4-26　按照榫头形状分类（1直角榫、2燕尾榫、3指榫、4椭圆榫、5圆榫）

图2-4-27　直角榫

图2-4-28　燕尾榫

图2-4-29　指榫

图2-4-30　圆榫

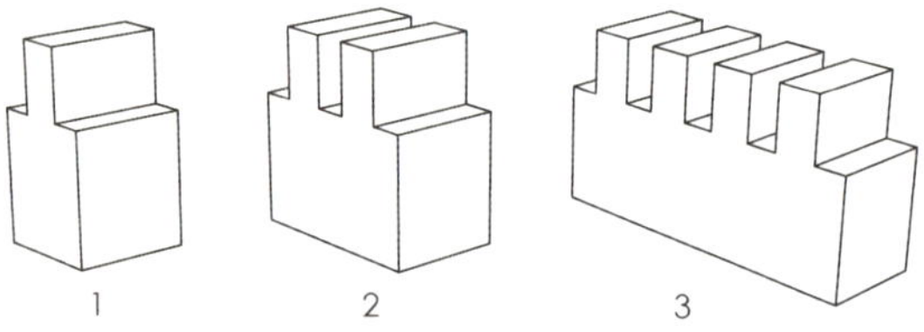

图2-4-31　按照榫头数量分类（1单榫、2双榫、3多榫）

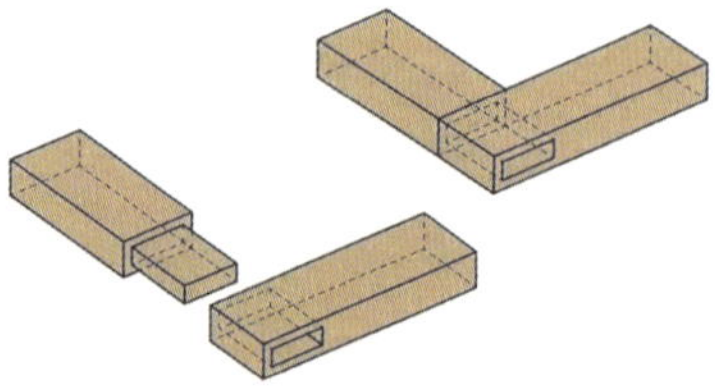

图2-4-32　整体榫

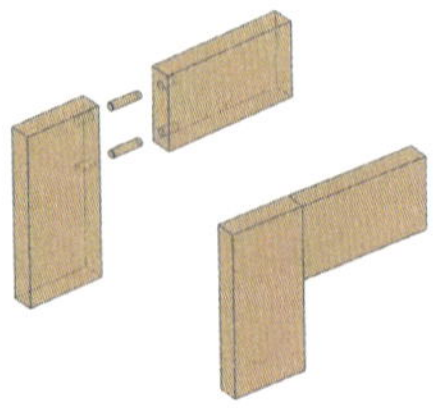

图2-4-33　插入榫

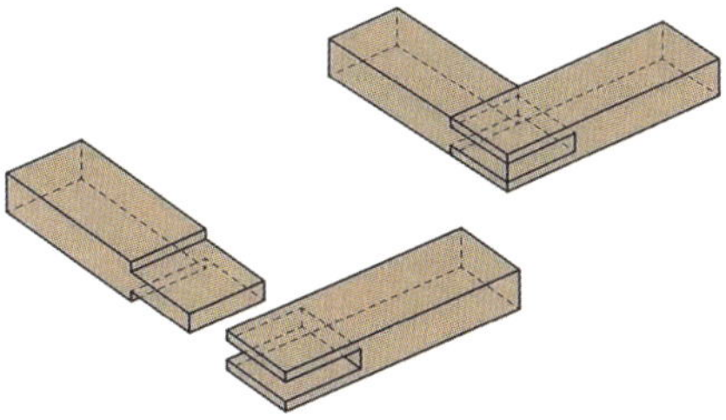

图2-4-34 明榫

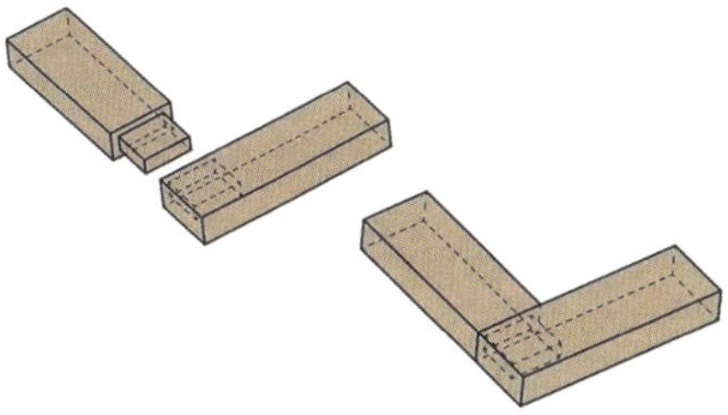

图2-4-35 暗榫

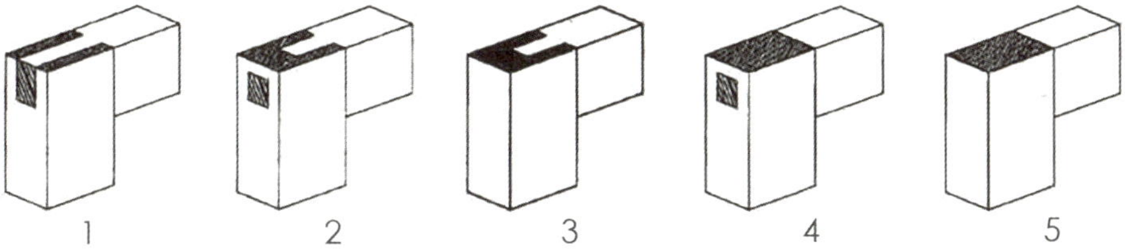

图2-4-36 按照榫眼侧开程度分类（1开口贯通榫、2半开口贯通榫、3半开口不贯通榫、4闭口贯通榫、5闭口不贯通榫）

五、任务实施：材料美学，精工巧匠，榫卯的现代演绎，任务思辨

《考工记》有云："天有时，地有气，材有美，工有巧，合此四者，然后可以为良。"榫卯结构所蕴含的造物思想正是"材美工巧"的绝佳体现。

（一）材料美学

（1）任务实践。

观看清华大学艺术博物馆VR全景展览。

清华大学艺术博物馆珍藏的明式家具来自原中央工艺美术学院旧藏。请欣赏榫卯结构常用的木材具备哪些特征，结合多种不同的红木样品，分别从多个维度记录材料美。

红木材料观察任务记录单

木材名称	色泽	纹理	触觉	气味	其他发现
紫檀					
黄花梨					
鸡翅木					
榉木					
楠木					
铁力木					

（2）任务结论。

传统明式家具所用木材大多质地紧密坚实，色泽沉穆雅静，花纹生动瑰丽，不同种类的木材之间产生的视觉美感又不尽相同。

色泽美。红木本色总体上偏暖，纯度高且透亮，呈现出一种令人愉悦的温暖色调。不论哪种木材，在足够的时间下，经由空气氧化、人手抚摸、抹布擦拭等，在表面、边角等部位呈现一种自然的、浑厚的、圆润的且无法人工复制的状态，即"包浆"。

纹理美。红木材料的纹理，不论径切纹和弦切纹，都十分灵动自然，漫无规律。有的顺畅似行云流水，有的呈现出层次形态，千变万化，给人以无限、自由的遐想（图2-4-37）。

触觉美。大多数红木木质细腻，油性大，有分量，易于打磨圆润，触感温润似玉，给人一种亲切感。

气味美。红木木材被锯切开时清香扑鼻，制成家具后置于室内，随着时光的流逝，会慢慢地释放出另外一种香气，自然而然营造出令人舒适的氛围。

（二）精工巧匠

1. 建筑：抗震承重

（1）任务实践。

打开手机端学习强国中的云上展馆，进入中国科技馆的华夏之光展厅，观摩应县木塔，查阅资料了解其构造，探究其千年屹立不倒的秘密。

应县木塔建于1056年，高约67米（图2-4-38）。整座木塔的所有木构件经过能工巧匠的组合，全部由榫卯接合。经历40多次强地震、200多次枪击炮轰，累累弹痕，木塔安然无恙，屹立不倒。

（2）任务结论。

应县木塔的建筑内部，用了很多斗拱（图2-4-39）。斗拱是榫卯结构在中国古代建筑上的应用。在立柱和横梁交界处，从柱顶上加的一层层探出成弓形的承重结构叫拱，拱与拱之间垫的方形木块叫斗，合称斗拱。

斗拱在中国古建筑中起着十分重要的作用，主要有四个方面。

①荷载作用。斗拱位于柱与梁之间，由屋面和上层构架传下来的力量，要通过斗拱传给柱子，再由柱传到基础，因此，它起着承上启下、传递荷载的作用。

②增大距离。斗拱向外出挑，使建筑物出檐更加深远，造型更加优美、壮观。

③装饰作用。斗拱构造精巧，造型美观，是很好的装饰性构件。

④抗震作用。斗拱的本质是榫卯结构，遇到强烈地震时，其空间结构虽然会“松动”却不会“散架”，借此消耗地震传来的能量，起到抗震的作用。

2. 家具：结构精准

（1）任务实践。

挑选榫卯结构教具进行数据测量，利用Rhino等三维软件建立虚拟模型，条件允许的情况下可以将数字模型3D打印出来尝试拼装，验证数据的精准性。

（2）任务结论。

榫卯是中式家具之魂，一榫一卯之间，一转一折之际，凝结着中国几千年传统家具文化的精粹。在古典家具中最具代表性的当数明式家具（图2-4-40），明式家具造型简练大方、温文尔雅，富有书卷气息。它坚固耐用，除材质较硬外，还在于其科学合理的榫卯结构。一件家具，往往由若干构件组合而成。通过各种形式的榫卯，将各个构件巧妙地连接起来，组成一个复杂而稳定的整体。榫卯一凹一凸之间严丝合缝，蕴含着匠人们奇巧的技艺和无限的专注，反映出中华民族在人类造物史上做出的巨大努力和贡献。

图2-4-37　黄花梨弦切面花纹、径切面花纹、狐面纹、山水纹

图2-4-38　应县木塔

图2-4-39　斗拱

3. 玩具：益智发散

（1）任务实践。

动手拆解拼装鲁班锁，从最简单的三柱，到六柱再到十二柱，依次增加挑战难度，感受它的精巧结构，比较它与乐高积木的异同之处（图2-4-41）。

（2）任务结论。

古代工匠以榫卯为基础发明了鲁班锁，使其成为深受人们喜爱的智力玩具。这种三维的拼插器具内部以榫卯凹凸结构啮合，完全靠自身结构支撑，十分巧妙。外观看是严丝合缝的十字立方体，内部构造各不相同，易拆难装，有利于开发大脑，灵活手指。

鲁班锁和乐高积木在结构原理上有相似之处。乐高积木的零件通常一面布满凸粒，另一面布满可嵌入凸粒的凹陷圆孔。利用这些凹凸零件，玩家充分发挥想象，可以拼接出变化无穷的造型。鲁班锁同样是一凸一凹的设计，通过凹凸咬合拼接组合成千变万化的造型。

但鲁班锁跟乐高积木又有本质的区别。与乐高积木注重的创造力培养不同，鲁班锁在拆装开合之间展现出更加纯粹的几何逻辑，倾向于锻炼逻辑性，这是榫卯工巧在玩具上的体现——益智发散。

（三）榫卯的现代演绎

时代的发展、科学的进步和技术的革新，使榫卯渐渐淡出了人们的视线，但它却未曾消失。如今，作为继承传统文化、弘扬工匠精神的载体，榫卯不断以崭新的面貌和丰富的内涵出现在人们的生产与生活之中，展现了它经久不衰、历久弥新的无限魅力。

1. 现代榫卯建筑

2010年，作为现代斗拱概念建筑的典型代表，上海世博会中国馆以一个巨大的红色斗拱造型呈现于世，雄伟庄严，气势非凡（图2-4-42）。中国馆采用现代仿木钢结构，以四根巨型立柱承托起体量庞大的多层次巨梁空间。层层出挑、挑战重力的斗拱造型显示出现代工程技术的力度与美感，传达出精巧与力量、振奋与向上的精神气韵，向世界展示了中国建筑悠久的历史积淀和丰富的文化内涵。

2. 现代榫卯家具

传统的榫卯大多隐藏在家具之内，而《木攻记》（图2-4-43）这组作品反其道而行之，将隐藏在家具之内的银锭榫结构暴露在家具之外，突出展示榫卯结构的精巧之美。它们就像鲁班锁一样，可以反

图2-4-40　明式家具

图2-4-41　六柱鲁班锁

图2-4-42　上海世博会中国馆

图2-4-43　《木攻记》薛文静

复拆装，不需要任何五金件，还可以作为家具的装饰，巧妙美化家具造型。

国外的一些设计团队近年来也受榫卯结构的启发，做出多样性的现代设计。保加利亚的建筑师佩塔尔·扎哈里诺夫（Petar Zaharinov）设计的桌子（图2-4-44），受孔明锁的启发，利用木材和玻璃，无需任何金属或橡胶连接件，也能稳稳站住。

（四）任务思辨

无论国内还是海外，无论大众传媒还是专业设计师，榫卯话题正在日益受到关注，可以感受到大众对于传统文化的热爱和渴望。在提倡地域传统工艺振兴的背景下，我们有必要在对其进行数字化留存的同时，重新审视传统榫卯结构，从新的视角对其进行现代转化。希望大家以精益求精的工匠精神为思想导向，将中国的结构智慧与现代设计美学和现代生活方式进行融合，让中国文化赋能产品设计，走向世界的舞台。

图2-4-44　佩塔尔·扎哈里诺夫设计的桌子

六、任务拓展：旋转观察拆解分析榫卯数字模型

（1）观察数字模型并拆解分析：电脑上安装Rhino软件，下载打开常见榫卯结构模型，进行榫卯结构的旋转观察，拆解分析，体验拼装操作，体会中国古代劳动人民的匠人匠心。

（2）产品收集：搜集各种榫卯结构的产品创意设计案例，阐述其对创作的启发。

七、任务评价：《榫卯结构的凹凸之美-学习评价表》

根据《榫卯结构的凹凸之美-学习评价表》，展开任务的小组互评、教师评价。

榫卯结构模型

任务三　技术实践：交叉半榫的锯凿与鲁班锁制作

一、任务目标：掌握交叉半榫和鲁班锁的制作流程和方法

1. 知识目标

（1）理解交叉半榫制作的基本流程和方法。

（2）认识鲁班锁的基本结构。

（3）理解鲁班锁制作的基本流程和方法。

2. 能力目标

（1）能根据图示在工件上准确地画出切割线。

（2）能使用直板锯和木凿对工件进行准确的锯凿。

（3）能精确修整榫卯结构，拼装缝隙误差小。

（4）能举一反三，尝试制作难度更高的榫卯结构。

3. 素质目标

（1）培养敬业、精益、专注、创新的工匠精神。

（2）增强团队协作的能力。

4. 思政目标

提升对中国传统文化的自信心和民族自豪感。

二、重点难点：榫卯结构的精确锯凿和匹配安装

1. 重点

（1）交叉半榫结构中的精确锯凿和匹配安装。

（2）鲁班锁结构的理解与正确拼装。

2. 难点

（1）鲁班锁榫卯结构的准确制作，尽可能减少误差。

（2）对匠人匠心精神的把握与传承。

三、任务导入：阅读世界技能大赛“精细木工”和“家具制作”项目规则

（1）领取学习任务单，阅读学习指南，预习任务中涉及的概念。

（2）复习手工锯与手工凿的使用方法，整理要点。

（3）阅读世界技能大赛中“精细木工”和“家具制作”两个项目的规则与样例，撰写阅读体会。

学习任务单

一、开课任务
技术实践：交叉半榫的锯凿练习与鲁班锁制作 1. 交叉半榫锯凿 2. 鲁班锁制作
二、学习情境
本任务开始木艺制作实操，以古代榫卯结构的经典作品鲁班锁为例，学习结构认知、工艺流程、工具使用、实操过程，强化手工木艺技能，培养匠人匠心精神，弘扬传统技法工艺

续表

三、学习指南
1. 复习手工锯与手工凿的使用方法，整理要点 2. 阅读世界技能大赛中“精细木工”和“家具制作”两个项目的规则与样例，撰写阅读体会 3. 按课程任务要求分成小组，团结协作推进任务完成 4. 跟随任务目标，完成交叉半榫制作 5. 跟随任务目标，完成鲁班锁分析制作与拼装 6. 将制作完成的鲁班锁发布在社交平台上，传播优秀传统文化，收集点赞和评论
四、相关概念
1. 手工锯和手工凿的正确使用方法 2. 交叉半榫结构的制作流程和注意事项 3. 鲁班锁的结构分析 4. 鲁班锁的制作工艺、流程和标准
五、任务规范
1. 进一步学习木工安全操作的规范，时刻保持安全操作 2. 各小组任务协作完成，但制作流程和工序每个人都要熟记，课后进行测试 3. 注意保留制作过程的照片和视频，丰富的影像素材有助于提高社交平台发布内容的质量 4. 注意课前、课中、课后学习表现，关乎职业素养与专业学习评价 5. 任务测验成绩将计入课程最终成绩

四、任务准备：交叉半榫，交叉半榫的制作流程

（一）交叉半榫

交叉半榫连接，也称为交叉二等分搭接，是木材交叉连接时必须使用的基本榫卯结构方式。这种连接方式广泛运用在各种建筑构件、家具构件上，如木制品框架、桌椅的横挡等。

交叉半榫连接要求精确切割掉两块木料厚度的一半，产生四个榫肩相互卡位，精确贴合（图2-4-45）。虽然切去的部分会使材料硬度变弱，但安装好、上胶后，侧向受力时，木料的断面纹理作用在连续纹理上，结构非常牢固稳定。

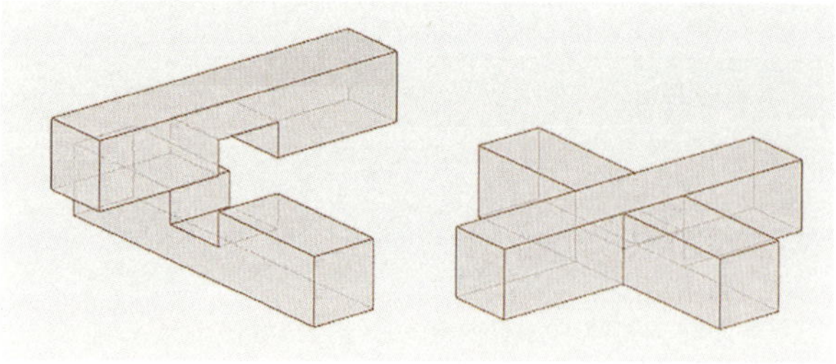

图2-4-45　交叉半榫

（二）交叉半榫的制作流程

制作交叉半榫需要准备的材料和工具包括：长条榉木净料2根、铅笔、平行规、角尺、画线器、直板锯、木工凿等（图2-4-46）。

交叉半榫的制作过程主要分为画线定位、锯凿榫孔、精细处理和拼装。其中画线定位是制作的重点，锯凿榫孔和精细处理是制作的难点，集中体现了直板锯和木工凿的使用能力。

1. 画线定位

在提前准备好的榉木净料上画锯切线，两根榉木要求形状、尺寸一致，方便后续拼装。

第一步，明确水平料和垂直料（图2-4-47），用平行规标记出水平料长度方向的中线、垂直料宽度方向的中线，重叠使两者中线重合（图2-4-48）。在水平料上标记两者重叠的位置，这是交叉半榫的接触面，同时利用角尺和铅笔，在水平料其他两面上画出垂直延伸线，这是交叉半榫的榫肩线（图2-4-49）。同理，在垂直料上标记两者重叠的位置，在垂直料其他两面上画出垂直延伸线。

接着用平行规设置木料厚度的一半，标记出榫肩的深度（图2-4-50）。

将水平料和垂直料重叠对位，锯切面相互接触，检查画线尺寸是否准确（图2-4-51），在要去除的废料部分画斜线进行标记，以防锯错。

2. 锯凿榫孔

（1）锯切榫肩。

将木料用夹具固定好，直板锯沿锯切线下锯。左手拇指辅助定位，在木料前端开一个锯口（图2-4-52），然后水平拉锯，沿锯切线切出上面的锯路。接着将眼睛的视线与锯片、锯切线对齐，双手

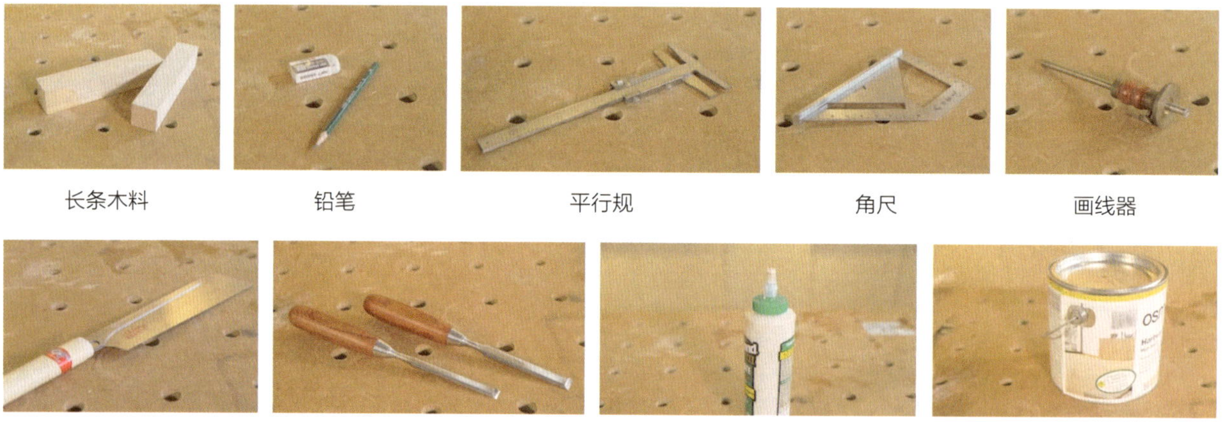

图2-4-46　工具和材料

图2-4-47　明确水平料和垂直料

图2-4-48　标记重叠位置

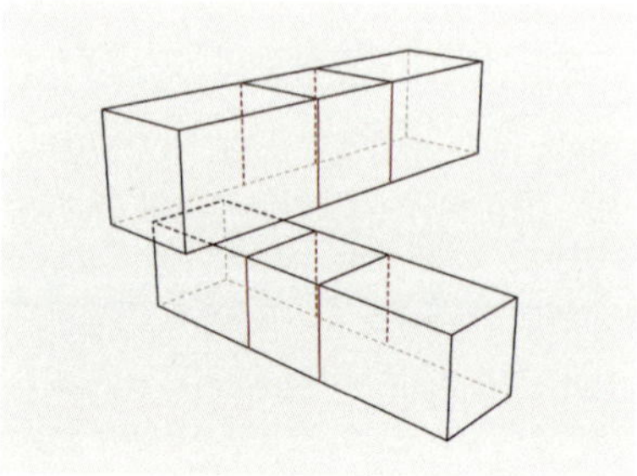

图2-4-49　榫肩线

握住锯柄，匀速拉锯，往下锯切（图2-4-53）。快到底部时放慢速度，注意观察，防止切过线。为了方便后续的敲凿，可以在两榫肩线之间多锯几刀。

在使用直板锯的过程中注意，直板锯锯片很薄，锯齿是向后的，前推的时候轻轻送锯，后拉的时候不要太使劲，这样锯切阻力小，速度快，精度高。

（2）敲凿榫孔。

完成锯切榫肩后，敲凿榫孔。重新固定木料，用锤子配合木凿垂直向下敲击，果断干脆，剔除掉不要的木料，形成榫结构（图2-4-54）。

凿子有两个面，一个是斜面，一个是直面。凿的时候将直面紧贴锯切线要保留的部分，保持垂直。凿柄可以略微向要保留的方向倾斜，但坚决不能向要剔除的方向倾斜（图2-4-55），否则会破坏需要保留的木料，造成榫结构不精确。敲凿时保留大概0.5mm的余量，以便后续对这个余量做精修。

初学者如果不能保证木凿的垂直，可以对齐锯切线固定一个带有垂直侧面的木块，给木凿建立一个垂直的基准面，让木凿紧贴木块的垂直面向下敲击。

3. 精细处理

当交叉半榫结构初步锯凿完成后，需要用木凿对刚才保留的余量进行精修，以满足装配的要求，这个过程是精细处理。这个步骤需要将木凿打磨得很锋利，一层层削除余量，使木料平整光滑，确保木料之间能精确交叉榫合。

如图2-4-56所示，蓝色的部分是余量。将凿子倾斜45°，先去除余量两端的木料约1mm，也就是图示黄色的部分，形成两个小斜切面（图2-4-57）。接下来垂直精修，随着余量一点点被去除，渐渐能看到底部的榫卯边线（图2-4-58），此时

图2-4-50 标记榫肩深度

图2-4-51 重叠对位检查

图2-4-52 开锯口

图2-4-53 水平锯切

图2-4-54 敲凿榫孔

图2-4-55 错误倾斜方向

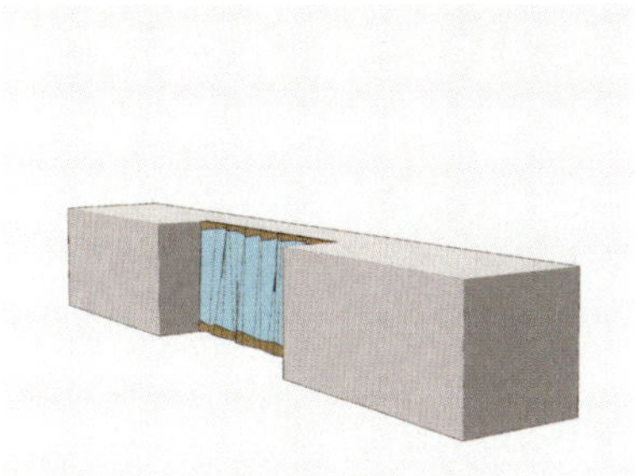
图2-4-56 保留余量

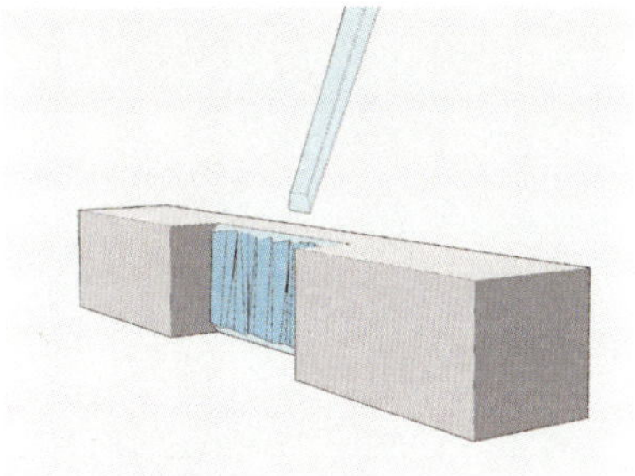
图2-4-57 小斜切面

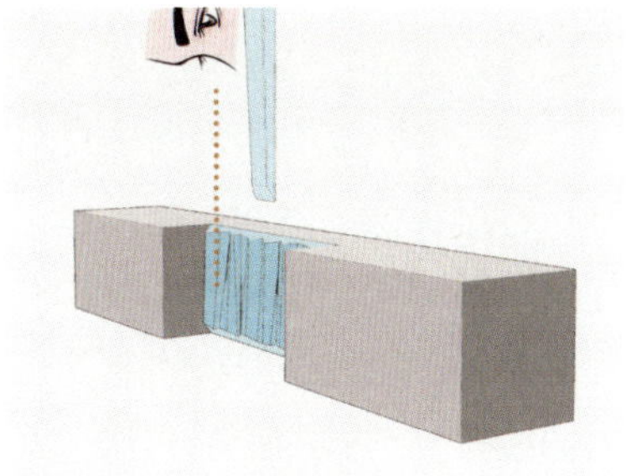
图2-4-58 垂直精修

说明这个精修面已经垂直且平整了，精修完成。所以，人为制造的斜切面是为了给后续的精修确定尺度。

精修时除了采用正确的方法，还应掌握正确的持凿姿势。使用凿子不能一把抓握，要如图2-4-59所示三点式抓握。将小拇指顶靠在凿子的背面，虎口卡握凿柄，让凿子在手中形成一个三角形的力学稳定结构，这样抓握在精修时会更加稳定。高品质的木凿其凿身也是非常锋利的，建议预先用创可贴在手上缠绕一圈，做好防范。

4. 拼装

进行拼装测试，如果不能顺利拼装，找到问题点，进一步精细处理。如果合适，上胶安装，用夹具夹紧、干燥（图2-4-60）。

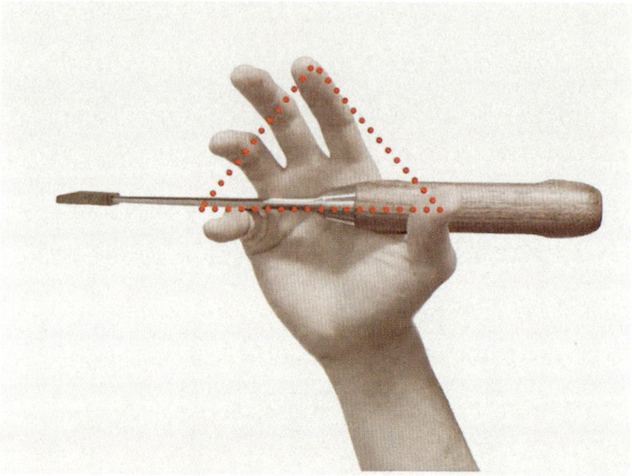

图2-4-59　手持凿姿势

图2-4-60　上胶安装，夹紧干燥

五、任务实施：民间益智玩具鲁班锁的制作与拼装，任务思辨

（一）民间益智玩具鲁班锁的制作与拼装

鲁班锁是一种利用榫卯结构三维拼插的传统益智玩具，这种三维拼插玩具内部的凹凸部分采用榫卯结构啮合，十分巧妙。鲁班锁种类繁多，有三柱、六柱、九柱、十二柱等多种不同的类型（图2-4-61）。

以最经典的六柱鲁班锁为例，一方面可以将榫卯的知识有效用于实践，体会中国传统造物智慧的精髓，另一方面能够进一步丰富和深化手工制作榫卯的技能，为后续制作更高难度的木艺制品打下基础。

制作鲁班锁需要准备的材料和工具包括：长条木料、直板锯、木凿、砂纸、铅笔、木蜡油等，制作鲁班锁的流程主要分为：形态分析、画锯切线、锯凿榫孔、精细处理和拼装。其中，形态分析和画锯切线关乎结构的正确与否，是制作的重点，锯凿榫孔是制作的难点。

1. 形态分析

利用三维模型配合实物分析6根木条的不同形态（图2-4-62）。

本次鲁班锁制作，预先准备尺寸为20mm×20mm×120mm的6根榉木条，鲁班锁的尺寸并不固定，只需要保证木条的截面是正方形，木条的长度是其宽度的5～6倍即可，制作时按照比例关系来计算榫卯形态，其他尺寸的制作可以举一反三。

将六柱鲁班锁拆解，摊开，置于中轴线上，六柱结构各不相同。从①到⑥标记顺序，在后续绘制

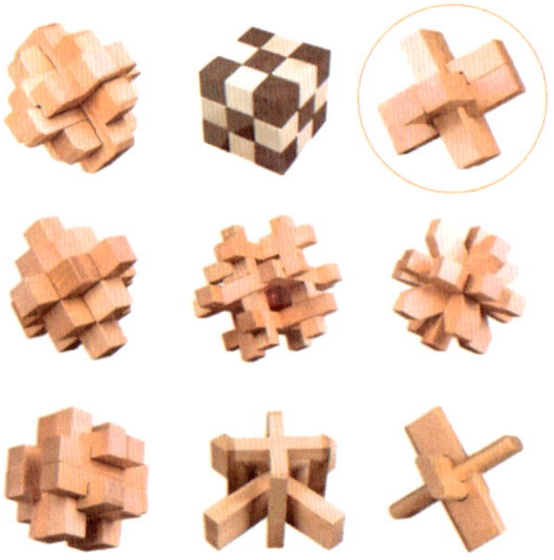

图2-4-61　不同类型的鲁班锁

锯切线时用作参考。

2. 画锯切线

以木条宽度尺寸的一半（本案例是10mm）形成的小正方体，作为一个单位，方便初学者计算（图2-4-63）。如图2-4-64所示为六柱鲁班锁结构锯切线。

鲁班锁拆件结构图纸

六柱鲁班锁模型

第①根，不需要操作，这是一根完整的木柱。

第②根，在木条上标记中心线，以中心线为基准，前面左右对称去掉4个单位，上面左右对称去掉4个单位，一共8个单位。画线最好配合直角尺，将铅笔削尖或用刻刀，线越细越精准。所有去掉的单位标记斜杠阴影，防止后续锯切混淆。

第③根，以中心线为基准，前面向右去掉4个单位，上面左右对称去掉4个单位，其中有1个与前面重合，一共去掉7个单位。

第④根，以中心线为基准，前面向左去掉4个单位，上面左右对称去掉4个单位，其中有1个与前面重合，一共去掉7个单位。可以发现，第④根与第③根恰好对称。

第⑤根，以中心线为基准，前面左右对称去掉8个单位。

第⑥根，以中心线为基准，前面左右对称去掉8个单位，上面左右对称去掉2个单位，一共去掉10个单位。

3. 锯凿榫孔

锯凿榫孔的方法在交叉半榫的制作流程中已详细讲解，基于交叉半榫的制作经验，以上一个步骤中绘制的锯切线为准进行操作（图2-4-65、图2-4-66）。

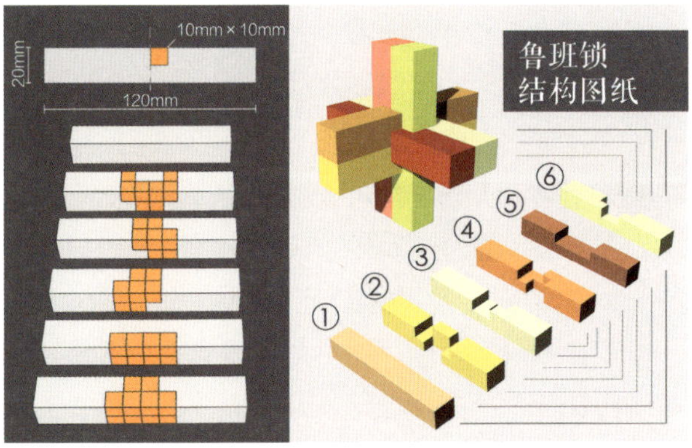

图2-4-62 六柱鲁班锁图纸

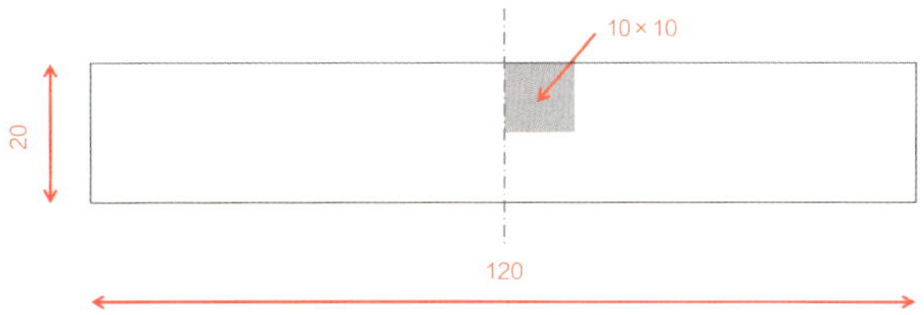

图2-4-63 鲁班锁单件比例尺寸（单位：mm）

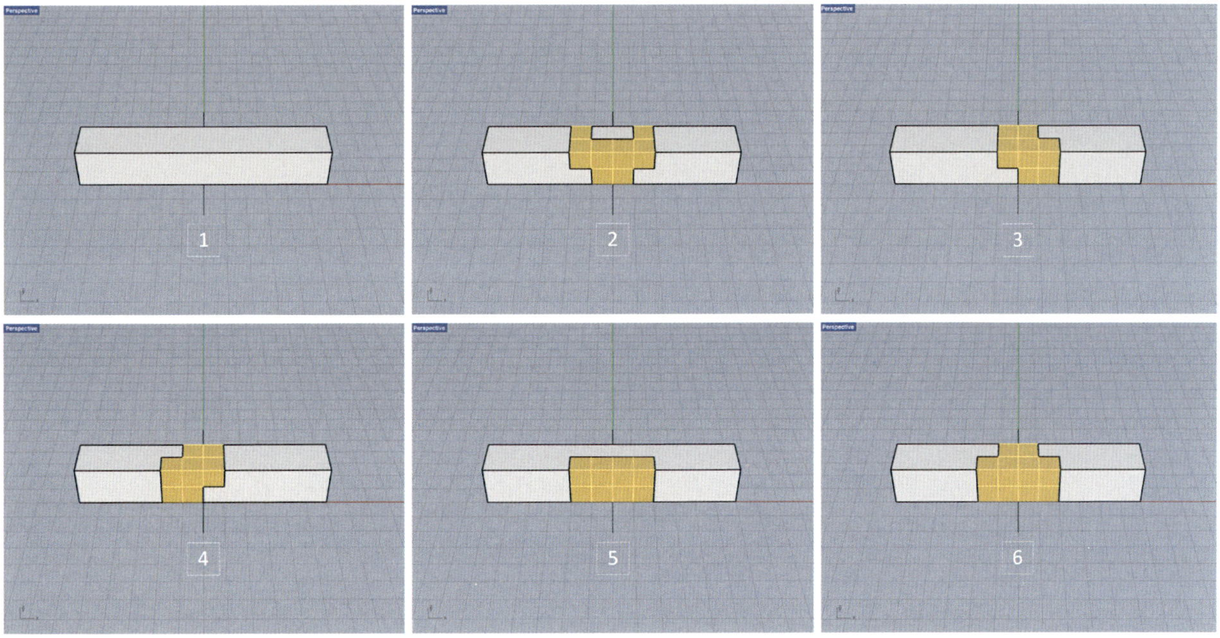

图2-4-64 六柱鲁班锁结构锯切线

注意，相比于交叉半榫，鲁班锁的形态更为复杂，且6根木条结构形态均不同。一方面需要注意锯切和敲凿顺序，一旦锯凿错误是不能补救的。另一方面，鲁班锁涉及不同的榫卯尺寸，敲凿过程中注意更换木凿，木凿刀刃的宽度等于或略小于榫卯宽度为佳。

4．精细处理

精细处理的要点在交叉半榫的制作流程中也已详细讲解。在余量两段削一个斜切口，接着垂直切削，当能看到底部的榫卯边线时，说明精修到位（图2-4-67）。

经过前面的操作，如果木凿不锋利了，一定要把凿子打磨锋利才能保证精修效果。关于凿子的研磨技巧，可参阅项目三。

用砂纸（按目数由小到大）一层层打磨鲁班锁外部，涂擦木蜡油（图2-4-68）。

5．拼装

按照图2-4-69所示顺序摆放6根木条，从左到右依次拼装。自此，一款六柱鲁班锁就制作完成了。

六柱鲁班锁拼装方式模型

图2-4-65　锯切榫线

图2-4-66　敲凿榫孔，保持木凿垂直

图2-4-67　精修

图2-4-68　打磨

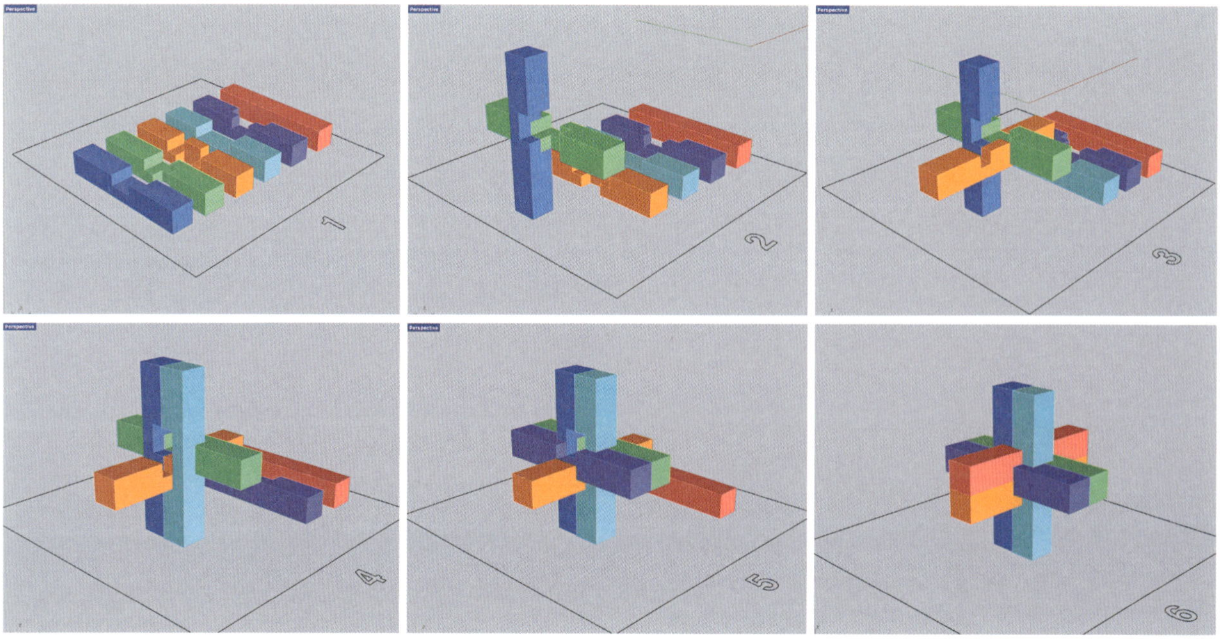

图2-4-69　六柱鲁班锁拼装顺序

（二）鲁班锁的制作与拼装任务记录单

☐个人自评　☐小组互评　☐教师评价　☐企业评价　☐社会评价

序号	任务过程	任务目标	完成指标	评分	改进措施
1	形态分析	准备木条的截面是正方形，木条的长度是其宽度的5～6倍	准备木条尺寸正确，比例合适		
		按照图纸在木料上从①～⑥标记顺序	标注顺序清晰正确		
2	画锯切线	以木条宽度尺寸的一半形成的小正方体，作为一个单位	尺寸单位计算正确		
		按照图纸在6根木料上画线	画线正确，线型精准，修改少		
3	锯凿榫孔	保持直线锯切榫肩，在两榫肩线之间多锯几刀	直板锯使用熟练，遵循正确的锯切方法，锯切线平直不歪斜，保证安全操作		
		保持垂直敲凿榫孔，保留0.5mm余量	木凿木槌配合使用熟练，遵循正确的敲凿方法，榫孔余量适当，保证安全操作		
4	精细处理	将木凿打磨锋利	掌握正确的研磨技巧，木凿刀口锋利		
		削除余量	掌握正确的精修技巧，手持凿姿势正确，保证安全操作		
		表面处理	砂纸打磨光滑，保持边缘直角		
5	拼装	按照图示顺序摆放6根木柱，从左到右依次拼装	拼装迅速，返工少		

（三）任务思辨

初学者制作的鲁班锁往往拼装很松散，原因是榫卯制作精度有限，导致拼装不顺利，需要反复修整，导致缝隙越来越大。交叉半榫只有一个连接点，而在鲁班锁的制作过程中误差会累积，牵一发而动全身。解决此问题的方法除了正确的操作外，就是长时间刻苦练习，由量变引起质变。

六、任务拓展：制作不同难度的鲁班锁，发布于社交平台

（1）如果觉得六柱鲁班锁难度大，可选择简单的三柱鲁班锁模型，进行尝试。熟练掌握的同学想要增加难度，可上网自行查找九柱或其他样式的鲁班锁。

三柱鲁班锁图纸

制作完成后上传鲁班锁制作与拼装任务单。

（2）将制作完成的鲁班锁发布在社交平台上，传播优秀传统文化，收集点赞和评论。

七、任务评价：《鲁班锁的制作与拼装任务记录单》《交叉半榫的锯凿与鲁班锁制作-学习评价表》

根据《交叉半榫的锯凿与鲁班锁制作-学习评价表》，展开任务的小组互评、教师评价。

任务四　技术延伸：传统榫卯结构的现代发展——多米诺榫连接

一、任务目标：掌握多米诺榫连接的制作方法

1. 知识目标

（1）理解多米诺榫连接的原理、应用和优势。

（2）了解多米诺榫连接制作的流程。

2. 能力目标

（1）掌握多米诺榫机的使用方法。

（2）掌握多米诺榫连接制作的方法，包括画线、安装刀具、设置参数、加工榫孔，能进行产品的实际连接制作。

3. 素质目标

（1）提升对木工机械的认知能力和规范使用的能力。

（2）增强团队协作的能力。

4. 思政目标

用唯物辩证法理性思考优秀传统文化与现代先进技术之间的关系。

二、重点难点：辩证理解传统榫卯结构和现代多米诺榫连接

1. 重点

（1）多米诺榫连接的原理、应用和优势。

（2）多米诺榫连接制作的方法。

2. 难点

（1）多米诺榫连接在具体实例中的应用。

（2）辩证理解、判断、选用传统榫卯结构和现代多米诺榫连接。

三、任务导入：收集分析家具设计中的连接方式

（1）领取学习任务单，阅读学习指南，预习任务中涉及的概念。

（2）回顾前课要点，完成任务测验，预习多米诺榫连接系统相关知识。

（3）根据任务要求，收集分析相关家具设计中连接方式的应用，思考现代实木家具的连接方式，并收集相关资料。

学习任务单

一、开课任务
技术延伸：传统榫卯结构的现代发展——多米诺榫连接 1. 多米诺榫连接技术的概念和优势 2. 多米诺榫连接技术的操作和应用
二、学习情境
本任务是对传统木工技术的延伸，学习多米诺榫连接，能进一步强化木艺实操能力，引导学生辩证思考优秀传统文化与现代先进技术之间的关系
三、学习指南
1. 回顾前课要点，完成任务测验，预习多米诺榫连接系统相关知识 2. 按课程任务要求分成小组，团结协作推进任务完成 3. 跟随任务目标，学习多米诺榫机的操作 4. 跟随任务目标，利用多米诺榫连接系统制作一个画框 5. 举一反三，根据图纸，利用多米诺榫连接系统制作实木花架
四、本课概念
1. 多米诺榫连接技术 2. 多米诺榫连接的优势 3. 多米诺榫连接制作的操作流程 4. 多米诺榫连接的应用
五、课程规范
1. 进一步学习木工安全操作规范，时刻保持安全操作 2. 各小组任务协作完成，但制作流程和工序每个人都要熟记，课后进行测试 3. 辩证理解优秀传统工艺与现代先进技术之间的关系 4. 注意课前、课中、课后学习表现，关乎职业素养与专业学习评价 5. 任务测验成绩将计入课程最终成绩

四、任务准备：多米诺榫连接技术、多米诺榫连接优势、多米诺榫连接制作

通过鲁班锁的制作可以发现，虽然榫卯结构有很多的优点，但如果想制作一个完美的榫卯结构，需要掌握熟练的技法，需要画线和锯凿的精确性，需要使用工具的稳定性，这不仅对于初学者来说有难度，同时也不能适应当下快节奏、标准化的生产模式。于是，多米诺榫连接系统应运而生。

（一）多米诺榫连接技术

多米诺榫连接系统包括多米诺榫开槽机、多米诺榫片和集尘设备（图2-4-70）。

多米诺榫机以铣削运动实现标准化榫孔制作，铣刀在高速旋转的同时来回摆动（图2-4-71），加工灵活。铣刀不会因摆动运动而过热，大大提高工具的使用寿命，嵌入配套适合的榫片，就可以很轻易地将两个部件连接。多米诺榫机的主要结构如图2-4-72所示。

多米诺榫片，是工业化模块预制件，由专门的厂家生产。榫片的表面和侧面开有凹槽，可以方便胶水流动，增大摩擦力，使木榫的连接更加牢固。

多米诺榫机连接的集尘设备，可以即刻吸走榫孔制作中产生的木屑，大大减少工作环境中的粉尘，保护操作者的健康。

在工业化生产的大背景下，多米诺榫连接可以实现模块化、标准化加工榫卯结构。不仅可以制作水平方向的榫孔，也可以制作垂直方向以及任意角度方向的榫孔。

（二）多米诺榫连接的优势

如图2-4-73所示，多米诺榫连接与其他连接方式相比，具有明显的优势。

1. 与传统榫相比，多米诺榫制作更方便

传统的榫卯连接，榫头和榫眼制作起来很有难度，如果不够精细，部件就很难顺利拼装。而多米诺榫连接，只要设定好榫机的参数，就能很快做出榫眼，然后将部件拼装，方便高效。

2. 与金属件相比，多米诺榫形式更美观

多米诺榫从部件内部开孔，对外部没有破坏，所以比金属连接件更美观。

3. 与圆棒榫相比，多米诺榫结构更稳固

常见的圆棒榫，虽然也隐藏在木构件内部，但是牢固度不够，容易旋转，而多米诺榫自带抗扭转

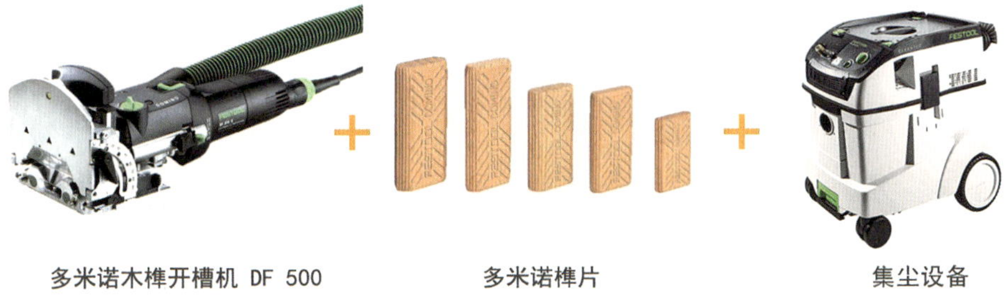

图2-4-70　多米诺榫连接系统

图2-4-71　多米诺榫机刀具

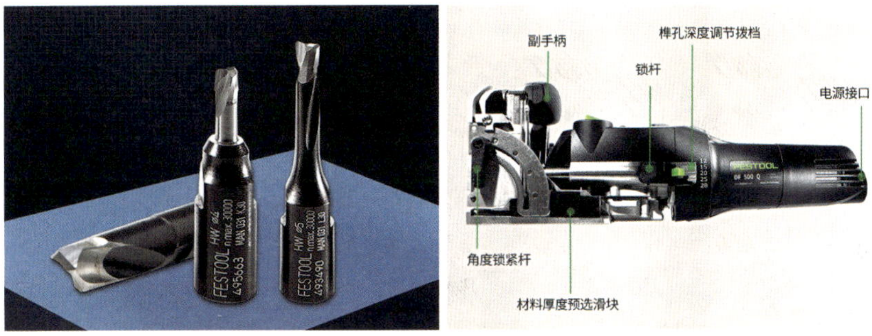

图2-4-72　多米诺榫机结构

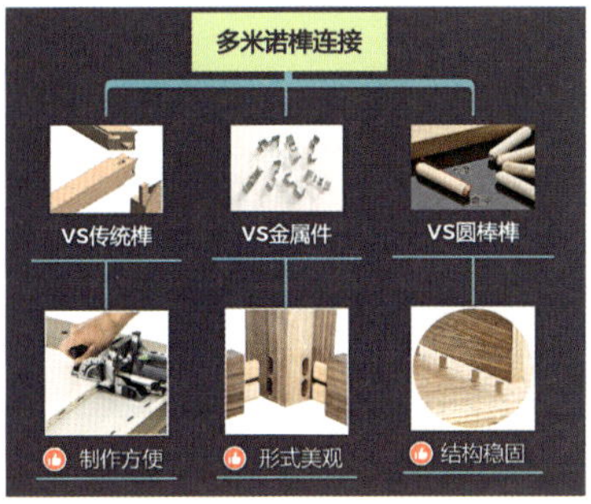

图2-4-73　多米诺榫连接的优势

性，能完美地适应大工业批量生产。

（三）多米诺榫连接制作

多米诺榫连接的制作主要分为五个步骤：选择多米诺榫片、安装榫机刀头、设置机身参数、确定榫孔位置、制作榫孔。

1. 选择多米诺榫片

多米诺榫片是工业化模块预制件，有不同的尺寸和规格。榫片的大小要根据工件的大小厚度来选择，合适的榫片选用可以确保连接坚固耐用。

2. 安装榫机刀头

使用机器自带的把手，撬动机头开关（图2-4-74），分离机头和机身，露出安装刀具的位置（图2-4-75）。选取与预期榫孔和榫片尺寸相对应的刀头，将刀头安装上去，一手按住锁紧按钮，一手用扳手将刀具上紧（图2-4-76），最后把机头和机身装回。

3. 设置机身参数

（1）设置机身角度。打开机身垫板侧面的角度开关旋钮，调节垫板角度（图2-4-77），角度的大小根据所要连接的部件角度来确定，常用90°或45°（图2-4-78）。

（2）设置刀头高度。一般来说，榫孔应位于工件侧面高度的中间位置。根据工件的厚度，滑动刀头高度滑块到相应数值（图2-4-79），不同的数值代表榫眼中心点与垫板之间的距离。

（3）设置榫孔深度。榫孔深度的数值由榫片的长度决定，一般选择多米诺榫长度的一半作为榫孔的深度，拨动机身的深度按钮，将滑块移到相应的尺寸（图2-4-80）。多米诺榫机的深度有12、15、20、25、28五个挡位（图2-4-81）。

（4）调节榫孔宽度。如图2-4-82所示，榫机表面的旋钮用于调整刀头工作时左右摆动的幅度，控制开榫的宽度，分别是标准、加宽、超宽三个挡位。

4. 确定榫孔位置

将两根木料摆好连接位置，利用平行规、铅笔在其中一个工件的表面画出连接点的中心线，利用角尺将刚才的中心线延长至另外一个工件表面（图2-4-83）。这样就把两个工件上的榫孔中心位置标记好了。

除了标记榫孔中心位置，还可以利用多米诺榫机上的限位棘齿进行快速而准确的定位（图2-4-84）。

5. 制作榫孔

将木料固定于台面，榫机连接电源，接入集尘设备，开动机器，用挡板的十字中心对齐上一步标

图2-4-74　机头开关

图2-4-75　分离机头和机身

图2-4-76　用扳手锁紧

图2-4-77　调节垫板角度

图2-4-78　垫板角度为90°与45°

注的中心线。左手紧紧压住机器前端挡板，右手慢慢向前推动机身。推到底达到限位后退出，这样一个榫孔就制作完成了。

注意，推动机身的过程中一定要保持稳定，一旦有些许抖动，做出的榫孔就会变大（图2-4-85）。榫机仅需一次推到底退出，无需反复。

最后，插入榫片，用锤子轻轻敲击，两个工件就能快速连接（图2-4-86）。

图2-4-79　设置刀头高度

图2-4-80　设置榫孔深度

图2-4-81　深度挡位

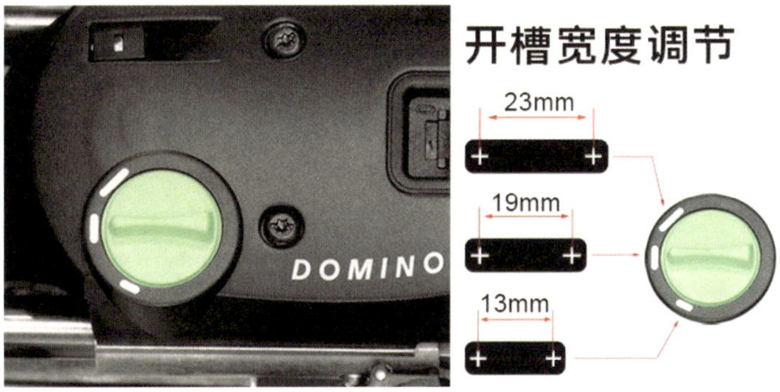

图2-4-82　调节榫孔宽度

图2-4-83　画连接点中心线

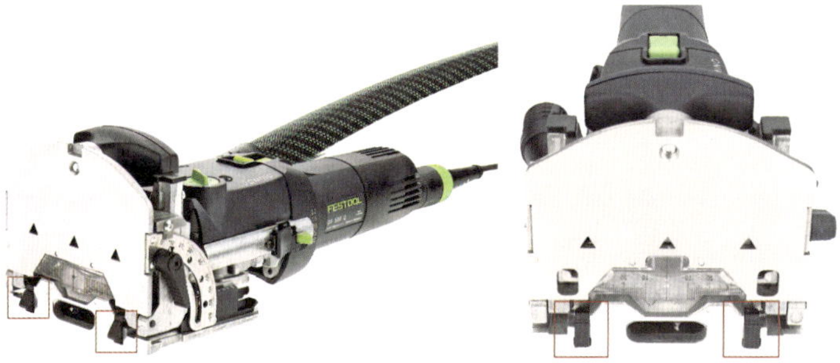
图2-4-84　限位棘齿

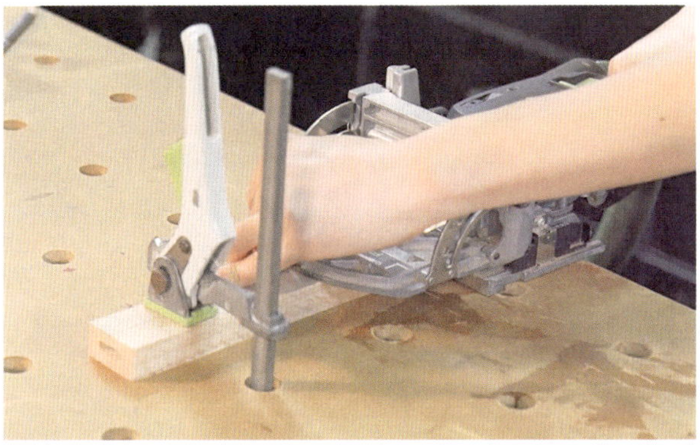
图2-4-85　制作榫孔

图2-4-86　连接部件

五、任务实施：多米诺榫连接制作实木画框，任务思辨

（一）多米诺榫连接制作实木画框

生活中常见的实木画框由4根木条相互垂直连接，其连接的结构方式多种多样，本任务运用多米诺榫连接进行框架制作。

1. 形态分析与榫卯定位

画框模型

利用计算机辅助三维软件来模拟画框模型，准备尺寸为600mm×40mm×20mm的木条2根，尺寸为350mm×40mm×20mm的木条2根。制作画框需要将四个直角边进行垂直接合，也可以选用45°连接，这里选用多米诺榫在四个边角做垂直接合。

2. 选择榫片与刀头

画框四边木料的宽度都是40mm，可以选择40mm×20mm×6mm的配套多米诺榫片，这样既可以保证连接结构的稳定性，又不至于打穿木料。选择和多米诺榫片厚度对应的直径为6mm的刀头，安装到多米诺榫机上。

3. 设置机身参数

榫孔深度：榫片长度40mm，将榫机深度控制滑块移到20mm，即榫片长度的一半。

榫孔角度：画框是直角结合，将多米诺榫机的角度定位调到90°，锁紧。

榫孔高度：木料厚20mm，榫孔高度位于工件侧面高度的中间位置，即10mm。

4. 确定榫孔位置

将画框的四边按连接位置摆好，在需要接合的四个直角分别标记记号A、B、C、D，确保后续以这样的顺序连接。利用平行规、铅笔在A连接点画出连接双方的榫孔中心线（图2-4-88），其他三个位置的连接也是如此。

5. 制作榫孔

固定画框木料，连接榫机电源，接入集尘设备，开动机器，对齐榫孔中心线，制作榫孔（图2-4-89）。一个连接点的两个榫孔制作完成后，按同样的方法制作其余三个连接点。

6. 组装

在榫孔挤入木工胶水，插入榫片，按照预先标记的连接位置组装，用锤子轻轻敲击（图2-4-90）。

组装完成后用F夹在榫卯连接点上固定，施加压力，直至几乎看不到缝隙，画框的固定需要两横两竖四只F夹同时夹持。用直角尺量取画框四角的角度，如果产生偏差，需要手动修正。待内部胶水干透后拆去夹具，铲掉外露的胶水。以多米诺榫连接制作的实木画框就完成了。

图2-4-87　画框结构图

图2-4-88　标记连接位置中心线

图2-4-89　制作榫孔

图2-4-90　组装

（二）多米诺榫连接制作画框任务记录单

□个人自评　□小组互评　□教师评价　□企业评价　□社会评价

序号	任务过程	任务目标	完成指标	评分	改进措施
1	形态分析与榫卯定位	利用计算机辅助三维软件模拟画框	三维模型尺寸精确，比例合适，体量适当		
		准备画框长边木条2根、短边木条2根	木条为净料，尺寸符合三维模型尺寸		
		确定榫卯位置	—		
2	选择榫片与刀头	选择多米诺榫片	匹配木条大小厚度		
		安装对应刀头	刀头匹配榫片型号，安装步骤正确，安全操作		
3	设置机身参数	榫孔深度	设置为榫片长度的一半		
		榫孔角度	设置为90°		
		榫孔高度	设置为木料厚度的一半		
4	确定榫孔位置	摆放并标记画框	将画框按连接位置摆好，标记接合位置		
		标记榫孔中线位置	榫孔中线标记快速、准确，线型精细		
5	制作榫孔	制作榫孔	安全操作，无抖动，开孔大小合适		
6	组装	组装	挤入胶水，插入榫片，锤子轻轻敲击		
		夹具固定	在榫卯连接点上固定，本案例为两横两竖		

（三）任务思辨

传统榫卯结构与多米诺榫连接系统的关系，即优秀传统文化与现代先进技术间的关系。传统文化与现代技术深度融合，已成为中华优秀传统文化传承创新发展的重要途径之一，也是中华优秀传统文化未来传承创新发展的重要方向之一。

近年来，一大批传统艺术形式充分利用科技手段助力传统文化传承。传统艺术能够与当今时代同频共振，令更多年轻人耳目一新，打破了人们认为传统文化曲高和寡的固有偏见，符合当今人们接受信息的特点，满足了新时代人民群众对于文化的多元追求，能够培育共同的情感价值和理想。

同时，也能够让中华文化既坚守根本又与时俱进，真正实现守正创新，有利于传统文化的发扬光大，更好地传播自强不息、厚德载物等传统文化的精神内涵，使国人增强文化认同，坚定文化自信。

六、任务拓展：利用多米诺榫连接系统制作实木花架

利用多米诺榫连接系统制作实木花架。团队合作，完成如图2-4-91所示的花架制作，记录制作流程，熟练掌握多米诺榫机的设置及操作，掌握榫孔位置的计算和画线。

实木花架模型

七、任务评价：《多米诺榫连接制作画框任务记录单》《多米诺榫连接-学习评价表》

根据《多米诺榫连接-学习评价表》，展开小组互评、教师评价。

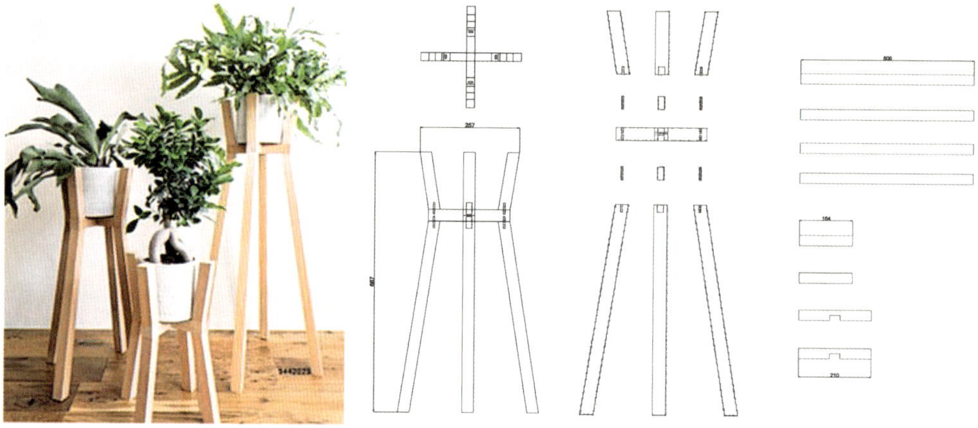

图2-4-91　实木花架

任务五　设计实践：榫卯结构在文创产品中的传承与创新

一、任务目标：理解榫卯结构现代设计路径和方法，进行现代文创产品设计

1. 知识目标

（1）理解榫卯的文化价值与设计原则。

（2）理解榫卯结构在产品设计中的传承、创新途径和方法。

2. 能力目标

（1）会根据设计目标，分析设计要素。

（2）能在理解榫卯结构现代设计途径和方法的基础上，进行现代文创产品设计。

（3）能在公开场合清晰表达设计观点。

3. 素质目标

（1）理解榫卯结构在产品设计中传承与创新的意义。

（2）增强团队沟通协作能力。

4. 思政目标

（1）强化中华文化的身份认同和中华文化归属感。

（2）增强国家意识和文化自信。

二、重点难点：将榫卯结构传承运用于现代文创产品中的设计实践

1. 重点

榫卯结构在产品设计中传承与创新的途径和方法。

2. 难点

将榫卯结构传承运用于现代文创产品中的设计实践。

三、任务导入：搜集榫卯结构的产品创新设计案例

（1）领取学习任务单，阅读学习指南，预习任务中涉及的概念。

（2）观看榫卯结构现代演绎的相关视频案例，发表心得体会。

（3）搜集关于榫卯结构的产品创新设计案例，准备课堂发言和讨论。

学习任务单

一、开课任务
设计实践：榫卯结构在文创产品中的传承与创新 1. 设计原则和方法 2. 设计构思与草绘 3. 设计呈现与试制 4. 设计评价与优化
二、学习情境
本任务属于设计实践，引入校企合作委托设计项目，重点是能分析并理解榫卯结构现代传承创新的方法，难点是将路径方法运用到方案设计中去，为中华文化的当代转译提供可能

续表

三、学习指南
1. 观看榫卯结构现代演绎的相关视频案例，发表心得体会 2. 搜集关于榫卯结构的产品创新设计案例，准备课堂发言和讨论 3. 按课程任务要求分成小组，团结协作推进任务完成 4. 跟随任务目标，完成基于榫卯结构的文创产品设计 5. 将设计方案发布在社交平台上，传播优秀传统文化，听取目标消费人群的意见 6. 利用课余时间到木工实训工坊练习手工工具操作，注意操作规范与安全
四、本课概念
1. 榫卯的文化内涵 2. 榫卯结构创新的原则：①实用性②审美性③文化性④以人为本 3. 榫卯结构创新的四种方法：①趣味化设计（发散思维）②模块化设计（类比思维）③功能化设计（理性思维）④符号化设计（系统思维） 4. 文创产品设计开发流程
五、课程规范
1. 进一步学习木工安全操作的规范，尤其是基础性的安全规范 2. 各小组任务可以协作完成，但制作流程和工序每个人都要熟记 3. 本任务引入的设计数据分析方法较多，需仔细领会，灵活运用

四、任务准备：榫卯的文化内涵，榫卯结构再设计的原则，榫卯结构的文创产品设计方法

榫卯结构是我国古代劳动人民智慧的结晶，本任务将其与现代设计相融合，研究其在当代产品中的设计创新。这些携带优秀传统文化基因的器物，为创作者提供了可供借鉴的设计资源库和灵感库，有利于在现代产品设计中开辟新思路，增强创新性。

（一）榫卯的文化内涵

1. 刚柔相济

山西应县佛宫寺释迦塔（应县木塔）是中国古代传统建筑的典范，也是中国古代木结构建筑杰出抗震能力的代表。木塔抗击地震的关键在于整体浮筏式基础、斗拱、榫卯，这种传统的木结构不但可以承受较大的荷载，而且允许产生一定的变形，通过变形吸收一定的地震能量，减小结构的地震响应，体现出刚柔相济的思想（图2-4-92、图2-4-93）。

2. 天人合一

榫卯结构反映了木质家具特有的风韵，传达了古人“天人合一”的思想，为后人树立了典范。在结构上，明式家具的榫卯结构充分利用材料本身的特性，不用胶和钉等外物，便于装载和拆卸（图2-4-94）。在装饰性和功能性上，榫卯结构达到完美统一，并在产品废弃后仍可充分有效地回收和再利用，映射出人与自然和谐相处的本质。

3. 匠人匠心

榫卯艺术所呈现的是中国人骨子里的工匠精神，是工匠高超技艺的完美体现。榫卯结构制作过程中的材料选择、加工尺寸把握等，都需要工匠师傅用心把握。榫卯匠人刘文辉专注于古建筑榫卯积木文创设计，将非遗技艺转化为益智玩具，使更多人能够在生活中感受东方建筑的魅力（图2-4-95、图2-4-96）。

（二）榫卯结构创新的原则

1. 实用性

从时间上来看，早在河姆渡新石器时代，河姆渡人就已经开始使用榫卯了（图2-4-97、图2-4-98）；从功能上来看，古建筑中的斗拱构造、明式家具的连接方式、鲁班锁的解密手段，榫卯的实用性都是无可厚非的。

榫卯结构组合的家具比用铁钉连接的家具更加结实耐用。榫卯结构是木件之间多与少、高与低、长与短的巧妙组合，这种组合可有效地限制木件向各个方向的扭动。其次，金属容易锈蚀或氧化，而真正的红木家具，可以使用几百年或上千年。许多明式家具距今几百年，虽显沧桑，但木质坚硬如初。

图2-4-92 应县木塔

图2-4-93 应县木塔局部

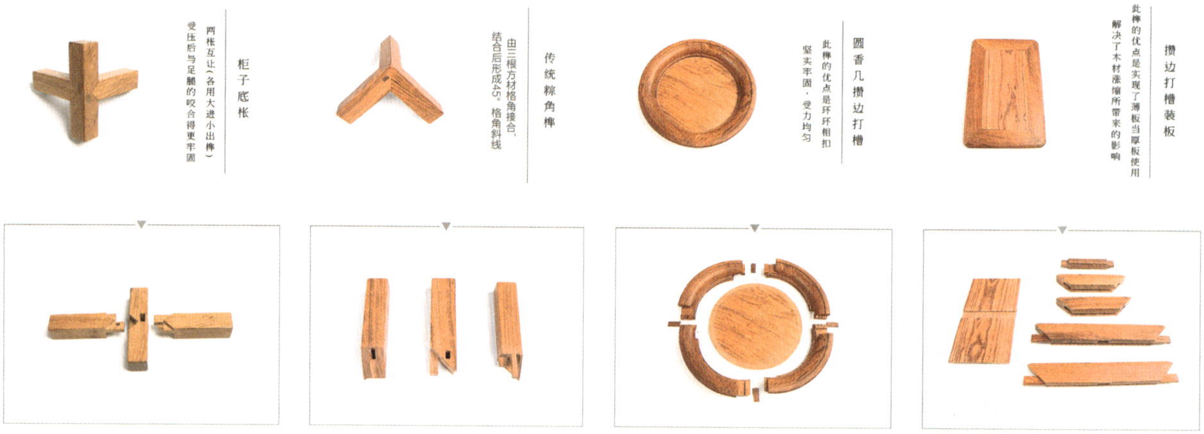

图2-4-94　明式家具中的榫卯结构

图2-4-95　榫卯匠人刘文辉

图2-4-96　刘文辉设计的古建筑斗拱积木

图2-4-97　河姆渡遗址

图2-4-98　柱头榫木构件

2. 审美性

榫卯结构的空间对称美、材料之美、造型之美、复杂之美、实用之美，是古代木构造物的产物。王世襄先生曾对明式家具进行品评，总结出十六品，分别是：简练、淳朴、厚拙、凝重、雄伟、圆浑、沉穆、秾华、文绮、妍秀、劲挺、柔婉、空灵、玲珑、典雅、清新。榫卯结构的外露如同现代建筑讲究内部结构，不仅是整个物件的设计部分，同时也向观者表明这是一种美的元素，让人在使用的同时品味古人的设计审美。

3. 文化性

中国传统榫卯结构是前人留下的珍贵财富，使传统木结构建筑与家具被后辈广为研究与学习，并且衍生出明式家具这样值得后人膜拜的家具体系。榫卯结构承载着中国古代建筑与家具的灵魂，是中国传统造物美学的文化产物。

4. 以人为本

如何协调诸多要素的关系，是产品设计的关键所在。榫卯设计不同于传统手工艺品，它作为一种凹凸有致的立体构成形式其所带有的抽象符号体现了结构的美感，在满足人们使用功能的基础上，向观众展示了错综复杂、环环相扣的美的元素，具有科学合理的视觉审美性。中国传统家具的榫卯结构本着“以人为本”的原则，使用者是产品设计中最基本的要素。在进行产品设计时要以人为本，满足人的生理和心理需求。

（三）基于榫卯结构的文创产品设计方法

1. 趣味化设计——发散思维

趣味化设计是通过设计语言满足人们对愉悦生活的向往，在现代产品设计中主要体现在产品自身的外观结构、触觉感受以及使用过程等方面。例如，乐高积木是典型的趣味化设计产品，采用凹凸榫合的零件组合模式，色彩丰富，造型多样，受到大众的喜爱（图2-4-99）。榫卯结合方式的多变性给创作者带来趣味性的创作灵感，可以利用发散思维从这一角度进行尝试。

作品《花窗杯垫》，作者选择江南园林中的花窗元素，利用榫卯的嵌套结构做成杯垫。正负形镶嵌，可以一分为二进行使用，同时方便合二为一进行收纳，具有很高的美学价值（图2-4-100）。这种通用型的家居产品设计，既实用又有地域文化情怀。

2. 模块化设计——类比思维

德国汉学家雷德侯教授（Lothar Ledderose）在《万物》一书中表明，中国人很早就具有了利用模件体系造物的智慧，借助从元素组成模件、从模件集合单元、从单元生成序列和总集的思路，中国人创造了数量庞大的日用器物和艺术品。模块化设计根据用户的不同需求进行不同功能、不同规格的部件开发，并形成系列化产品，可以有效协调设计中的不同需求，以最少的形态实现整体系统的高效运转，有效降低生产制造成本（图2-4-101、图2-4-102）。模块化设计体现了设计思维中的类比思维方式。

灯具设计作品《解锁》（图2-4-103），从中国传统鲁班锁中获取灵感。形制上柱状模块互相穿

图2-4-99　乐高积木

图2-4-100　作品《花窗杯垫》

图2-4-101　模块化设计家具

图2-4-102　模块化设计文具

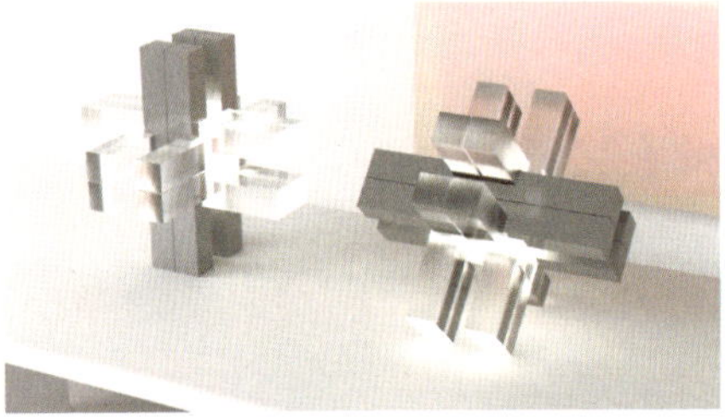

图2-4-103　灯具设计《解锁》

插堆叠，将其中的一部分模块构建替换成透明发光体。不仅提供了光影与形体的构成之美，也将榫卯构成融入灯具组装的思考和体验中，原本简单的发光功能因为榫卯结构而变得丰富有趣起来，外形上也更加适配多种不同的使用需求和场景。

3. 功能化设计——理性思维

功能化设计是功能创新和产品设计的早期工作，是对所定位产品应具备的目标功能系统进行概念性构建的创造活动，它要求设计者具有理性客观的思维方式。

现如今人们对产品的要求已经不仅仅是满足单一功能需求，一体化设计正是在这样的背景下大量出现，它可以带给用户更多功能上的满足。作品《和盒》，设计理念来自中国传统建筑形式四合院，四四方方的院落，合围在一起，形成口字形的院落空间，充分体现了“天人合一”的思想（图2-4-104、图2-4-105）。同时，该设计利用榫卯的拼接方式，盒内9件小文具完美契合，相互穿插，集合于A4大

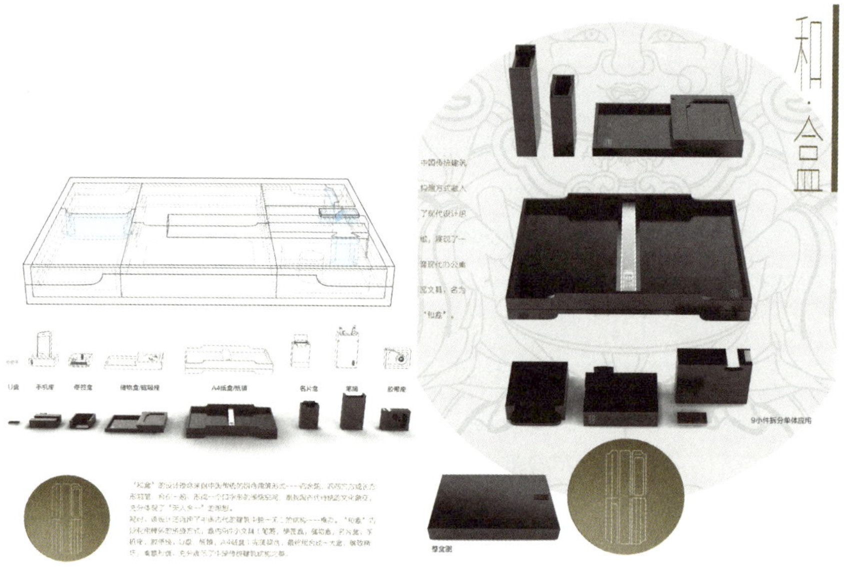

图2-4-104　作品《和盒》

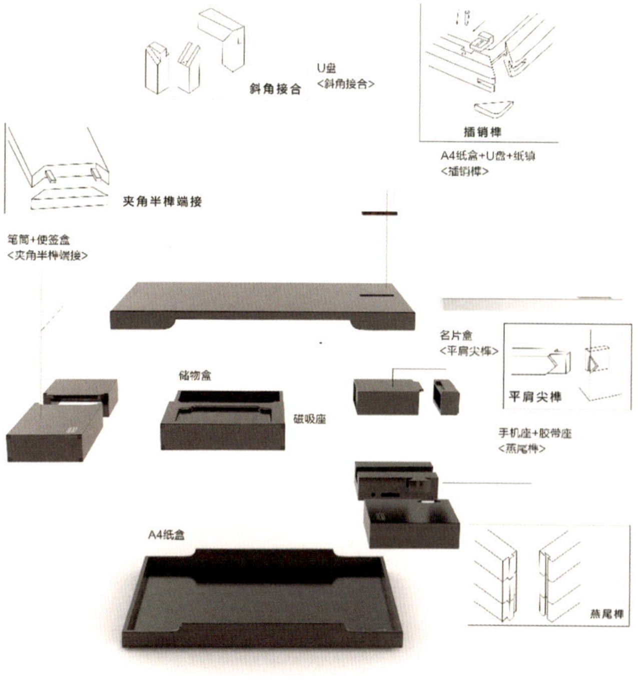

图2-4-105　作品《和盒》结构部件

小的木盒中。不仅如此，不同文具之间的每一个榫卯连接组件均已转化成为功能构件，其中包含的机关、巧思与设计，沿袭传统，融入当下，实现了榫卯向功能需求的转变，更与地域文化进行了充分的融合。

4. 符号化设计——系统思维

符号化设计是指用符号学的视角来审视新时代的设计事务。时代的发展，让人们产生更多文化反思和精神追求。对榫卯结构的需求也不再局限于连接的功能性，更多的是基于文化价值和文化传承的隐性追求。

由设计师吕永中创始的新中式品牌半木曾出品一款伴手礼烛台，名为“你我同舟”（图2-4-106、图2-4-107）。此烛台以船型为整体形态，运用燕尾榫与楔钉榫，将烛台合二为一，产品寓意与俗语语义都能在烛台中完美体现。这样的文创产品，改进了榫卯结构，阐述了东方的设计美学与艺术魅力，寓意合作伙伴之间的紧密联系。

所以，符号化设计绝对不是简单的符号提取、堆砌，而是要运用系统设计思维，挖掘榫卯背后的隐形文化元素，利用当代设计更多地去表达对传统的共鸣和反思。

图2-4-106　半木“你我同舟”烛台

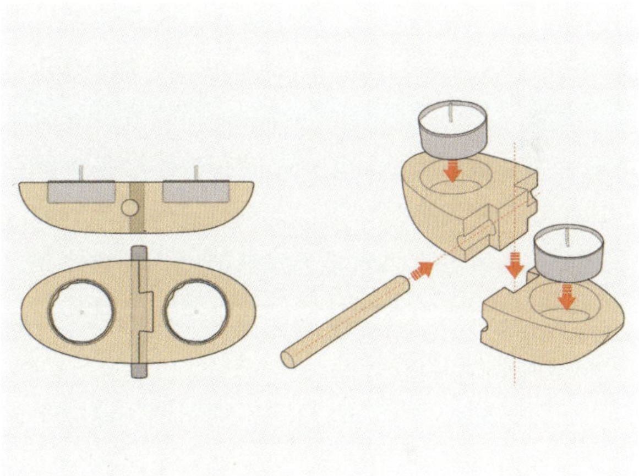

图2-4-107　烛台结构部件

五、任务实施：基于榫卯结构的文创产品设计开发流程

从普通设计者的角度来看，产品开发流程主要是：接到设计项目，对项目概念进行构想；通过设计草图绘制初步设想，并进行概念的深入推敲；对概念想法进行二维和三维效果图绘制；对开发的产品进行3D建模。

从设计公司的角度来看，设计公司首先对设计项目背景进行整体评估分析，确定设计方案；与甲方进行沟通，了解甲方的需求；进行概念方案的深入设计，产品初步成型；产品的市场推广设计。

从企业的角度来看，一个新产品研发的设计流程主要是从市场调研开始，通过对竞品进行分析，来发掘市场的需求；设计部门对市场部的信息进行分析，产出概念；公司内部进行可行性评估，挑选概念设计；设计师进行深化设计，制作样机，进行功能、销售、成本的评估测试；做好产品销售的设计，如包装设计、视觉UI设计、广告设计等。

对于现阶段的产品设计学习者而言，现代产品设计大体上包括产品预研、造型设计、结构设计和样机制作四个环节。

（一）产品预研

首先对所设计产品进行分析与市场调研，确定设计定位。明确产品设计的目的和要求，了解产品的功能用途、操作方式、使用环境等，并收集国内外同类产品的相关资料，进行市场调查和用户访问，为造型的构思提供依据。

产品预研过程中推荐采用一些科学的分析方法，如5W1H分析法、头脑风暴法、入户观察法、访谈分析法、坐标分析法、SWOT分析法等。

图2-4-108　传统宫灯

【设计案例】“榫卯宫灯”的设计构思

宫灯又称宫廷花灯，是中国彩灯中富有特色的汉族传统手工艺品之一（图2-4-108）。始于东汉，盛于隋唐，具有浓厚的地方特色。宫灯主要是以细木为骨架，镶以绢纱和玻璃，并在外绘以各种图案的彩绘灯，它以雍容华贵、充满宫廷气派而闻名于世，各面画屏图案内容多为龙凤呈祥、福寿延年、吉祥如意等。宫灯在中国已经有上千年的历史，是中国传统文化的重要符号。

在历史的长河里，宫灯的点点滴滴，缔造了享誉世界的灯饰传奇。然而，因为依靠手工作业，产量不高，价格昂贵，传统的红木宫灯正成为一种渐渐被遗忘遗失的艺术。

时至今日，随着中式文化的复苏，中式装修产业也越来越受大众喜爱。让传统红木宫灯融入现代人的人文思想和审美需求，既保持稳重古雅的风格，又富有时代感，成为今天文创产品设计的灵感来源。这就是“榫卯宫灯”的设计源起与构思。

（二）造型设计

产品造型设计包括：方案草图、效果图设计、造型修改、造型确认等环节。在产品设计初始阶段，草图是最快速、最有效捕捉设计灵感的手段。为了获得更加直观逼真的产品效果，需要借助计算机创建三维实体造型模型并渲染，包括产品的配色与材质的选择等。

【设计案例】“榫卯宫灯”的造型设计

中国古代正统的宫灯造型有八角形、六角形和四角形，常见的有白帽方灯、纱圆灯、罗汉灯、走马灯、蝴蝶灯、二龙戏珠灯等。初学者可以从简单的四角形入手，尝试利用榫卯结构对宫灯的框架进行再设计。

广州是传统红木宫灯的发源地之一，并发明了可拆卸的红木宫灯。我们从可拆卸宫灯上受到启发，设计由16根木条通过榫卯结构交错搭接而成的宫灯框架。上下为田字形，可穿入挂绳和流苏装饰，中间部位灯罩采用半透明绢布，可由用户进行个性化的书法、绘画创作。考虑安全性，照明采用LED电子蜡烛，避免了火灾隐患。

如图2-4-109所示，这款设计可以作为挂在厅堂中或摆放在书案上的艺术灯具，也可以装饰在餐厅、茶馆等场所，还可以作为亲子礼物，在手作中悠享互动时光。

（三）结构设计

产品造型设计的同时推进产品结构设计，其中

图2-4-109　榫卯宫灯造型设计

包括：结构设计、结构手板制作、结构修改等环节。对于榫卯结构的再设计来说，结构的强度、合理性、细节公差都是关键要素，结构设计与造型设计相辅相成，不能割裂。在这个过程中，使用计算机软件建立三维模型，反复测试关键结构模型，修正公差尺寸，进行拆装测试。

榫卯宫灯模型

【设计案例】“榫卯宫灯”的结构设计

为了实现宫灯的造型设计，其核心榫卯结构分为两块：一是外部大框架的构建，共12根木条相互交错；二是上下十字交叉的田字形，各需要2根木条相互交错并与大框架衔接固定。

1. 外部大框架结构设计

大框架构建的核心是利用3根木条相互垂直交错。

中国古典榫卯结构中，匠人们用粽角榫来实现三直角连接（图2-4-110）。粽角榫，由于其酷似粽子得名，由三根方材格角接合，多用于框形的连接，常见于桌子、柜子、书架等家具。粽角榫从外观看十分简洁，但仅适合厚方材，且制作工艺繁复，不适合初学者练习或产品批量制造，所以制作榫卯宫灯的框架需要另辟蹊径，从鲁班锁的接合原理中寻找灵感。

如图2-4-111，在木条A和木条B的一头开出1/4深度的榫孔，相互卡接，再将木条C开出木条A和木条B卡接后总厚度的榫孔，卡接到木条B孔位的同时又固定了A和B，这样可以形成稳定的三根成角结构。同样的原理可拓展用于其他几个直角结构的设计。

2. 十字交叉结构设计

如图2-4-112，宫灯上下的两个十字交叉采用半榫搭接，两端开半榫搭接在框架的中点。一个方向的两段上搭，另一个方向的两端下承，虽然看上去没有固定，但因为上下相互制约，可以保证结构稳定和牢固。

由于十字交叉的木条长度取决于外部框架构建后的距离，而外部框架构建后的距离与木材种类、榫卯公差、损耗等息息相关，所以本设计模型中的十字交叉木条长度是理想尺寸，真正制作时建议外部框架完成后量取实际的距离用以确定十字交叉的木条长度。

榫卯宫灯具体尺寸可以参见Rhino模型（图2-4-113）。

（四）样机制作

完成造型设计和结构设计后，想知道自己设计的东西做成实物什么样，结构设计是否合理，样机制作便是应这种需求而产生的。样机就是在没有开模具的前提下，根据产品外观图纸和结构图纸先做出一个或几个、用来检查外观或结构合理性的功能

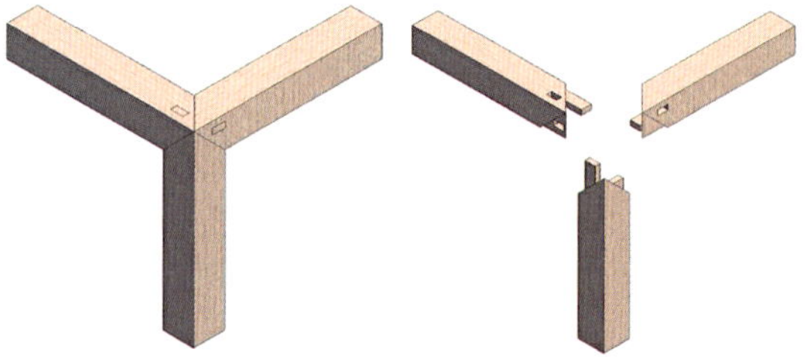

图2-4-110　粽角榫

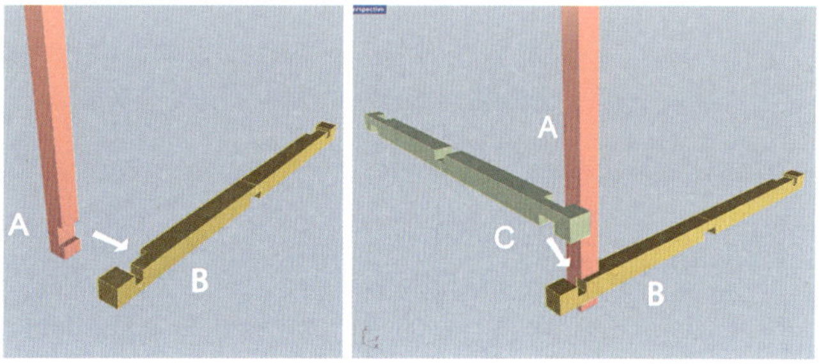

图2-4-111　三根成角结构

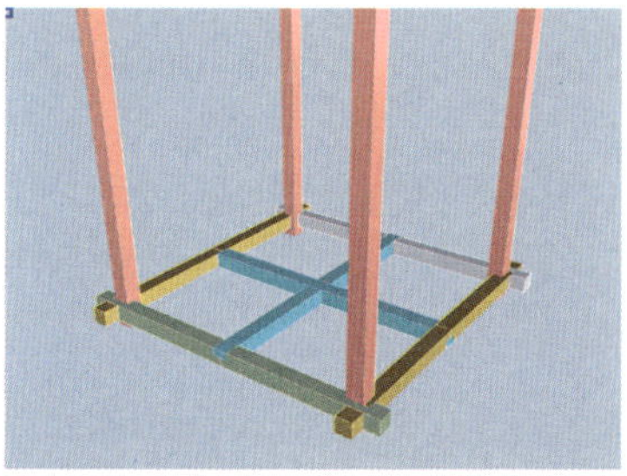

图2-4-112　十字交叉结构

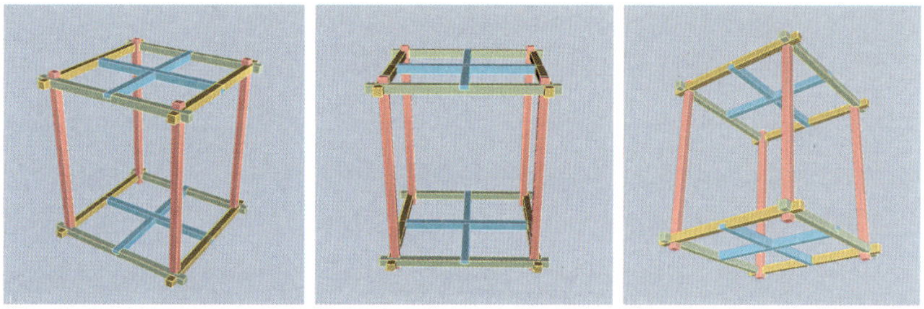

图2-4-113　榫卯宫灯框架Rhino模型

样板。早期的样机因为受到各种条件的限制，大部分工作都是手工完成，因此叫手板件。现代加工条件下可以采用CNC数控加工或3D打印技术快速制作样机模型。

【设计案例】“榫卯宫灯”的样机试制

以上全部模型效果和结构确认完毕后，可以等比例缩小输出模型，进入3D打印实训室进行快速成型（图2-4-114）。将12根木条利用3D打印机快速成型，去除支撑面，打磨毛边，进行拼装测试。拼装效果一方面与Rhino模型的公差计算有关，另一方面与3D打印所使用的机器、材料有关，机器精度越高，材料越细腻，越趋近于Rhino模型的数据尺寸。3D打印成型能帮助创作者发现结构设计的问题，迅速修正和调整。

图2-4-114　榫卯宫灯最终效果图

六、任务拓展：设计分析方法

（1）设计分析方法：①5W1H分析法；②头脑风暴分析法；③入户观察/访谈分析法；④坐标分析法；⑤SWOT分析法。

（2）完成榫卯结构的文创产品再设计方案，于社交平台发布作品图片和设计说明，收获点赞和评论。

（3）预习任务六，准备本组设计方案制作需要使用的材料，列举方案制作需要的工具。

七、任务评价：《榫卯结构在文创产品中的传承与创新-学习评价表》

根据《榫卯结构在文创产品中的传承与创新-学习评价表》，展开小组互评、教师评价和企业评价。

任务六　应用实践：榫卯结构在文创产品中的应用与制作

一、任务目标：掌握榫卯结构产品设计的加工工艺和流程

1. 知识目标

理解榫卯结构主题的文创产品加工工艺和流程。

2. 能力目标

（1）会根据设计方案制作出3D模型图。

（2）会根据设计方案制作下料单。

（3）能在理解榫卯结构现代设计途径和方法的基础上，进行现代文创产品制作。

（4）能在公开场合清晰表达设计观点。

3. 素质目标

（1）提升职业素养，发扬工匠精神。

（2）增强团队沟通协作能力。

4. 思政目标

强化中华文化的身份认同，找到中华文化归属感。

二、重点难点：解决文创产品加工制作中的个性化问题

1. 重点

榫卯结构在产品设计中的加工工艺和流程。

2. 难点

解决榫卯结构主题的文创产品在加工制作中出现的各种个性化问题。

三、任务导入：准备制作需使用的材料和工具

（1）领取学习任务单，阅读学习指南，预习任务中涉及的概念。

（2）准备本组设计方案制作需要使用的材料，列举需要的工具。

学习任务单

一、开课任务
应用实践：榫卯结构在文创产品中的应用与制作 1. 精确定型 2. 结构制作 3. 优化组装 4. 项目发表
二、学习情境
本任务属于应用实践，引入校企合作委托设计项目，需要将设计方案打样制作出来，重点是榫卯结构在产品设计中的加工工艺和流程，难点是榫卯结构在文创产品中的应用制作，通过优秀传统文化的现代创新，为中华文化的当代转译提供可能
三、学习指南
1. 阅读学习指南，预习任务中涉及的概念 2. 在短视频平台上搜集木艺制作主题的博主和视频，发表评论，上传讨论组 3. 准备本组设计方案制作需要使用的材料，列举需要的工具 4. 按课程任务要求分成小组，团结协作推进任务完成 5. 跟随任务目标，完成榫卯结构的文创产品再设计方案 6. 利用课余时间到木工实训工坊练习手工工具，注意操作规范与安全 7. 将榫卯结构再设计方案发布在社交平台上，收集目标人群反馈
四、本课概念
1. 选材与备料 2. 榫卯木艺产品的制作流程和方法：精确定型、结构制作、优化组装、项目发表 3. 产品设计报告书
五、课程规范
1. 进一步学习木工安全操作的规范，时刻保持安全操作 2. 各小组任务协作完成，注意制作过程的照片和视频记录，丰富的影像素材有助于提高社交平台发布的质量 3. 注意课前、课中、课后学习表现，关乎职业素养与专业学习评价 4. 任务测验成绩将计入课程最终成绩

四、任务准备：选材，备料

在正式制作前需要进行选材和备料。本任务是基于不同设计方案的木艺产品制作，材料的选择和备料都需要根据自身需求，具体问题具体分析，将前面学习的知识综合运用。本任务仍然以“榫卯宫灯”的制作过程为例进行讲解。

（一）选材

选料要考虑木材的抗拉强度、抗压强度、含水率、颜色、纹理、密度等。最理想的状态是大小合适，无疤无节，无皮无裂，颜色一致，花色优美。

大小正合适的毛料，是指比处理完成的净料尺寸稍大一点，上完平刨和压刨后尺寸正合适。这样的原料没有浪费，因此最经济。

疤、节、裂、皮，都是指木料上的瑕疵。疤、节是树木生长留下的痕迹，裂是木材不恰当干燥所形成的损伤，皮是指树干外圈部分。当然，没有疤、节、裂、皮的毛料是不存在的，所以这里指的是可以有效避开瑕疵的毛料。

在“榫卯宫灯”的案例中，为了最大限度契合传统，贴合设计图的效果，我们选择红花梨（图2-4-115）。红花梨是一种硬木，内皮红褐色，韧皮纤维发达，打磨上蜡后手感细腻，颜色上符合本案例的设计初衷。

（二）备料

备料指的是根据设计构件尺寸，将木材毛料进一步加工成具有正确几何形状和断面尺寸与光洁度要求的净料，对表面进行净光和砂光的修整加工。

学校木工实训室往往大批量采购半成品木料（图2-4-116），需要使用者以机械加工的方式加工至适

图2-4-115　红花梨木料

合尺寸。如果是家庭手作或者个人工作室，缺少合适的机械设备，只能选择在木材市场或者电商平台购买成品木料（图2-4-117）。

本案例中的榫卯宫灯除了主料木材外，为了实现宫灯的照明功能和美化功能，还需准备一些配件。

（1）半透明绢布1块（图2-4-118）。灯罩采用半透明丝绢布料，可自行进行书法、中国画创作，也可以购买成品印染丝绢面料直接使用。注意，用水墨创作后，绢布可能会起皱，可以用熨斗或者热水杯将其熨平。

（2）LED电子蜡烛1个（图2-4-119）。宫灯采用LED电子蜡烛照明，避免火焰危险，电子蜡烛自带电池，可模拟真实烛火摇曳的发光效果。

（3）挂绳1条。可供灯具悬挂使用。

（4）流苏吊坠4条（图2-4-120）。作为装饰件吊挂于宫灯下方四角，提升氛围。

图2-4-116　半成品木料（毛料）

图2-4-117　成品木料（净料）

图2-4-118　绢布

图2-4-119　电子蜡烛

图2-4-120　流苏吊坠

五、任务实施：基于榫卯结构的文创产品设计制作，项目发表

（一）基于榫卯结构的文创产品设计制作：榫卯宫灯

1. 开料

开料是指把一整根圆柱体状的树木分解成木板的过程，按需求尺寸切割成一块一块的板材，要求面平、边直、所有角均为直角。中国传统家具中的红木，木材金贵，在开料时就会根据家具的尺寸需求开厚度，避免浪费。现代工业化的木材厂，有一套固定的开料程序，用电脑程序根据原木直径来测定切割方式。

项目五任务三中详细讲解了如何加工一块方正的木板，如有兴趣，可提前预习。本案例需要开出定厚12mm的实木板材。

2. 精确定型

榫卯宫灯结构拆解后为16根标准尺寸的木条，具体尺寸如下（图2-4-121）：

（1）宫灯垂直框架木条。尺寸12mm×12mm×290mm，共4根。

（2）宫灯水平框架木条。尺寸12mm×12mm×

250mm，共8根。

（3）宫灯十字交叉木条。尺寸12mm×12mm×230mm，共4根。注意，十字交叉木条的长度230mm是预估尺寸，实际尺寸需要待水平和垂直框架安装完成后测量获得。

可以发现，榫卯宫灯所有木条的横截面尺寸是一样的，唯独长度上有差别，所以在精确定型阶段可以从定厚12mm的实木板材中批量开出若干宽度为12mm的长木条，然后根据不同框架部位的长度尺寸在长木条上进行截取。

这里拓展说明，对于某些方形的木料构件来说，精确定型可以与开料合并完成，机械开料的同时尺寸精确定型，效率高，节省时间和材料。但对于异形的构件来说，需要单独完成细节造型。项目五中讲解了机械工具的使用，如有兴趣，可提前预习。如果没有机械加工的条件，可直接在电商平台购买横截面尺寸为12mm×12mm的红花梨木条。

3. 结构制作

榫卯宫灯的结构制作与鲁班锁的制作类似，核心步骤就是画线与锯凿（图2-4-122）。

（1）画结构线。

画线是制作的基础，画线要严格按照设计图纸，建议使用平行规，在尺寸和形态上保证准确。榫卯宫灯的16根木条均为轴对称造型，分为X、Y、Z轴3个方向，共4种结构。虽然宫灯的8根水平框架木条长度一样，但两端的榫头细节不一样，需要仔细识别，按图标记。

①宫灯Z轴方向的垂直框架木条。

如图2-4-123所示，在距离两端8mm的位置凹陷4mm深度用于卡接水平框架，画线较简单。

②宫灯X轴方向的水平框架木条。

如图2-4-124所示，两端形态画线较复杂，注意打阴影线标记清晰需要去除的部分。

③宫灯Y轴方向的水平框架木条。

如图2-4-125所示，两端形态画线较复杂，注意打阴影线标记清晰需要去除的部分。

④宫灯十字交叉木条。

待水平和垂直框架试安装后进行画线。

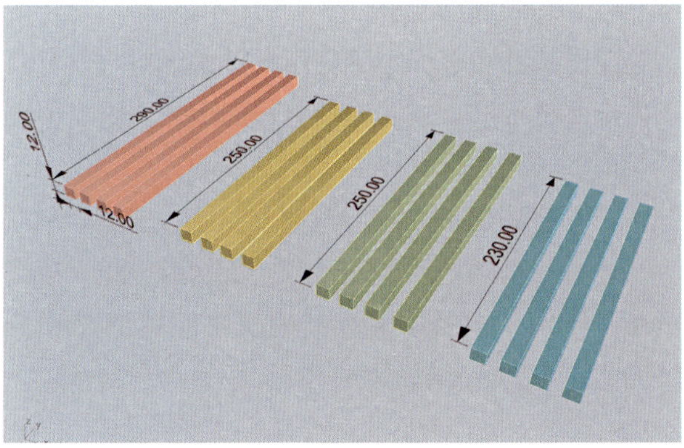

图2-4-121　榫卯宫灯木条尺寸（单位：mm）

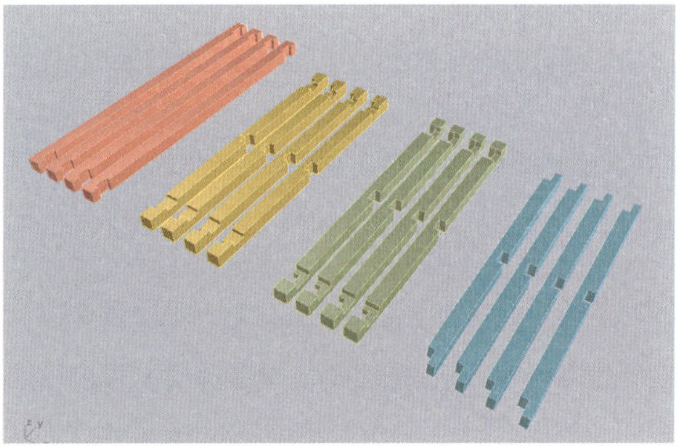

图2-4-122　榫卯宫灯木条结构

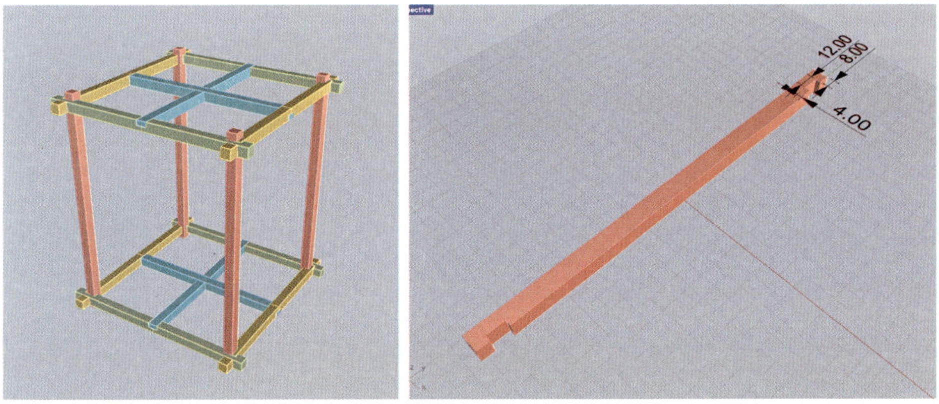

图2-4-123　Z轴方向木条（单位：mm）

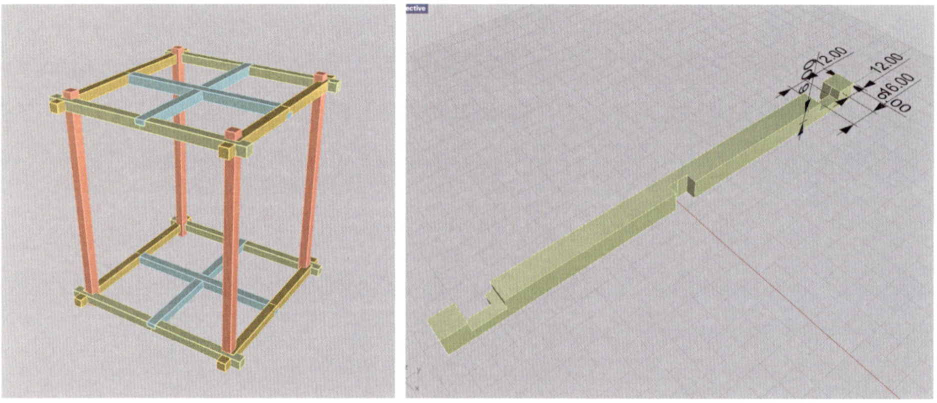

图2-4-124　X轴方向木条（单位：mm）

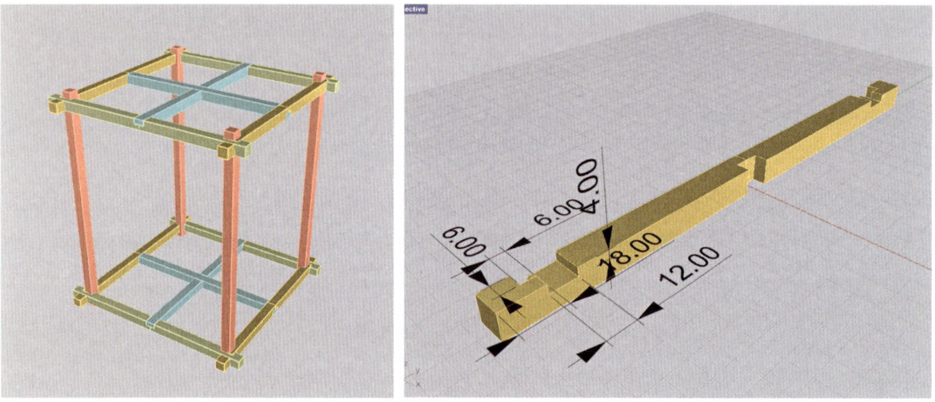

图2-4-125　Y轴方向木条（单位：mm）

（2）精确锯凿。

使用直板锯和木凿对除十字交叉木条外的8根木条榫接合处精确锯凿。可以先将这一步骤拆分为锯凿榫孔与精细处理，熟练操作后锯切与精修可以合并完成。

将木料固定在台钳上，直板锯沿锯切线精准下锯，可省去留余量后续精修的步骤。敲凿榫孔时凿背尽量贴近榫线，保持垂直，果断敲击。锯凿形成的榫孔面保持平整，所有转角均为90°直角。

精确锯凿这一步骤需注意吃线和留线。榫线锯切时是否把画的线锯掉，要和凿的宽度吻合。硬质材料对榫卯要求特别高，大凡硬木都坚而脆，伸缩性小。刨料、凿榫眼、锯榫头的结构制作过程十分讲究“吃线与留线，吃半线与留半线”。榫眼线，朝内面（即榫眼插入口）要留线，朝外面（即榫眼内）略吃线。榫卯必须做得松紧得宜、科学合理，如果榫大眼小，装榫时用力过大则易开裂，榫小眼大则易脱落。

本案例如果不考虑榫线的去留，完全按照模型标准尺寸的理想状态锯切，可能会造成拼装困难。结构制作后的效果如图2-4-126所示。

4. 优化组装与倒角

试拼装前将每根木条用砂纸打磨出斜角，可以丰富产品的细节。按照拼装流程指示图，对垂直框架和水平框架试拼装。

（1）三根成角。

如图2-4-127，木条A和木条B相互卡接，再将木条C卡接到木条B孔位的同时又固定了A和B，这样可形成稳定的三根成角结构。

图2-4-126　木条结构制作

如图2-4-128，一个三根成角完成后继续安装对称方向的三根成角，安装所有的垂直框架木条A。

至此，可以量取两根木条B之间的距离以确定十字交叉木条的长度（图2-4-129）。

（2）优化十字交叉（图2-4-130）。

精确定型阶段十字交叉木条预估长度尺寸约230mm，根据两根木条B之间的距离修剪长度，接着画结构线和精确锯凿，制作两端的榫头和中间的榫孔。

（3）底部框架。

十字交叉完成后，继续拼装底部田字形框架，难点是底部框架的最后一根X轴方向木条。这根木条需要从上往下嵌入Y轴和Z轴框架，但同时又要从下往上承托十字交叉。解决方案是两人配合，一人扶住框架的两边，另一个人将这最后一根木条斜45°卡在榫槽位置，用力往外拉伸的同时将十字交叉的木条向上拉起，最终将最后一根木条推进榫槽内同时十字交叉木条也进入榫槽（图2-4-131）。

（4）顶部框架。

如图2-4-132，按照底部框架的做法继续拼装顶部框架，难点同样是最后一根，两人配合完成整体框架的最终拼装。

5. 产品装饰与功能

将LED电子蜡烛粘到宫灯下方的十字框架中部，将流苏分别系在宫灯下方的四个边角，利用双面胶将绘制完成的绢布一端粘到柱子内侧，环绕一圈，绢布拉紧后将末端粘到柱子上。如果绢布尺寸

图2-4-127　三根成角结构

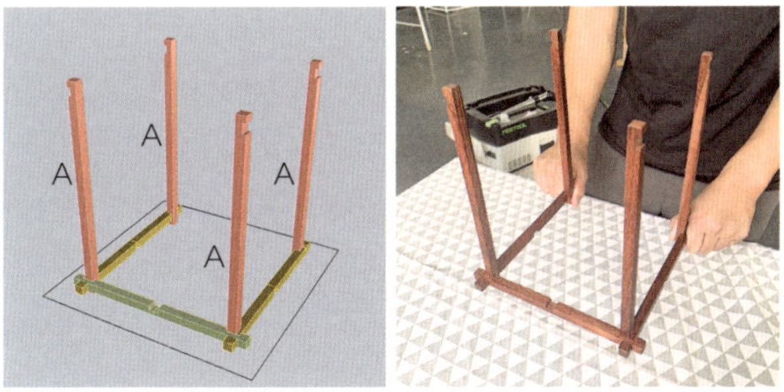

图2-4-128　继续安装

图2-4-129　测量十字交叉木条长度

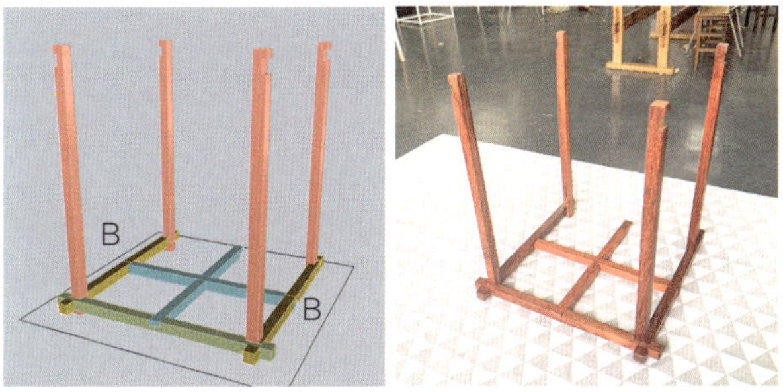

图2-4-130　十字交叉结构

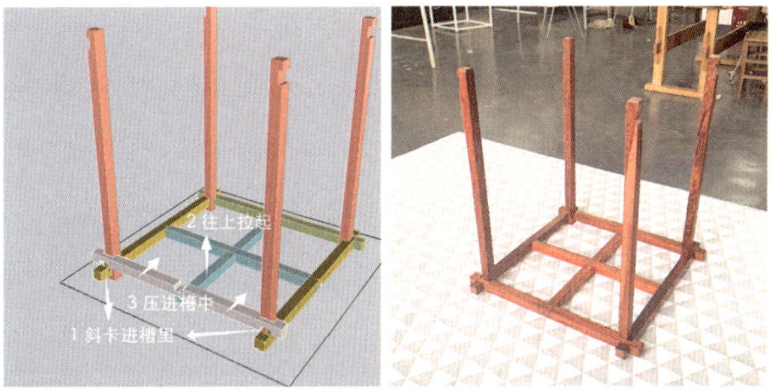

图2-4-131　底部框架最后一根

不够连续粘贴，裁切成4块分别粘贴也是可以的。

最终完成的榫卯宫灯效果如图2-4-133所示。

（二）项目发表

1. 产品设计报告书

产品设计报告书是一份综合设计报告，包含产品设计每个阶段的工作，并将其中的重要内容进行归纳和总结，配合图表阐述产品。产品设计报告书的内容包括文字、图片、图表等，要求图文并茂、简洁明了、完整有序，还应按照产品设计的流程进行排版。

产品设计报告书的内容包括封面、目录、设计进程表、市场调研、分析研究、设计构思、设计深入等部分。

封面：标明设计项目的名称、委托方名称、设计单位名称、时间、地点，封面的视觉设计最好能体现产品设计风格。

目录：按设计项目的流程和时间排列，简洁清晰，并注明页码。

设计进程表：简单易懂，不同阶段的工作可以用不同的色彩标明。

市场调研：围绕企业和竞争对手的现有产品，以及与消费需求相关的社会文化、经济发展、科技进步等因素，综合使用文字、图表、照片等予以表现。

分析研究：对消费市场需求、产品功能、造型美学、结构、材料、使用方式等进行分析，找出产品设计的突破口，提出设计概念，确定设计方向。

设计构思：采用文字、设计草图、计算机辅助设计等多种形式表达，记录初步想法。

设计深入：包括设计构思展开、二维表现、三维表现、人机工程学研究、材质应用分析、表面处理等。

此外，还有确定设计方案、综合评价、展示设计成果版面等内容。

2. 项目发表与评价

学生以小组为单位，进行设计报告发表，由学生、教师、企业导师、目标消费者组成多元评价主体，对照设计报告书质量评价体系进行评价（图2-4-134）。

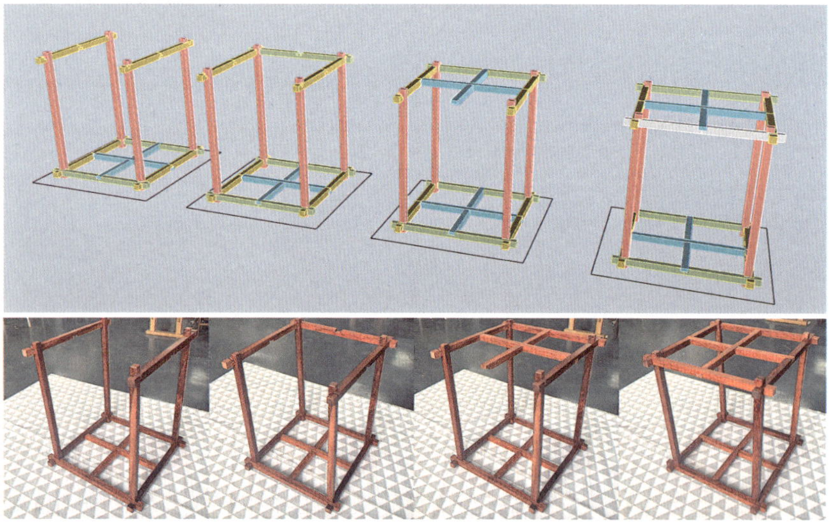

图2-4-132　拼装完成

图2-4-133　榫卯宫灯完成效果图

项目	权重	分值	质量标准					评分
			优秀 （100＞x≥90）	良好 （90＞x≥80）	中等 （80＞x≥70）	及格 （70＞x≥60）	不及格 （x＜60）	
课题调研与文献综述	0.25	100	熟悉本课题现有研究水平，文献综述全面。	对本课题现有研究水平较熟悉，文献综述较全面。	基本掌握本课题现有研究水平，能认真引用文献资料。	对本课题现有研究水平基本了解，文献综述不足。	对本课题现有研究水平不了解，文献综述不符合要求。	
设计实践与理论分析	0.30	100	作品质量高，理论分析有较高学术水平。	作品质量较高，理论分析有一定学术水平。	作品质量良好，理论分析有自己的观点，但学术水平较低。	作品质量一般，理论分析缺乏自己的观点，学术水平低。	作品质量差，理论分析存在严重错误。	
论证能力	0.25	100	能熟练运用基本理论，观点正确，论述清晰缜密。	能较熟练运用基本理论，观点正确，论述清晰。	能较熟练运用基本理论，观点基本正确，论述较清晰，	专业基础理论运用能力不足，观点基本正确，论述不够清晰。	观点错误，资料准备不足，思路混乱。	
文字表述	0.20	100	内容丰富，表达准确流畅，无病句存在。	内容丰富，表达通顺。	内容翔实，表达较通顺，病句较少。	内容不够丰富，表达欠通顺，病句较少。	内容空洞，文字表达混乱，文理不通。	

图2-4-134　设计报告书质量评价体系

六、任务拓展：完成榫卯结构文创产品再设计方案，上传于社交平台

（1）任务实践：完成榫卯结构的文创产品再设计方案，于社交平台发布作品制作过程和成果照片，收集目标人群反馈和社会评价。

（2）完成任务测验。

七、任务评价：《设计报告书质量评价体系》《榫卯结构在文创产品中的应用与制作-学习评价表》

根据《榫卯结构在文创产品中的应用与制作-学习评价表》，展开小组互评、教师评价和企业评价。

模块三

机械木作

项目五　机械工具与木质玩具　097

任务一　认识机械工具　098

任务二　使用机械工具　107

任务三　技术实践：如何加工一块方正的木板　118

任务四　设计基础：技术图纸　123

任务五　设计实践：木质玩具设计　130

任务六　应用实践：木质玩具制作工艺与流程　138

项目六　机械工具与木旋技艺　144

任务一　木旋机械与工具　145

任务二　案例实践：木旋技艺与陀螺　151

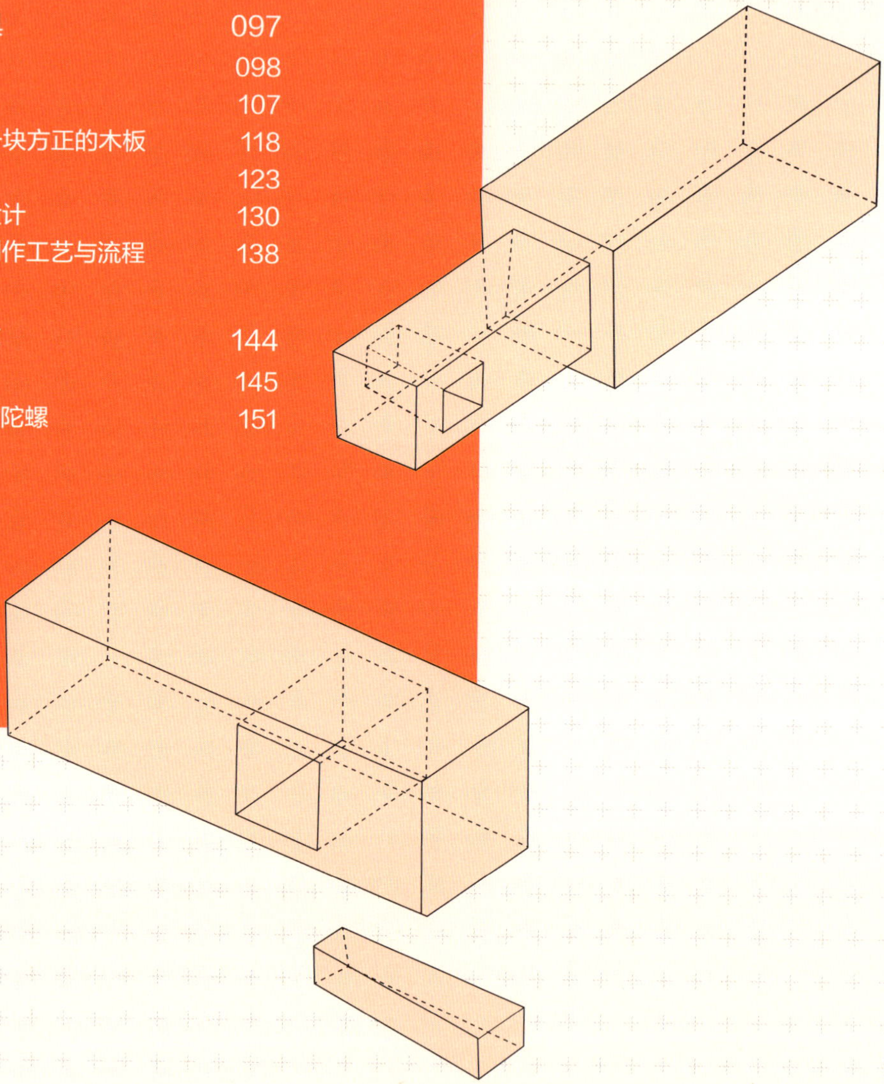

5 PROJECT

项目五

机械工具与木质玩具

本项目将介绍机械木工工具的安全操作规范和使用方法，理解如何加工一块方正木板。以此为基础，结合技术图纸的知识讲授，进行木质玩具设计与制作，了解并掌握具有拼装结构的木艺玩具制作工艺与流程。

学习目标

1. 知识目标

（1）熟悉常用机械木工工具的安全操作规范和使用方法。

（2）理解加工一块方正木板的工艺流程。

（3）理解一点透视、两点透视、三视图的概念和应用。

（4）了解木质玩具的发展历史、主题分类、造型特征和主要设计方法。

2. 能力目标

（1）能安全、正确操作使用常用机械木工工具，包括锯、刨、铣、磨、钻、车等。

（2）能综合利用机械木工工具加工一块方正的木板。

（3）能够根据主题进行木质玩具设计，并以技术图纸的方式表现，熟练绘制一点透视图、两点透视图和三视图。

（4）能综合利用机械木工工具，通过画线开料、精确定型、榫卯连接、打磨、表面处理等工艺手法，制作具有拼装结构的木艺玩具产品。

3. 素质目标

（1）树立牢固的安全意识，提升劳动品德和人文素养。

（2）形成良好的审美观和创新设计能力。

（3）提升团结协作精神和沟通协调能力。

4. 思政目标

中华文化身份的认同和当代表达，传承民族文化、弘扬民族精神。

任务设计

任务一	认识机械工具	课时	2
任务内容	认知常用机械工具的分类和特性		
任务要求	1. 熟悉常用木作机械工具分类 2. 了解、观察、熟记不同类别机械工具的具体特性		
任务二	使用机械工具	课时	4
任务内容	常用机械工具安全操作规范和使用方法		
任务要求	1. 掌握锯、刨、铣、磨、钻、车机械工具安全操作方法 2. 针对带锯、台锯、型材切割锯、圆锯、台刨、铣机、振动打磨机、多米诺榫机，进行典型操作，解决实际问题		

续表

任务三	技术实践：如何加工一块方正的木板	课时	4
任务内容	精确开料		
任务要求	1. 理解方正木板的含义 2. 使用带锯将木料锯切到与目标尺寸近似的大小 3. 综合利用机械木工工具，通过定厚度、定宽度、定长度“三步走”，加工一块方正的木板，实现精确开料		
任务四	设计基础：技术图纸	课时	2
任务内容	效果图绘制与三视图绘制		
任务要求	1. 一点透视效果图绘制 2. 两点透视效果图绘制 3. 三视图绘制		
任务五	设计实践：木质玩具设计	课时	8
任务内容	主题木质玩具设计		
任务要求	1. 了解玩具设计的概念范畴、功能、造型、材质特征 2. 理解玩具设计的原则和方法，能举例论证 3. 以“我和玩具的故事”为主题，进行木质玩具设计，绘制效果图和三视图 4. 进行玩具连接结构设计，绘制结构图		
任务六	应用实践：木质玩具制作工艺与流程	课时	8
任务内容	主题木质玩具制作		
任务要求	1. 综合利用机械木工工具，通过画线开料、精确定型、榫卯连接、打磨、表面处理等工艺，制作儿童木马玩具 2. 熟能生巧，以儿童木马为例，举一反三，制作主题木质玩具		

任务一　认识机械工具

一、任务目标：了解、观察六大类别机械工具的具体特性

1. 知识目标

（1）熟记并背诵木工实训室安全操作要点。

（2）了解、观察、熟记锯、刨、铣、磨、钻、车六大类机械工具的具体特性。

2. 能力目标

（1）能安全、正确操作使用常用机械工具。

（2）会正确清洁、保养机械工具。

3. 素质目标

（1）树立牢固的安全意识，提升劳动品德和人文素养。

（2）培养敬业、精益、专注、创新的工匠精神和职业素质。

二、重点难点：熟记常用机械工具的安全操作规范

1. 重点

正确安全操作常用机械木工工具。

2. 难点

熟能生巧，针对具体的情形选择合适的机械工具，解决实际问题。

三、任务导入：观看木材机械加工视频

（1）领取学习任务单，阅读学习指南，预习任

务中涉及的概念。

（2）观看与木材机械加工相关的微课视频，思考、列出运用了哪些工具。

学习任务单

一、开课任务

认识和使用机械工具
1. 认识常用手工工具
2. 使用手工工具注意事项

二、学习情境

本任务开始，进入专业机械工具的学习，熟悉常用机械木工工具的安全操作规范和使用方法，包括锯、刨、铣、磨、钻、车等。通过机械工具的使用，可以进一步扩大木艺产品制作的能力范畴，简化开料难度，提升作品层次

三、学习指南

1. 完成前续课程的项目测验和评价反馈
2. 观看与木材机械加工相关的微课视频，思考、列出运用了哪些工具
3. 按课程任务要求分成小组，团结协作推进任务完成
4. 背诵机械工具注意事项
5. 下载机械工具数字模型，观察拆解其结构并复原

四、相关概念

1. 机械工具注意事项
2. 常用机械工具（锯、刨、铣、磨、钻、车）的技术原理与特性
3. 中国木工机械的发展与未来

五、任务规范

1. 分组时考虑组员不同性格、不同技能特长的互补，对任务的完成推进有益处
2. 电动工具危险性更高，请严格遵循说明书操作，任何时候都要把安全摆在首位
3. 有老师在场的情况下才能使用机械工具，严禁学生独立使用
4. 注意课前、课中、课后学习表现，关乎职业素养与专业学习评价
5. 任务测验成绩将计入课程成绩

四、任务准备：机械工具注意事项，认识常用机械工具，中国木工机械的发展与未来

（一）机械工具注意事项

系统掌握木工技艺的一个很好的方法是先学会手工制作接合部件，以及刨平刨光木材，当自己的手工技能达到一定的专业熟练度后，就可以选择部分机器来替代手工工作，这样既不影响工作质量又大大节约时间。

所有的电动机械工具都是很危险的，请严格进行个人安全防护，严格遵循说明书的指示规范操作，任何时候都要把安全摆在首位。

1. 手持电动工具

尽管手持电动工具相对来说体量较小，但其常处于高速运动状态，使用不当会导致相当大的伤害。表3-5-1概括并列出了各种手持电动工具与其潜在危险以及可采取的防范措施。

表3-5-1 手持电动工具潜在危险与防范措施

序号	工具名称	潜在危险	防范措施
1	曲线锯	切伤	• 参考常规防护措施
2	修边机	铣刀破损 割伤 碎片飞溅 工具弹跳	• 正确使用，并设置正确转速 • 正确固定工件，严禁手持 • 当铣刀与工件接触时切勿启动 • 朝着正确方向使用修边机 • 正确安装铣刀
3	手持打磨机	呼吸道伤害	• 佩戴个人防护装备
4	电钻	割伤	• 正确固定工件，严禁手持
5	开榫机	切伤、割伤	• 参考常规防护措施

2. 大型机械工具

大型机械具有较大的危险性，所以在操作时必须谨慎对待，正确控制工件（表3-5-2）。

- 严禁戴手套，以防被卷入机器中。
- 推送工件时使用推杆。
- 必须使用靠山或安全罩等保护装置。
- 正确设置机器，特别是锯片的速度、高度、角度等。
- 不能站在工件可能回弹的位置。
- 穿着合身衣物，不要佩戴首饰，将长发盘起。

表3-5-2　大型机械工具潜在危险与防范措施

序号	工具名称	潜在危险	防范措施
1	带锯	切伤	• 参考常规防护措施
2	台锯	工件反弹	• 切割大件时，两人合作，保持切面分离，防止夹锯
3	型材切割锯	工件反弹	• 正确固定工件，严禁手持 • 严禁左右同时固定，防止夹锯
4	平刨与压刨	工件反弹 卷入机器	• 确定进料台面调整正确 • 严禁手放入压刨进料区
5	铣机	割伤 工件抛飞	• 确认刀片、防护罩、靠山安装在正确位置 • 切割大尺寸时多次分小尺寸切割
6	砂带打磨机	擦伤	• 参考常规防护措施
7	台钻	切伤、割伤	• 参考常规防护措施
8	车床	工件反弹 卷入机器	• 戴好配套保护面罩或头盔

（二）认识常用机械工具

在木艺制作过程中我们常用的机械工具主要有锯、刨、铣、磨、钻、车这六大类，每一类中又有品类繁多的各种机械。

1. 锯

（1）台锯（图3-5-1）。

台锯是最重要的锯类机械工具之一，由切割台面和突出台面的锯片组成，也是木工实训室里负荷最重的工具之一。利用它，能对木材进行基本的直切、横切和斜切（图3-5-2），也能用它开槽制作一些简单的结构。台锯的型号根据锯片的不同而不同，标准锯片的直径为250～450mm，锯片直径越大，切割厚度越大。

现代台锯主要由铸铁工艺或铝合金制造，基本组成包括一个用来引导工件的侧靠山和可升降倾斜的锯片。推台锯可用于大块板材的切割，外形设计与台锯相似，但是有一个可以滑动的台面用于长料、大料的切割（图3-5-3）。

台锯的锯片有不同规格（图3-5-4）。常用

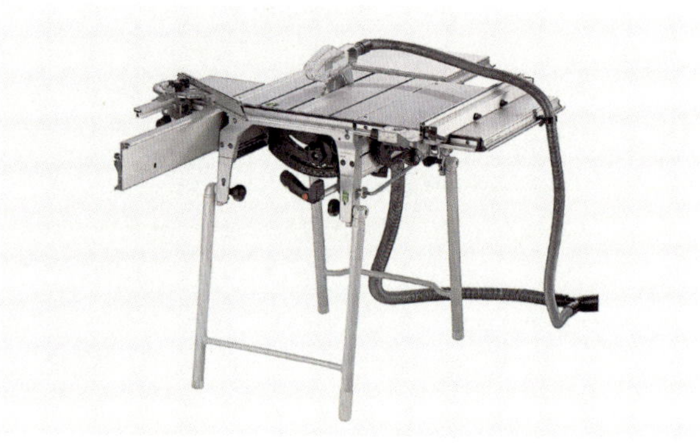

图3-5-1　台锯

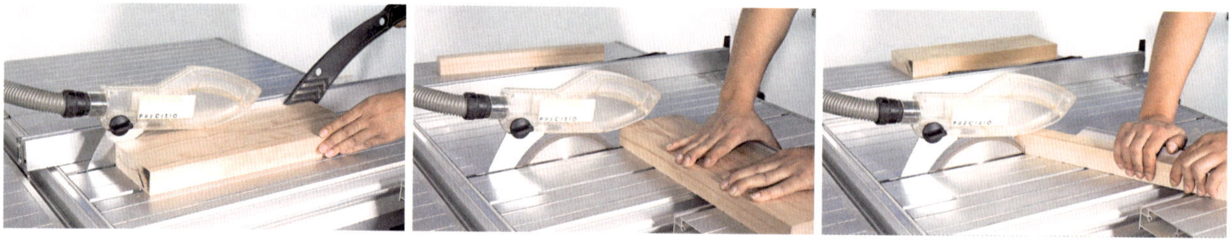

图3-5-2　台锯直切、台锯横切、台锯斜切

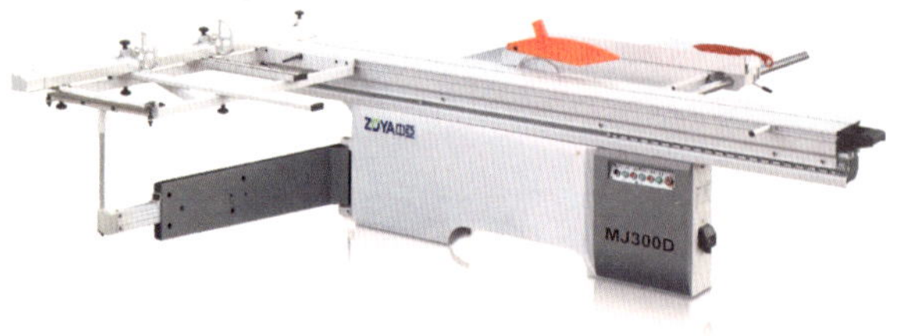

图3-5-3　推台锯

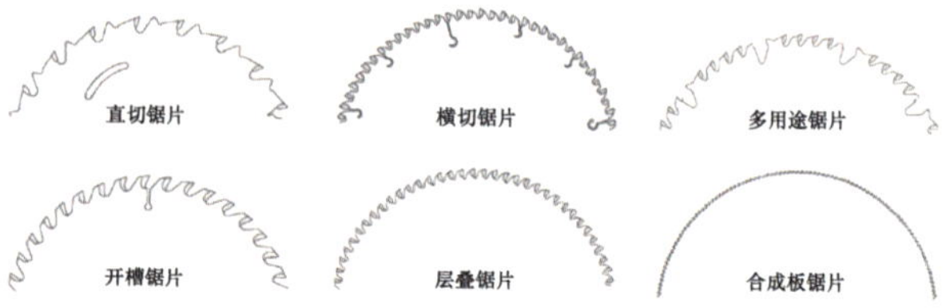

图3-5-4　台锯锯片

切割可选用通用锯片，通用锯片结合了直切和横切锯齿的特点，能够胜任两种工作。锯片要经常清理和打磨，以保证切割的效率。手持或拆除锯片时要非常小心，锯齿大多由碳化钨合金制成，易碎。

（2）型材切割锯（图3-5-5）。

型材切割锯是非常有价值的锯类机械。它的锯片通过轴连接在带槽的台面上，高性能切割锯的锯片主机还能够在导轨上前后滑动，使锯切的范围更大。

型材切割锯精确调整后，可以轻松对条状木材和小尺寸板状木材进行切割，还可以在小尺寸木板上切割出方正或有斜角的末端（图3-5-6）。

型材切割锯建议配合两侧延长台面使用，支撑长尺寸木料。操作过程中，要将木料牢牢顶住靠山，任意一侧夹具固定木料，不可两边同时固定（图3-5-7）。不能切割长度小于固定装置的木料，因为它们不能被夹具固定，手持操作风险极大。

（3）带锯（图3-5-8）。

带锯是一种简单实用的切割机械，使用友好且相对安全。

带锯以立式为主，动力强，稳定，是进行重型直切的理想工具。与一般的机械锯类使用圆锯片不同，它使用的是带状锯条，可以完成很多台锯无法完成的任务。比如可以将较厚的木料粗锯成板料（图3-5-9），可以切割曲线（图3-5-10）或完成一些较深的直切。需要注意的是，带锯所完成的工作都是粗加工，要想得到平整精细的表面，还需要进一步处理。

带锯的结构原理是一个连续的带状锯条，被绷紧在两个轮子上，其中一个轮子由电机驱动（图3-5-11）。锯条穿过上部和下部的导向装置，导向装置由两侧的轴承和后面的轴承共同构成，上部的导向装置还装有锯片护罩。带锯的台面可以倾斜做带角度的切割，倾斜角度可以达到甚至超过45°。

带锯分类的依据是轮子的直径。带锯两个轮子的直径决定了切割锯片到带锯主体的水平距离。另一个重要的尺寸是“开口”的最大高度，它取决于锯条保护装置能从台面抬起多高。

带锯的锯条有不同型号，可以根据宽度、单位长度内锯齿数和锯齿形状来区分。

①宽度：锯条越细，能够切割的曲线半径越小；锯条越宽，越适合切割大弧线或直线。

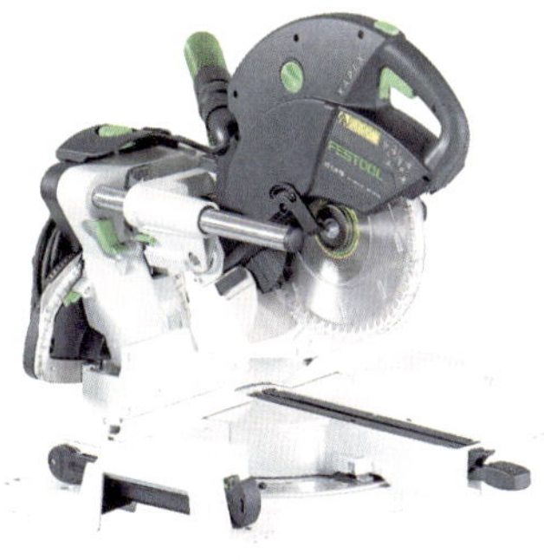

图3-5-5 型材切割锯

图3-5-6 斜角切割

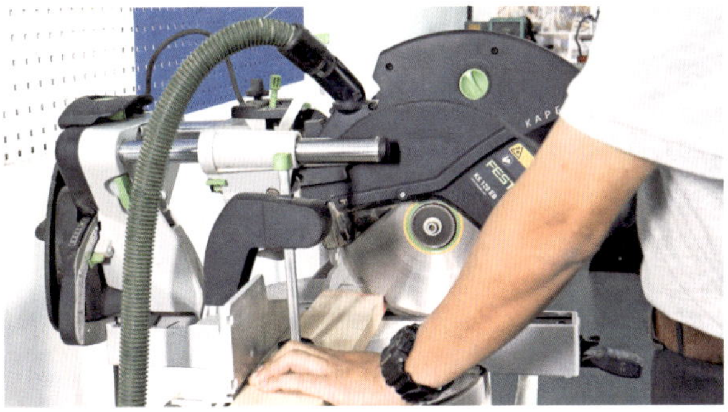

图3-5-7 使用型材切割锯

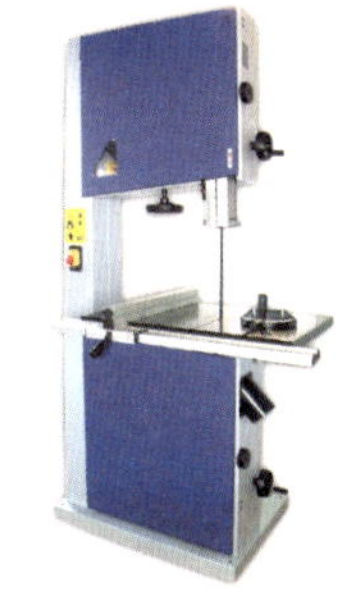

图3-5-8 带锯

图3-5-9 带锯粗锯厚料

图3-5-10 带锯切割曲线

②单位长度内锯齿数：锯片齿数越少，越适合切割厚板材，因为它们更强劲，较少的锯齿不易摩擦生热，能够更有效地将粉尘从锯路中带出；锯片齿数越多，切割速度就越慢，切出的表面也越光滑。

③锯齿形状：钩型齿和跳齿。钩型齿强劲，切口较宽，适合切割硬木。跳齿有更大的齿槽，便于清除木屑，适合切割软木。

（4）电圆锯（图3-5-12）。

电圆锯的锯片连接在一个电机的转子上，可以通过调节圆锯的底板来调整不同的切割深度，也可以使之倾斜进行斜切。

电圆锯主要有两种：一种电圆锯的底盘需要在使用前进行设置并固定，这种圆锯需要从木料的边缘开始推切（图3-5-13）。第二种电圆锯有一个可调节的底盘，使用时，当锯片下降至预设的深度，底盘便会自动停住。这种电圆锯主要用于推台切割。

（5）曲线锯（图3-5-14）。

顾名思义，曲线锯可以切割直线和曲线。相比其他手持电锯，曲线锯的速度比较慢，但非常适合用来切板或切割较薄的木料。

曲线锯可以顺着画线进行徒手切割（图3-5-15），也可以使用靠山，进行标准宽度的裁板，或者可以使用导轨固定在工件上进行操作。曲线锯还非常适合从工件中间开始切割，例如在橱柜上开口安装水槽。

曲线锯的锯片运动方式为上下高频移动，会有一个上下振动的轨道，这个切割的冲程运动同时也能将切制时产生的木屑清理出去。

曲线锯锯片的可选择范围较广（图3-5-16），有些锯片能完成快速切割，还有一些主要用于曲线切割。曲线锯的锯片通常设计成一次性使用，需要经常更换，因为这种极短的锯片在使用的过程中很快就会变钝。

2. 刨

制作家具和木料接合时对木料的平整度有严格的要求，平刨和压刨能制作出平整和方正的木料截面。平刨用来光顺木料的面或边，而压刨则将木料刨至标准的厚度或宽度。

（1）平刨（图3-5-17）。

平刨用于把一个面刨平，或者加工一个平整且垂直于一个面的侧面。它由进料台面、出料台面、

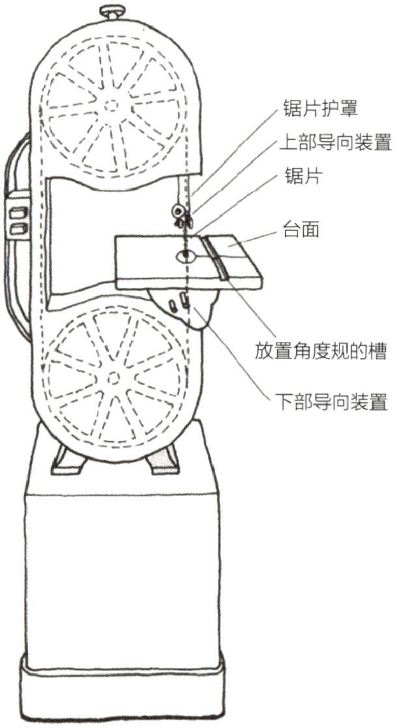

图3-5-11　带锯结构

图3-5-12　电圆锯

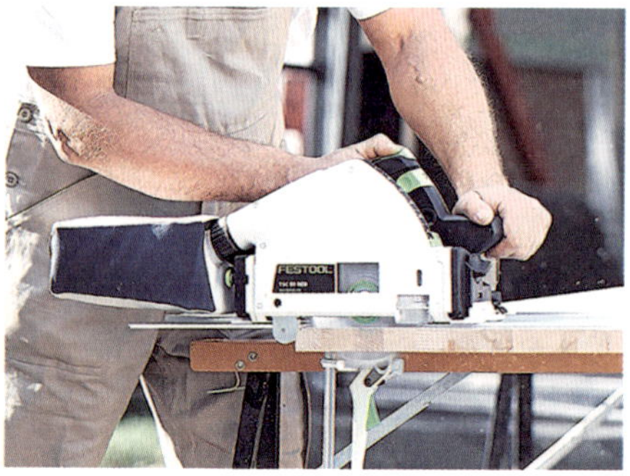

图3-5-13　使用电圆锯

横置的高速圆柱形切割刀头、靠山、电机和刀片护罩组成。切割头通常装有三排平行的金属刀片。平刨可以根据刀片的宽度分类，刀片宽度决定了所加工木板的宽度。

平刨的出料台面设置在刀片旋转时最高点的切线上，固定不可调节。进料台面设置要低一点，进料台面和出料台面的高度差决定刨削的深度（图3-5-18）。使用平刨时，应尽可能地顺着纹理刨削，建议单次刨削深度不超过1mm。

在对生产质量的控制上，平刨可能是木工工作室里要求最苛刻的机器。不但进料台面和出料台面要加工得非常平整，起伏不超过0.03mm，而且它们必须绝对平行。如果进料台面或出料台面向上倾斜，或者互相错位不平行，那么刨削出来的木板就会有凸面。

（2）压刨（图3-5-19）。

压刨是能让木板的一个面平行于另一个面的工具。压刨的切割刀头被置于台面上方，当木料通过时，压刨的进料滚轮、出料滚轮和压力棒会把木板向下压在台面上，木板从刀头和台面之间穿过去（图3-5-20）。

要用压刨加工出又平又直的木料，唯一的方法是进料的木板本身就有一面是平的，让这一平面朝下贴在台面上。如果木板是杯形或者弓形的，通过刀片会变成一块厚度均匀的杯形或者弓形木板。

压刨的切割刀头跟平刨的切割刀头类似，有三排笔直且可高速旋转的金属刀片。设置刨削厚度建议每次不超过1mm。

（3）平压刨一体机（图3-5-21）。

为了节省空间，一种被称为平压刨一体机的组合机器被开发出来。上部作为平刨使用，下部作为压刨使用。这种平刨和压刨之间的转变过程非常方便。

当平刨工作台放平，我们可以使用到它上部的平刨功能，用来加工木材初始表面，使其平整。上部的平刨平台包含进料台面和出料台面，有一个护罩覆盖住刀轴，通过调节护罩来控制刨削木料的宽度和厚度，其靠山也可以前后调整以适应工件的要求。

当把平刨台板竖立，我们还能使用这台机器的压刨功能（图3-5-22），压刨功能是通过一个已经

图3-5-14　曲线锯

图3-5-15　曲线切割

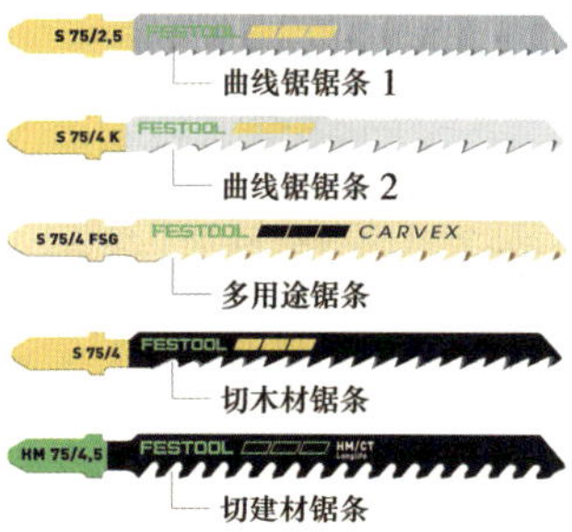

图3-5-16　曲线锯锯片

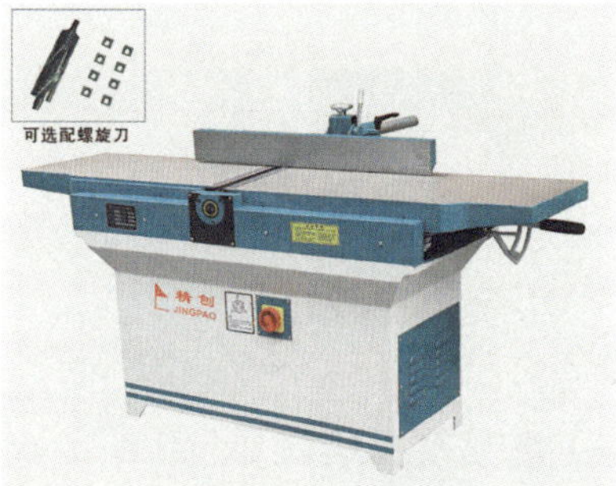

图3-5-17　平刨

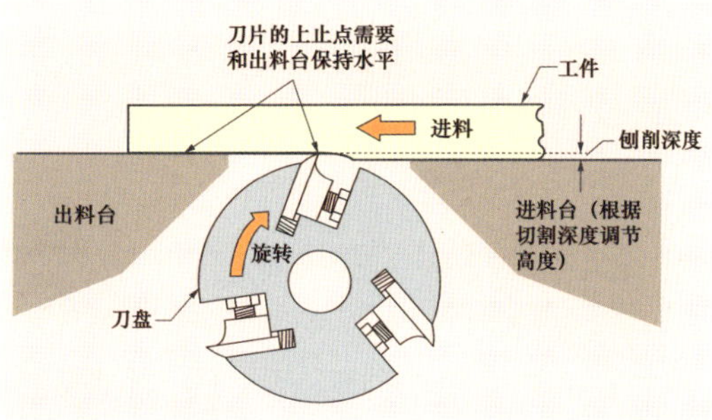

图3-5-18　平刨结构原理

图3-5-19　压刨

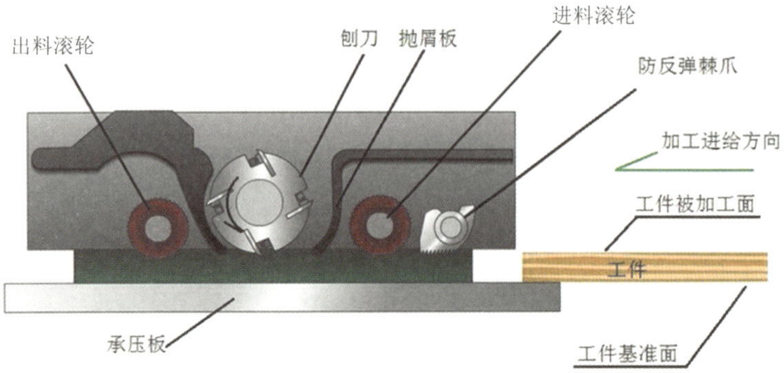

图3-5-20　压刨结构原理

图3-5-21　平压刨一体机

找平的基准面刨削平整与它平行的对象平面，通过调节设备，能限定木材的最终厚度。

3. 铣

（1）手持式电木铣。

手持式电木铣有一个带动铣刀高速旋转的手持式电机，调节铣刀进给量，适合用来修边、修平、制作榫眼或铣槽（图3-5-23、图3-5-24）。铣刀造型繁多，使得电木铣可以快速制作出复杂的接合（图3-5-25）。

电木铣转速高达20000~26000r/min。电机装在一个基座上，可以通过调整改变切割深度。电木铣分为固定转速和可调速两种，可调速的电木铣噪声低，且更实用。

（2）倒装台式电木铣（图3-5-26）。

电木铣不仅可以手持，还可以安装在倒装台上进行倒装工作。电木铣倒装台包含一个侧面的靠山、一个滑动的进给推台、一个用于固定电木铣刀口朝上倒装在工作台下的固定装置、一个使铣刀露出工作台表面的开孔。

与手持式电木铣在工件上移动不同，使用倒装台式电木铣需要把工件送入铣刀进行铣削。倒装台的意义在于能够更好地控制铣削，因为双手都可以用于控制工件的进料，铣刀的刀口和刀路也清晰可见。

4. 磨

（1）手持振动打磨机（图3-5-27）。

手持振动打磨机可用于大面积的打磨工作，磨垫可以在高速转动下做偏心圆轨迹运动。所以手持振动打磨机能够在任何木纹方向上打磨，但会在工件上留下轻微的椭圆打磨痕迹。为了将这个痕迹降到最低，在普通打磨机的基础上开发了随机轨道磨光机。它的磨垫在打磨时做出随机的轨迹运动，这种不规则的运动使得完工后的工件更加整洁漂亮。

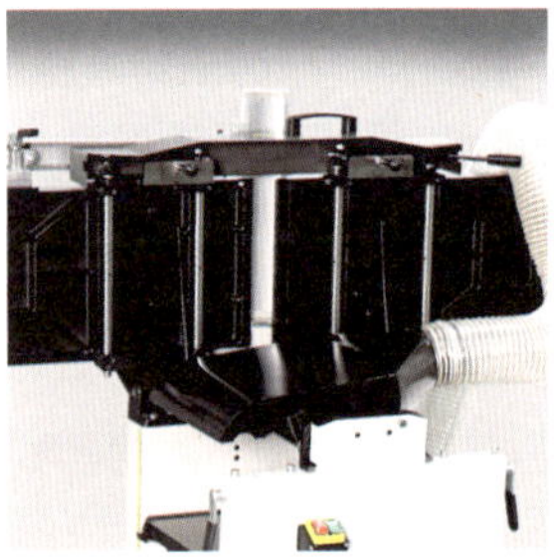

图3-5-22　具有压刨功能的平压刨一体机

图3-5-23　手持式电木铣

图3-5-24　使用手持式电木铣

图3-5-25　铣刀

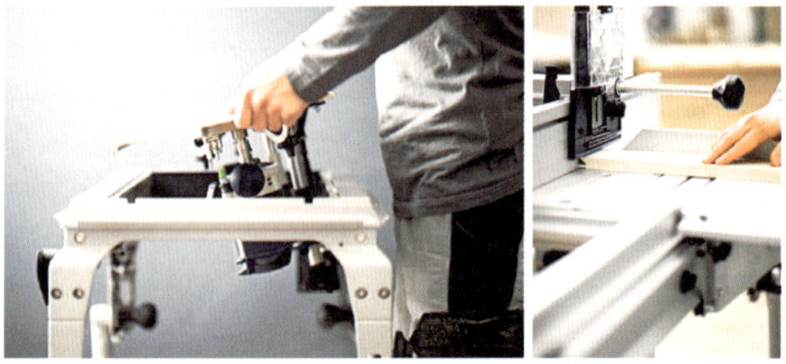

图3-5-26　倒装台式电木铣

（2）砂纸（图3-5-28）。

磨机的砂纸需经常更换。将旧砂纸从磨垫上撕下，将配套尺寸的新砂纸安装到磨垫上，确保砂纸的各个孔都与集尘用的孔洞对齐。

（3）砂带机（图3-5-29）。

砂带机由两个滚轴带动砂纸转动进行打磨，通过高速运动的砂纸，将木材的表面打磨平整。砂带机打磨的速度非常快，使用时一定要非常小心。砂带机的砂纸也有不同的规格可供选择，更换砂带时，要检查砂带与滚轮是否对齐。

（4）轴砂光机（图3-5-30）。

轴砂光机是用来打磨曲面或其他形状的理想工具，同时也能用来磨平复杂的表面，例如木料的凹面内侧。轴砂光机使用可替换的转轴，根据工件的大小替换不同的型号，有一些轴砂光机的中轴是可以垂直上下摆动的。为了使打磨表面与整个轴磨面接触，打磨时要不断移动工件，防止某个点被过度打磨。

5. 钻

（1）台钻（图3-5-31）。

台钻是钻孔的好帮手，配合不同尺寸的钻头，可以在木材表面垂直、连续钻出大小各异的孔洞，且钻孔深度可以控制。

台钻有个可移动的钻柱，用于安装不同尺寸的钻头（图3-5-32）。转速的调节根据所钻材料的材质和孔的直径来决定。通常，钻金属比钻木头的转速要低，钻大孔比钻小孔的转速要低。有些台钻的调速装置非常简单，比如转一下操作手柄，有些台钻则要求手动将驱动带移到不同的滑轮上来改变转速。

目前的台钻分为小型的台式和大型的立式，两种型号都应该用螺栓在底部固定，因为头重脚轻的设计使得台钻的重心偏高，易导致操作不稳定。

（2）手电钻。

手电钻是用于拧螺丝及钻孔的基本工具，分为插电源式与电池式（图3-5-33）。钻头的种类非常多，最为常见的有麻花钻头和平翼钻头。

现代手电钻的特点是可以调节不同的转速，并且其夹头的大小可以调整到直径10mm甚至更大。随着电池效能不断提高，电池手电钻因其便携性更受欢迎。电池的型号和强度决定了电机的速度，高效能的电池使得手电钻的转速更快、扭矩更大。

（3）多米诺榫连接系统（图3-5-34）。

多米诺榫连接系统包含多米诺榫机、榫片、刀

图3-5-27　手持振动打磨机

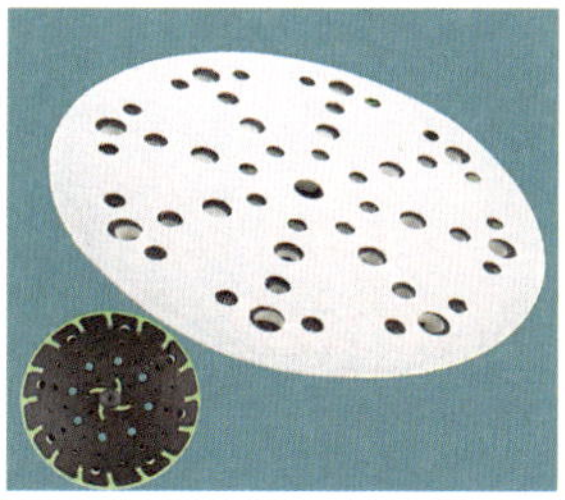

图3-5-28　磨垫和砂纸

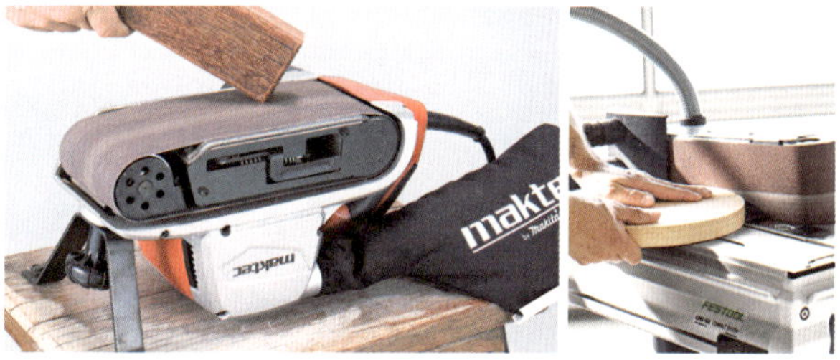

图3-5-29　砂带机

图3-5-30　轴砂光机

图3-5-31　台钻

图3-5-32　钻柱

图3-5-33　手电钻更换电池

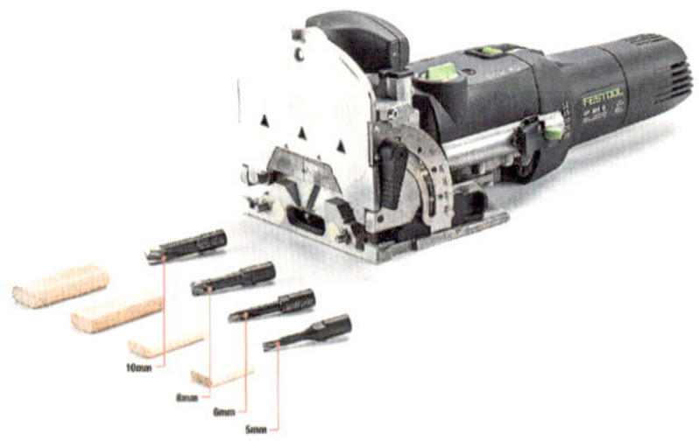

图3-5-34　多米诺榫连接系统

图3-5-35　使用多米诺榫机制作榫孔

头和配套的集尘设备。榫机的工作原理是刀头在高速旋转的同时还可以左右摇摆，这样就可以方便、高效地制作出榫眼，插入对应的榫片，把两个木料部件相连（图3-5-35）。刀头可以设置成需要的深度和宽度，挡板可以用来调节角度。另外还有一批附件用来切割相对复杂的形状或切出一系列的槽口。

6. 车

车即车床，也被称为“旋床”，是加工圆形或圆柱形物件最有效的工具。车床能够使木料在一定速度下围绕一个中心点旋转，操作者使用车刀或砂纸对工件进行匀速的车削或打磨，最终获得理想的造型。车床上装有各种不同的金属工具和研磨头，可以通过旋转木料为其塑形。车床比较重要的部件有床身、床头箱、尾架、刀架和电机。

车床能完成两种不同类型的工作：主轴车削和卡盘车削。主轴车削可以用来制作椅子的横挡、桌腿、床柱、楼梯栏杆等长柱形态，卡盘车削可以用来制作碗、盘子、花瓶等内凹形态。

（三）中国木工机械的发展与未来

我国是家具生产、消费和出口大国，木工机械作为家具行业的基本产业，在发展了数十年后，取得喜人成绩。从原始的手工业到如今先进的数控技术，一路走来颇为不易，木工机械的发展现状和未来走势值得我们关注和探讨。

1. 设备的专业分工更加明细

木工机械生产正由大而全向专业化发展，木工机械分工更加明确，各领域的竞争加剧，同时也让家具生产的各个环节更加专业化、深入化。

2. 由设备输出转向整体方案输出

如今单一的设备输出已无法满足企业的生产需要，从前端到后端的整厂规划，从设备孤岛到生产线的布局，才是未来木工机械品牌的核心竞争力。各类新型木工机械的开发，家具生产的智能化、无人化，纷纷走上木工机械舞台。

3. 家具定制化需要设备柔性化

近些年木工机械产品的迅速变化，也反衬出木工机械需要更加灵活与柔性，以适应家具定制化生产的需要。一个设备或一条生产线能否拥有更加灵活、更加多元的表现，将会愈发重要。

4. 智能化与数控化是必然趋势

随着信息技术与制作技术的深度融合，智能制造是木工机械发展的必然趋势，主要表现为：生产过程的工件不落地、生产数据的动态传输、机器自动识别、自主调用加工技术实施加工、自动分拣和包装等。

五、任务拓展：利用Sketch up软件观察、拆解工具模型

（1）用Sketch up软件打开费斯托工具模型，旋转观察，拆解分析，认识工具的结构和功能。

（2）完成任务测验。

费斯托工具模型

六、任务评价：《认识机械工具-学习评价表》

根据《认识机械工具-学习评价表》，展开任务的小组互评、教师评价。

任务二 使用机械工具

一、任务目标：正确安全使用机械工具

1. 知识目标

（1）熟记并背诵木工实训室安全操作要点。

（2）熟悉锯、刨、铣、磨、钻、车六大类机械工具的安全操作方法。

2. 能力目标

（1）能安全、正确操作使用常用机械工具。

（2）运用带锯、台锯、型材切割锯、圆锯、台刨、振动打磨机，进行典型操作，解决实际问题。

3. 素质目标

（1）树立牢固的安全意识，提升劳动品德和人文素养。

（2）培养敬业、精益、专注、创新的工匠精神和职业素质。

二、重点难点：选择使用合适的机械工具解决实际问题

1. 重点

正确安全操作常用机械木工工具。

2. 难点

熟能生巧，针对具体的情形选择适合的机械工具，解决实际问题。

三、任务导入：观看机械工具相关视频、默写特性

1. 领取学习任务单，阅读学习指南，预习任务中涉及的概念。

2. 观看机械工具相关视频，复习默写其特性关键词。

学习任务单

一、开课任务
使用机械工具 1. 使用机械工具：锯、刨、铣、磨、钻、车 2. 使用机械工具任务记录单
二、学习情境
前面我们了解了榫卯结构的概念内涵，制作了难度不一的鲁班锁，形成了榫卯结构的创新方案设计，并分类认识了常用机械工具的品类和特性，熟悉常用机械木工工具的安全操作规范和使用方法，包括：锯、刨、铣、磨、钻、车等。通过机械工具的使用，可以进一步扩大木艺产品制作的能力范畴，简化开料难度，提升作品层次。现在我们进入任务实施的过程，跟随任务目标，正确、安全地操作工具，解决典型的实际问题并做好任务记录
三、学习指南
1. 复习前课内容并完成前续课程的任务测验 2. 观看机械工具相关视频，复习默写其特性关键词 3. 按课程任务要求分成小组，团结协作推进任务完成 4. 跟随任务目标，安全正确操作锯、刨、磨、钻等机械工具 5. 小组成员之间互相观摩，做好任务记录单 6. 对得分低的任务点进行思考，采取改进措施
四、相关概念
1. 锯（台锯、型材切割锯、带锯、电圆锯）的使用方法和安全提示 2. 刨（平刨与压刨）的使用方法和安全提示 3. 磨（振动打磨机）的使用方法和安全提示 4. 钻（台钻）的使用方法和安全提示 铣机由于危险性太大，不作为任务要求。车床在后续任务中再详细讲解
五、任务规范
1. 分组时考虑组员不同性格、不同技能特长的互补，对任务的完成推进有益处 2. 电动工具危险性更高，请严格遵循说明书的操作，任何时候都要把安全摆在首位 3. 有老师在场的情况下才能使用机械工具，严禁学生独立使用 4. 注意课前、课中、课后学习表现，关乎职业素养与专业学习评价 5. 任务测验成绩将计入课程成绩

四、任务实施：使用机械工具

（一）使用机械工具

1. 台锯

以费斯托CS-70型号台锯为例（图3-5-36）。

一般台锯的主要部件有：锯机主体、主工作台面、纵向靠山和横向靠山，图3-5-37所示这台台锯还配有延长台面、加宽台面、助推台面和集尘系统。

任务目标1：安全检查。

在进行操作之前，必须进行安全检查，这里主要包括设备检查和操作人自我检查。

（1）设备检查。

①设备断电，关闭电源。

②双手交替轻轻抽拉电源线，检查绝缘层是否有破损。如果发现破损应立即停用，更换电源线。抽拉电源线用力要轻，以防对电线内芯造成损伤。

③检查锯机主体和工作台面间的紧固度。

（2）人身安全检查。

佩戴好安全装备，包括护目镜、耳塞、口罩，一定不能戴手套，以防被卷入机器中。

任务目标2：利用台锯纵向靠山，锯切60mm宽度的木料（图3-5-38）。

（1）主机电源断电。

（2）调试台锯和靠山位置。

①调整升降转轮，使锯片高度高于备切木料一个锯齿（图3-5-39）。

②松开纵向靠山上的锁紧机构，移动纵向靠山，对齐工作台面上的60mm刻度位置（图3-5-40）。

③锁紧微调锁扣，用尺子垂直测量锯齿最宽处到靠山的位置，尺子要与靠山垂直（图3-5-41）。如果有误差，旋动微调旋钮（图3-5-42），直至尺寸精准。

④锁紧靠山主锁与靠山前后爪锁扣（图3-5-43）。

（3）锯切木料。

①确保工作台面没有杂物，放下吸尘罩，开启电源（图3-5-44）。

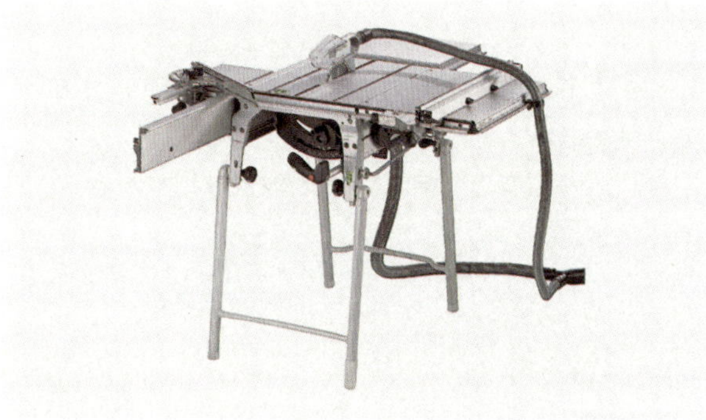

图3-5-36　费斯托CS-70型号台锯

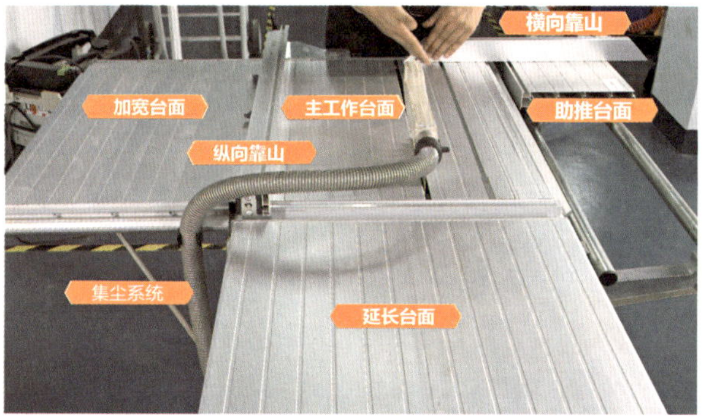

图3-5-37　台锯主要部件

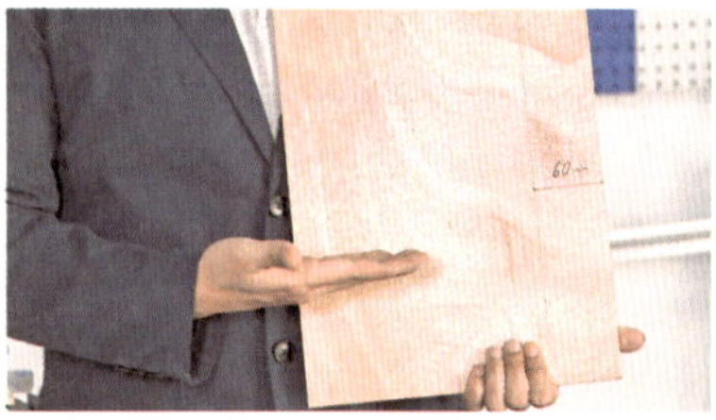

图3-5-38　锯切目标宽度

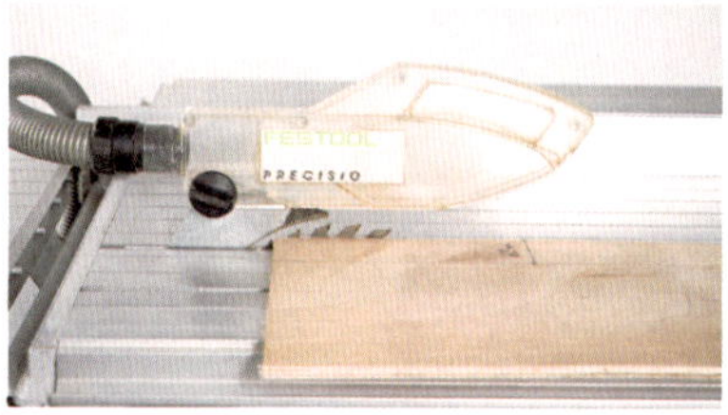

图3-5-39　锯片高于木料一个锯齿

图3-5-40　移动纵向靠山到目标刻度

图3-5-41　精确测量锯齿到靠山的距离

图3-5-42　微调旋钮调整

图3-5-43　锁紧靠山

②将木料平放在工作台面上，侧边靠住纵向靠山，缓慢往锯片方向推进（图3-5-45）。注意：手绝对不能放在锯片的延展平面上，当锯切较小尺寸时，应使用推杆辅助进料，推杆的位置在锯片与纵向靠山之间。

③木料被锯开并完全通过锯片后，按下停机按钮，机器停止运转后取出木料（图3-5-46）。

任务目标3：利用台锯横向靠山截断木料。

（1）主机电源断电，移开纵向靠山。

注意，纵向靠山与横向靠山一定不可同时使用，否则有木材反弹伤人的危险。

（2）调节横向靠山位置。

将横向靠山打平，与锯片呈90°，锁死。横向靠山不可以超过锯路延长线（图3-5-47）。

（3）锯切木料。

①将木料靠紧横向靠山，用手按压住木料，使其与横向靠山相对固定（图3-5-48）。

②往前推动横向靠山至锯齿位置（图3-5-49），调整木料至准确位置（图3-5-50），继续扣压住木料，拉回横向靠山。

③开机运行，轻推横向靠山及木料（图3-5-51）。

④按下停机按钮，机器停止运转后取出木料。

★台锯安全提示：

①切割中途禁止松开木板，以免其被锯片打飞，一定要推着木板直到它完全通过锯片。

②做纵切时，要保持木板一直抵住靠山。

③确保台锯配有安全装备，跟刀板是必须的。

④设置锯片的高度以保证锯齿的根部正好在木板上方。

⑤禁止利用纵向靠山做横切或者斜切。

⑥做纵切时使用推料杆。

⑦更换锯片时需提前拔掉电源插头。

⑧保持锯片锋利。

2. 型材切割锯

以费斯托KS-120型号滑动式型材切割锯为例（图3-5-52）。

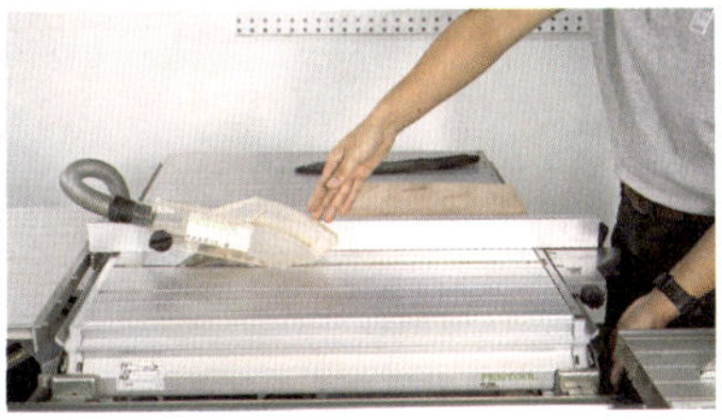

图3-5-44 放下吸尘罩，开启电源

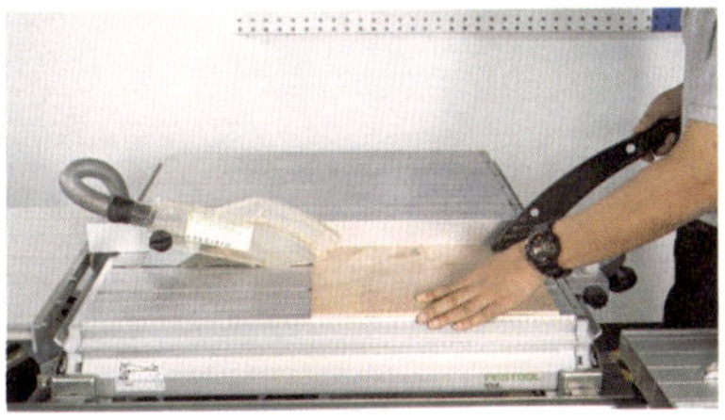

图3-5-45 纵向靠山锯切木料

图3-5-46 木料完全通过锯片

图3-5-47 调节横向靠山

图3-5-48 木料与横向靠山相对固定

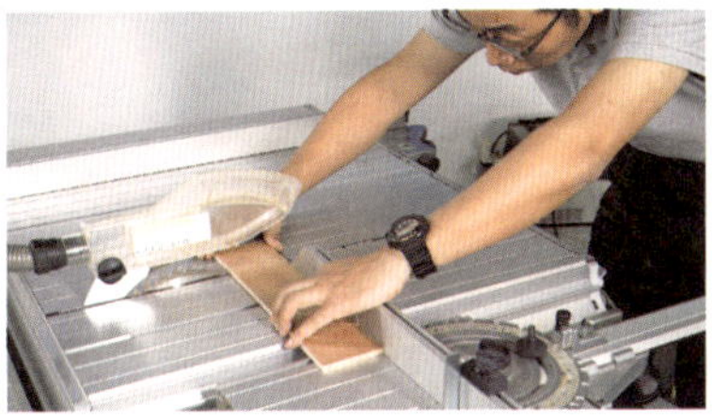

图3-5-49 推动横向靠山至锯齿位置

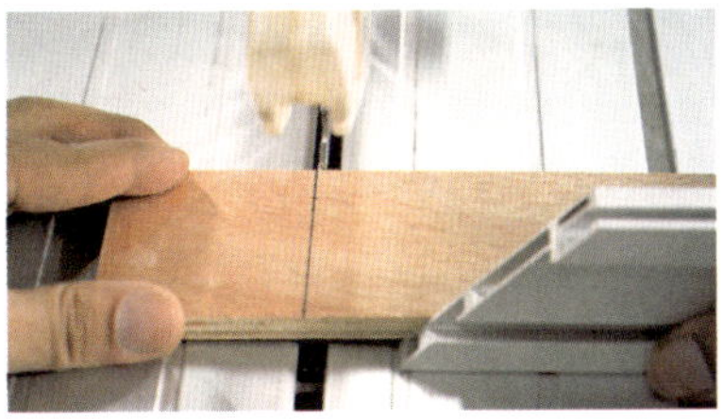

图3-5-50 调整木料至准确位置

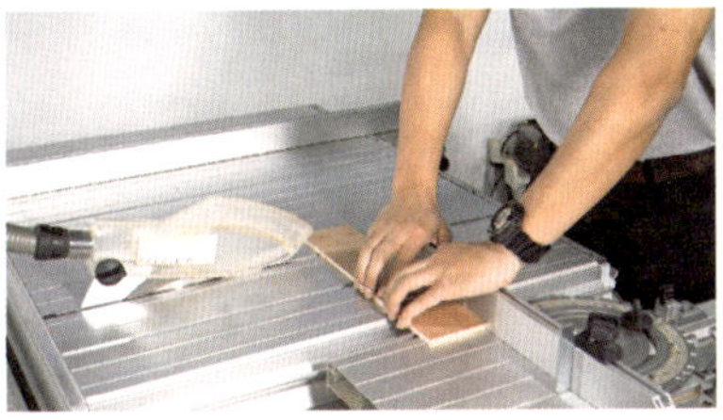

图3-5-51 横向靠山锯切木料

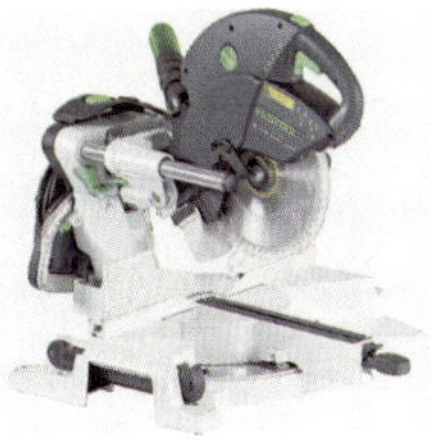

图3-5-52 费斯托KS-120型号滑动式型材切割锯

任务目标1：利用型材切割锯正切木料。

（1）调试机器。

给型材切割锯接好吸尘管道，接通电源。调整锯机转速（图3-5-53），材料越软转速调至越高，材料越硬转速调至越低。

（2）固定木料。

①在转速拨盘后方有一个激光启动按钮，按下激光启动按钮（图3-5-53），红色激光会精确标记出切割位置（图3-5-54）。

②将待切木料划线位置对齐激光标记，锁死固定夹（图3-5-55）。

（3）锯切木料（图3-5-56）。

①将锯机沿轨道拉回，同时启动开关和锁扣。

②压下锯机缓慢向木料方向推进到底。

③将木材锯通后松开启动开关，等锯片完全停止转动再提起锯机，以防木材反弹。

④松开固定夹，取出锯好的木料（图3-5-57）。

任务目标2：利用型材切割锯斜切木料。

型材切割锯可以提供两种倾斜切割方式，水平方向倾斜角度的切割和竖直方向倾斜角度的切割。

（1）水平方向倾斜角度的切割（图3-5-58）。

①调整水平方向的切割角度，提起角度调节手柄（图3-5-59），将锯机旋转至所需切割角度，也可以用激光辅助配合木材上的划线将切割角度调整到位（图3-5-60）。

②在角度调整到位后将角度调节手柄压下，进行固定水平倾角的锯切（图3-5-61）。

（2）竖直方向倾斜角度的切割（图3-5-62）。

①调整竖直方向的切割角度，需要将位于锯机后方的角度调整开关保护罩翻开，选取适当的角度调整范围（图3-5-63）。

②旋动调节旋钮（图3-5-64），直至标尺指向所需锯切的角度（图3-5-65）。

③合紧角度调整开关保护罩，进行固定竖直倾角的锯切（图3-5-66）。

3. 带锯

任务目标1：安装、调试带锯的锯条。

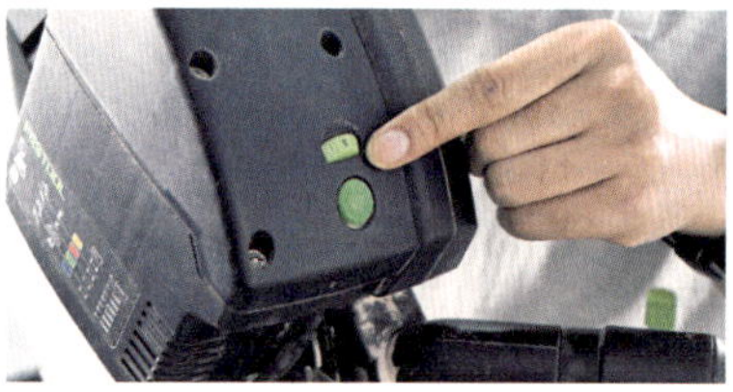

图3-5-53　上为转速旋钮，下为激光按钮

图3-5-54　木料上的激光

图3-5-55　锁死固定夹

图3-5-56　锯切木料

图3-5-57　锯切完成

图3-5-58　水平方向倾斜角度

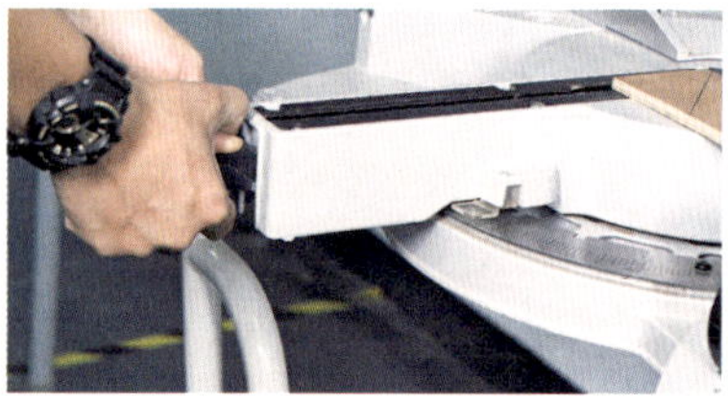

图3-5-59　角度调节手柄

图3-5-60　激光辅助调整

图3-5-61　水平倾角锯切

（1）操作准备。

安装锯条之前，必须先切断电源，打开上下仓门，降下锯条保护罩（图3-5-67），松开机器背后的快速张紧把手（图3-5-68）。

（2）安装锯条。

①将合适宽度的锯条从操作台的缝隙中卡入，挂在上轮盘上，将锯条卡入支架的缝隙中（图3-5-69），然后将锯条下半部分套在下轮盘上（图3-5-70）。

②调节锯条位置，让锯齿露出轮盘的橡胶垫（图3-5-71），合上快速张紧把手（图3-5-72），此时上轮盘会向上升，将锯条张紧。

（3）调节动平衡。

①锯条张紧后需要调节轮盘的动平衡，用手旋转上轮盘，观察锯条是否向外或者向内移动。

②通过旋转背后角度调节轮（图3-5-73），改变上盘的倾斜角度，由于轮盘角度的变化，运转的锯条会慢慢回到原来的位置。不断尝试调整角度，直到锯条的位置固定不动。

（4）调节张紧度。

调好动平衡后，调节轮盘下部的手轮，微调锯条的张紧度（图3-5-74）。

图3-5-62 竖直方向倾斜角度

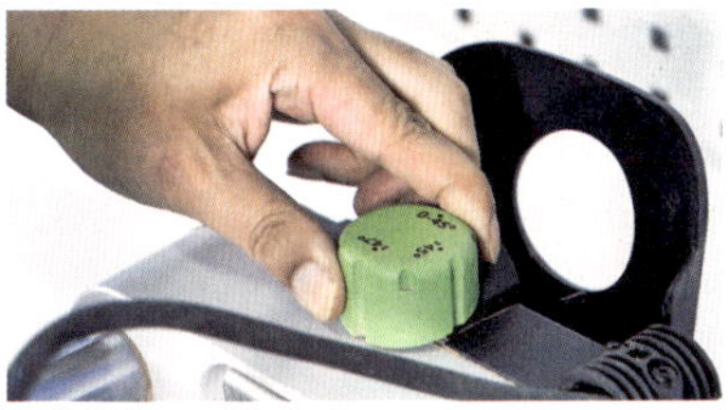
图3-5-63 选择角度范围

图3-5-64 旋动调节旋钮

图3-5-65 标尺指示锯切角度

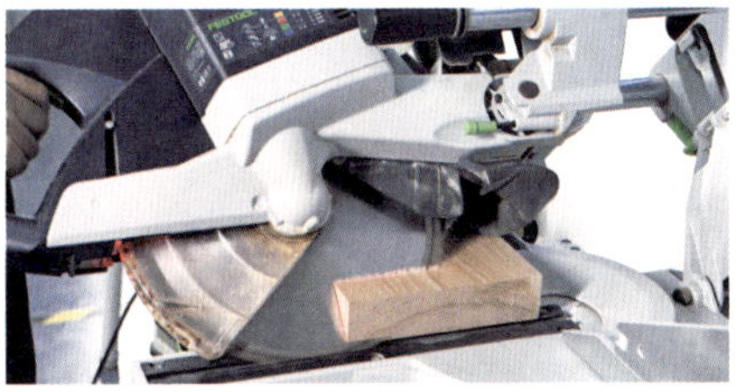
图3-5-66 竖直倾角锯切

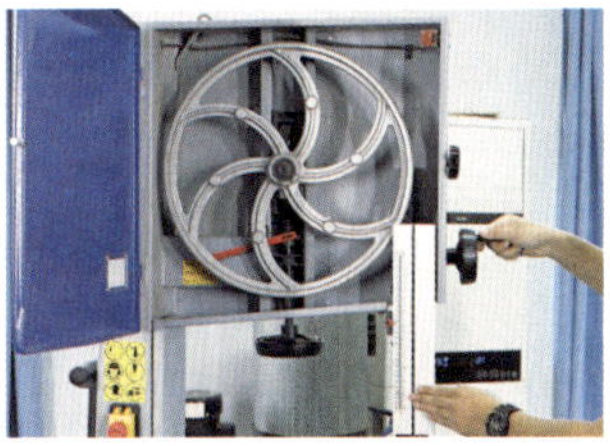
图3-5-67 打开仓门，降下锯条保护罩

图3-5-68 松开快速张紧把手

图3-5-69 安装上轮盘锯条

图3-5-70 安装下轮盘锯条

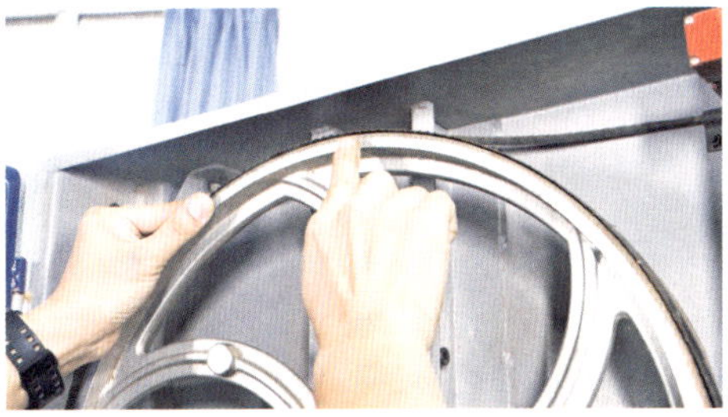
图3-5-71 调节锯条位置

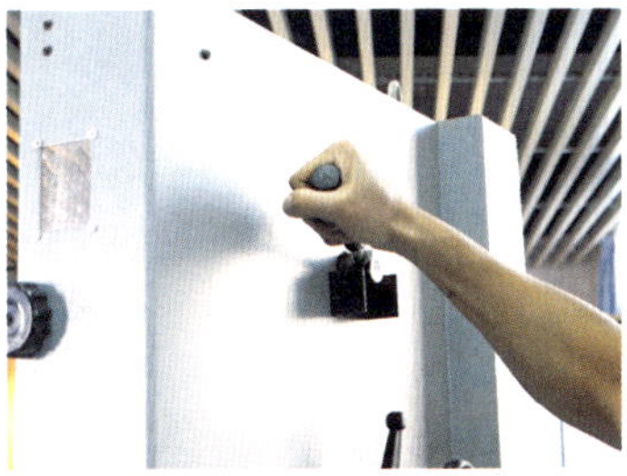
图3-5-72 合上快速张紧把手

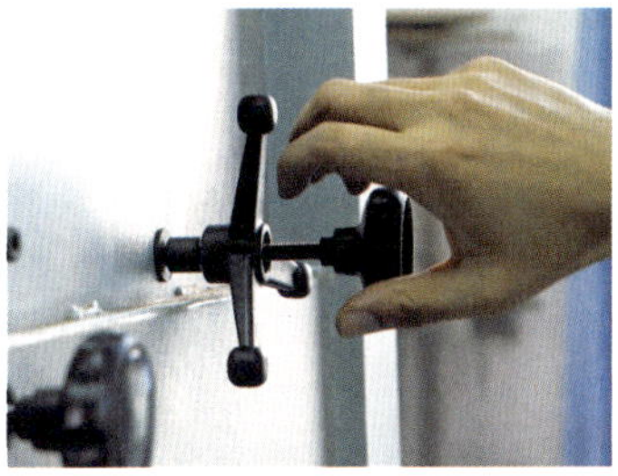
图3-5-73 角度调节轮

（5）调节导向轴承。

调节导向轴承的位置，左右距离锯片两侧1mm（图3-5-75）。

最后，依次合上锯条保护罩和上部仓门、下部仓门，接上电源开机运行。带锯在运行过程中没有异响，锯条笔直不晃动，说明安装到位了。

带锯不使用时松开快速张紧把手，释放锯条压力，延长使用寿命。

任务目标2：使用带锯锯切木料。

（1）使用带锯锯切直线。

注意，带锯不是精确切割锯类工具，即使使用靠山，只能近似直线锯切。所以带锯是粗加工工具，后续还需使用其他锯类机械或木工台刨精细加工。

①检查木料是否有铁钉杂物，将锯条护罩降到接近靠山处，然后开启机器。

②当锯轮达到全速后，利用靠山作为导轨，手持木料向锯条方向给进，掌握送料速度，不要过快（图3-5-76、图3-5-77）。一方面速度过快会造成锯片阻力大，另一方面切割到端头时过快的速度容易使木料在切断的一瞬间冲出去，危险性极大。

③接近木料尾端时，使用推杆来继续推进。

（2）使用带锯锯切曲线。

带锯非常适合用来切割曲线。但要注意，带锯不能在一张板材内部切割圆孔。

①用铅笔在工件上画出要切制的曲线，然后切出一系列垂直于曲线的开口（图3-5-78），开口处需要非常接近所画的线，这些切口将减缓后续锯切曲线时工件与锯条之间的扭曲力。

②切割曲线（图3-5-79），每触及一个之前所切割的开口，就可以移除一块废料，这样切割曲线非常轻松，避免工件在曲面切割过程中转弯不成功需要回撤的操作，回撤操作可能导致将锯条拉离锯轮轨道。

★带锯安全提示：

①总是放低锯片护罩，切割木板时将其升起到刚好能让木板通过的高度，这样能尽可能减少锯片的外露，防止手部触碰。

②让手指永远保持在切割中线以外，特别是在握住木板末端的时候。

③如果要锯一块长木板，需要找人合作帮忙扶着送出的木板，防止从台面上掉落。

④禁止在开机过程中调整护罩。

4. 轨道式圆锯

以费斯托TS-55型号轨道式圆锯为例（图3-5-80）。

任务目标1：使用轨道式圆锯正切木料。

（1）固定轨道。

将轨道放置在木材正确的切割位置，从下方穿

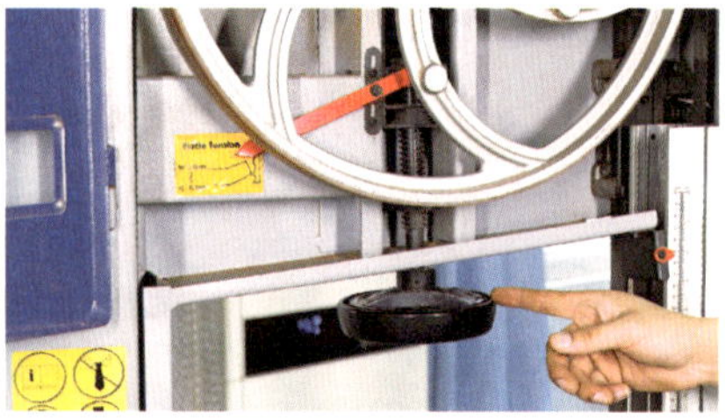

图3-5-74　轮盘下部手轮

图3-5-75　调节导向轴承

图3-5-76　靠山锯切直线（正面）

图3-5-77　靠山锯切直线（侧面）

图3-5-78　切出垂直于曲线的开口

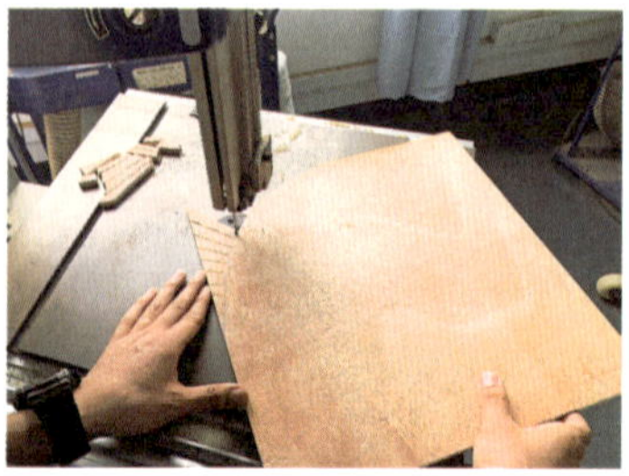

图3-5-79　切割曲线

入夹具，推至木材位置并锁死，将圆锯放置在轨道上。

（2）设置轨道式圆锯。

①给轨道式圆锯接好集尘管道，接通电源。

②调整锯机转速，越是柔软的材料选用的转速越高，越是坚硬的材料选用的转速越低（图3-5-81）。

③按下深度调节锁扣，根据需求调整锯切深度（图3-5-82），设置的切割深度要比待切割的木板厚度稍微大一点。调节好锯切深度后，锯切到一定位置，锯片会被限位（图3-5-83）。

（3）锯切木料。

①用一只手同时启动开关和锁扣，此时机器开始运转。

②另一只手压下压把，直至深度限位，保持姿势，双手沿轨道向前推进圆锯（图3-5-84、图3-5-85）。

③锯切完成后松开启动开关和锁扣，等锯片停止运转，缓慢复位机器，完成锯切（图3-5-86）。

任务目标2：使用轨道式圆锯斜切木料。

费斯托TS-55型号圆锯可以提供-1°～47°的倾斜角度切割调整。

（1）-1°～45°范围调整。

①需要调整锯切角度时，先断开电源，松开机器前后的两个角度锁紧旋钮（图3-5-87）。

②一手扶稳机器底座，另一手抓住机器把手，配合角度标尺调整至合适的角度（图3-5-88），紧固角度锁紧旋钮。这样，我们就能进行固定倾角的锯切了。

（2）45°～47°范围调整。

一般情况下圆锯只能在-1°～45°范围内调整切割角度（图3-5-89），当需要调到45°～47°范围内时，需要拉住机器后方的角度限位拉杆（图3-5-90），按照之前的方法调整角度。

★圆锯安全提示：

①用脚、膝盖或者夹具保持木板稳定。

图3-5-80　费斯托TS-55型号轨道式圆锯

图3-5-81　调整锯机转速

图3-5-82　调整锯切深度

图3-5-83　锯片深度限位

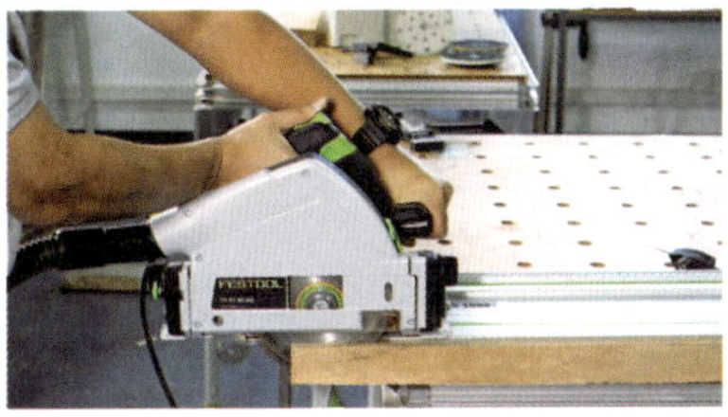

图3-5-84　开始锯切

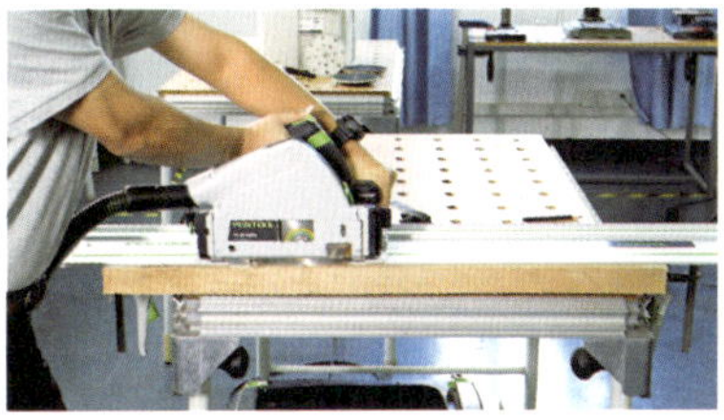

图3-5-85　锯切过程中

图3-5-86　完成锯切

图3-5-87　松开角度锁紧旋钮

图3-5-88　调整锯切角度

②开启圆锯时确保锯片没有和木板接触。

③推着圆锯一直向前，禁止后退，如果犹豫不决想把圆锯从锯路上退回来，圆锯会回弹。

④切割快结束的时候要快速推动圆锯，这样能使废料突然落下，避免开裂。

5. 刨

以平压刨一体机为例（图3-5-91）。

任务目标1：使用平刨刨削木料。

平刨主要用来刨平、刨光木料的面和边。

（1）使用平刨进行面刨削。

①设置进料台面高度（即刨削深度），建议刨削深度不超过1mm。

②决定木板的进料方向，尽可能顺着木材的纹理刨削（图3-5-92）。

③启动机器，将木板面朝下放在进料台面上，使木板的一边抵住靠山，并以一个稳定的速度推动木板朝出料台面前进（图3-5-93）。

刚开始刨削时，将木板向下牢牢地压在进料台面上。当木板的一半通过刀片时，把压力移到出料台面这一边的木板上（图3-5-94），不要按压得太用力。在刨削未完成之前，不要松开木板。

④有必要的话进行多次刨削，直到木板完全平整。

⑤当刨出一个光滑而平整的新面时，可以用铅笔做标记，方便后续参考，防止混淆。

⑥切勿将短于300mm的料放在平刨上刨削，十分危险。

（2）使用平刨进行边刨削（图3-5-95）。

①调整平刨靠山，使其与台面垂直，将直角尺放在出料台面上靠近刀头的地方来检查靠山的角度。为确保靠山设置合理，可以先用一块废木料做一次刨削测试，检验是否方正。

②设置进料台面高度（即刨削深度），建议刨削深度不超过1mm，将桥式护罩调整至工件的厚度大小。

③启动机器，尽可能地顺着木材的纹理刨削。让之前刨削平整的平面牢牢抵住靠山，木板的侧边边缘朝下放在台面上。右手使用推料杆，左手按住木板使它紧贴靠山，并向下按压使它抵在台面上。

刨削较宽的木板时，左手可以安全通过刀片护罩的上方。刨削较窄的木板时需要谨慎，左手在到达刀片护罩位置之前移开，然后当足够长的木板通过切割刀头后，再用左手按住木板的出料端，使其抵住出料台面和靠山。

④反复刨削，直到木板的边缘变得均匀。

⑤在新刨出来的面上做标记，为后面的工作提供参考。

图3-5-89　-1°~45°范围

图3-5-90　角度限位拉杆

图3-5-91　平压刨一体机

图3-5-92　进料方向

图3-5-93　平刨面刨削

图3-5-94　压力转移到出料台面

任务目标2：使用压刨刨削木料。

当使用平压刨一体机的压刨状态时，平刨台面抬升，集尘罩翻转过来与上方刀片形成压刨的护罩（图3-5-96）。大多数机器都会有一个微型开关用来切断电源，防止刀片整体暴露在外，这也使得机器只能在护罩位于准确位置时才能启动。

①设置合适的刨削深度。调整台面和切割刀头之间的距离，保证其间有足够的空间让木板自由通过（图3-5-97）。用直尺测量木板最厚部位的数值，升起台面使台面和切割刀头之间的距离读数符合这个数值。

②决定用木板的进料方向，尽可能地顺着纹理刨削。

③开启机器，进料（图3-5-98）。将之前已经刨平的一面朝下抵住台面，让粗糙的一面朝上与切割刀头接触，保持进料方向笔直，进料滚轮将抓住木板并将其往里拉。进料时手不要伸进进料区。

④在出料区等待机器自然送出，拿取木板，不要拉拽（图3-5-99）。

⑤在第一次刨削完成之后，调整切割刀头和台面之间的距离，减少1mm，接着进行下一次刨削（图3-5-100）。反复刨削，直到第二个面与第一个面平行。

⑥当第二个面被压刨刨过与第一个面平行后，继续刨削确定厚度。接下来的每次刨削都要将木板正反翻转过来。这种方法可以保证木板两面被刨掉的木料量基本相同，从而保持两面的含水量平衡。

⑦将木板刨削到目标厚度时，停止。与平刨一样，工件的长度不要短于300mm。

★平刨安全提示：

①刨削前检查木料，不得含有金属物。

②不要刨削小于300mm的木料。短料容易扎进切割头里，造成严重后果。

③使用平刨时，尽可能选择使用推料杆和按压板。

④刀片护罩是很重要的安全装备，没有刀片护罩的时候禁止使用平刨。

⑤必须关机待刀片完全停止运转后才能清理台面上的木屑。

★压刨安全提示：

①刨削前检查木料，不得含有金属物。

②不要刨削小于300mm的木料。

③压刨运转时，切勿将手伸入进料区。

④如果木板歪斜了，立即关机重新调整。

6. 振动打磨机

以费斯托ETS150振动打磨机为例。

振动打磨机由机身、磨垫、砂纸三部分组成（图3-5-101）。

机身是打磨机的主体部分，上面设置有开关按

图3-5-95　平刨边刨削

图3-5-96　平刨变压刨

图3-5-97　调整刨削深度

图3-5-98　进料

图3-5-99　机器自然送出木料

图3-5-100　一次刨削效果

钮、锁定按钮、转速调节按钮，打磨机由快速插头提供电源动力，通过连接集尘设备吸走大部分木屑粉尘。

磨垫是打磨机的振动部件，磨垫中心连接机身，接收动力，表面为魔术贴固定砂纸，对木材表面实施振动打磨。

砂纸是打磨机的配套使用耗材，通过魔术贴与磨垫固定，可反复撕下粘合使用，方便更换不同目数的砂纸。

任务目标：使用打磨机打磨木料。

（1）打磨准备。

①振动打磨机一定要配合吸尘器使用。用集尘管连接打磨机和吸尘器，将吸尘器的开关按钮调到自动挡，这样吸尘器就能跟随设备的使用而自动启停。

②连接快速插头，接头的另一端插入吸尘器供电口，以便联动启停。

③将合适目数的砂纸的孔眼对准磨垫上的孔眼，平贴上去即可（图3-5-102）。如果孔眼没有对准，后期使用时集尘效果会下降。

④转速调节，转速调节旋钮可以调节振动速度，1为最慢，6为最快。

（2）打磨操作。

①按下开关按钮，打磨机启动。但如若此时松开开关按钮，打磨机就会停止。要打磨机持续运转，需要同时再按下锁定按钮（图3-5-103）。

②将木板固定在台面上，左手扶住机身，右手握住把手，无需特意按压，均匀稳定地顺木纹方向打磨，不能横磨或无规则地乱磨，以免留下杂乱的砂痕（图3-5-104）。

③打磨完成后，在不触碰锁定按钮的情况下再次按下开关，打磨机停止运转（图3-5-105）。

（3）打磨顺序。

打磨顺序遵循从粗磨到细磨的原则，对应砂纸目数的使用顺序：180—240—320—400—600，严禁跳目数打磨。

长时间使用后如果磨垫上的魔术贴不能粘合砂纸，那就要更换磨垫了，更换时使用六角扳手转动磨垫中心的螺丝，可以快速实现装卸磨垫（图3-5-106）。

7. 台钻

任务目标：使用台钻在木料上垂直钻孔。

（1）设置钻孔深度。

调节止停轮，将钻头降至指定深度。用位于调节轮上的刻度尺来固定深度。

（2）安装钻头。

使用台钻配套的夹头扳手（俗称钥匙）松开夹头，更换钻头，重新拧紧。检查钻头确保其固定在夹头中心（图3-5-107）。

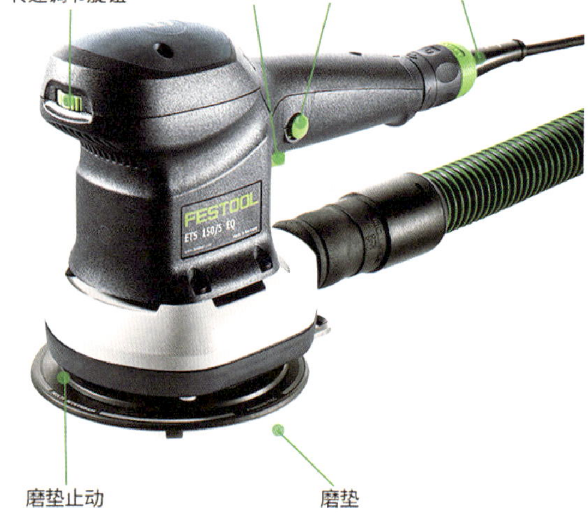

图3-5-101　费斯托ETS150振动打磨机结构部件

图3-5-102　对齐孔眼

图3-5-103　开机运行

图3-5-104　打磨过程

图3-5-105　关机

图3-5-106　拆卸磨垫

图3-5-107　安装钻头

图3-5-108　工件钻孔

图3-5-109　钻孔完成

（3）固定工件。

使用G夹或其他夹具将工件固定在钻孔平台上，如果工件太小可使用台虎钳。

（4）垂直钻孔。

对齐工件后，启动机器并转动调节轮开始钻入木料（图3-5-108、图3-5-109）。当达到预定的深度后，钻头会自动停止。如果要钻穿透孔，可以将一块废料放置在工件的底部，防止钻头对台面造成损伤。

★台钻安全提示：

①必须用配套的夹头扳手拧紧钻头，使其固定在恰当的位置。

②千万不要让夹头钥匙一直插在钻头上。

③一定要将工件固定在台面上，切勿手抓。

（二）使用机械工具任务记录单

□个人自评　□小组互评　□教师评价　□企业评价　□社会评价

序号	机械工具	任务目标	完成指标	评分	改进措施
1	台锯	安全检查	完成设备检查，做好自我防护		
2		利用台锯纵向靠山，锯切60mm宽度的木料	① 主机电源断电 ②正确调试台锯和靠山位置 ③安全准确锯切木料		
3		利用台锯横向靠山截断木料	①主机电源断电，移开纵向靠山 ②正确调节横向靠山位置 ③安全准确锯切木料		
4	型材切割锯	利用型材切割锯正切木料	①正确调试机器 ②固定木料 ③安全准确锯切木料		
5		利用型材切割锯斜切木料	① 正确进行水平方向倾斜角度的切割 ② 正确进行竖直方向倾斜角度的切割		

续表

序号	机械工具	任务目标	完成指标	评分	改进措施
6	带锯	安装、调试带锯的锯条	① 操作准备 ② 安装锯条 ③调节动平衡 ④调节张紧度 ⑤ 调节导向轴承		
7		使用带锯锯切木料	① 配合靠山，使用带锯锯切直线 ② 使用带锯锯切自由曲线，曲线流畅		
8	轨道式圆锯	使用轨道式圆锯正切木料	①固定轨道 ②正确设置圆锯 ③安全准确锯切木料		
9		使用轨道式圆锯斜切木料	①正确进行-1°～45°范围调整和锯切 ②正确进行45°～47°范围调整和锯切		
10	平刨与压刨	使用平刨刨削木料	① 正确熟练使用平刨进行面刨削 ② 正确熟练使用平刨进行边刨削		
11		使用压刨刨削木料	正确使用压刨进行面刨削		
12	振动打磨机	使用打磨机打磨木料	① 打磨准备充分 ② 打磨操作精细 ③ 打磨顺序正确		
13	台钻	使用台钻在木料上垂直钻孔	① 设置钻孔深度 ② 安装钻头 ③固定工件 ④垂直钻孔		

五、任务拓展：思考改进措施，完成任务测验

（1）填写任务记录单，对得分低的任务点进行思考，采取改进措施。

（2）完成任务测验

六、任务评价：《使用机械工具任务记录单》《使用机械工具-学习评价表》

根据《使用机械工具-学习评价表》，展开任务的小组互评、教师评价。

任务三　技术实践：如何加工一块方正的木板

一、任务目标：掌握加工一块方正木板的工艺流程

1. 知识目标

（1）理解方正木板的含义。

（2）理解加工一块方正木板的工艺流程。

2. 能力目标

（1）综合利用机械木工工具，通过定厚度、定宽度、定长度“三步走”，加工一块方正的木板。

（2）熟练使用计算机和机械木工工具，根据用材需求计算拼料，并精确开料。

3. 素质目标

（1）树立牢固的安全意识，提升劳动品德和人文素养。

（2）树立勤俭节约、规范用料的思想和原则。

（3）培养敬业、精益、专注、创新的工匠精神和职业素质。

（4）提升团结协作精神和沟通协调能力。

二、重点难点：针对复杂部件的拼料设计计算

1. 重点

综合利用机械木工工具，加工一块方正的木板。

2. 难点

（1）针对复杂部件的拼料设计计算。

（2）针对实操过程中可能会遇到的各种具体问题的解决。

三、任务导入：查找中国古代工匠“找平”木料的方法

（1）领取学习任务单，阅读学习指南，预习任务中涉及的概念。

（2）着重复习观看带锯、平压刨、台锯的使用方法，整理要点。

（3）利用互联网资源查找中国古代工匠是如何将木料“找平”的。

学习任务单

一、开课任务
技术实践：如何加工一块方正的木板 1. 木料准备 2. 加工一块方正的木板
二、学习情境
在制作综合案例之前，我们需要理解如何精确开料，即加工一块方正的木板。有些学习者没有精确开料的概念，因为他们一直购买的都是成品料。加工一块方正的木板看起来简单，但是它能让我们对木工精确操作有更深入的理解，是所有木作的基础
三、学习指南
1. 着重复习观看带锯、平压刨、台锯的使用方法，整理要点 2. 利用互联网资源查找中国古代工匠是如何将木料“找平”的 3. 按课程任务要求分成小组，团结协作推进任务完成 4. 跟随任务目标，安全正确操作机械工具，加工出方正木板 5. 小组成员之间互相观摩，做好任务记录单 6. 对得分低的任务点进行思考，采取改进措施 7. 拓展思考相关问题
四、本课概念
1.“方正”的概念 2. 加工方正木板前的木料准备要求 3. 加工一块方正木板的工艺流程：定厚度、定宽度、定长度 4. 实木家具工厂如何减少木材用料失误

续表

五、本课规范
1. 分组时考虑组员不同性格、不同技能特长的互补，对任务的完成推进有益处 2. 电动工具危险性更高，请严格按照说明书操作，任何时候都要把安全摆在首位 3. 有老师在场的情况下才能使用机械工具，严禁学生独立使用 4. 在设计、开料、制作的过程中注意节约用料 5. 注意课前、课中、课后学习表现，关乎职业素养与专业学习评价 6. 任务测验成绩将计入课程成绩

四、任务准备：“方正”的概念，木料准备

（一）“方正”的概念

加工一块方正的木板，是指将一块木板切割成需要的长度、宽度和厚度，而且边要直、面要平、所有角都是直角。进行这种加工要用到的机器是平刨、压刨、台锯，有时也会用到带锯或型材切割锯。

（二）木料准备

木工实训室普遍购买粗锯的半成品木材，这些木料在专业的木材市场经过粗锯、干燥和简单成型，尺寸较大，所以在加工方正木板之前，我们要将木料切割到木板所需的近似长度。

首先去掉木材端头。检查木板的端部是否有裂纹，如果有，在裂纹的终止处，沿木料宽度方向用直角尺画一条垂直于长度方向的直线，这就是第一次下锯切割的地方，用带锯或圆锯完成锯切。

接着切割出木料所需的近似长度。用直尺测量出比目标长度稍大的尺寸，参考上一步，直角尺画线，用带锯或圆锯完成锯切。

木板的宽度可以在后续精细加工过程中直接确定，无需粗锯。

五、任务实施：加工一块方正的木板，实木家具工厂如何减少木材用料失误

（一）加工一块方正的木板

如图3-5-110所示，标注木板的长度、宽度、厚度。为了方便理解，我们把木料的正面和底面分

别标记A1、A2，两个侧面分别标记B1、B2，两个端面分别标记C1、C2（图3-5-111）。未精细加工前，木料是毛面的，不平整，也不是标准长方体。接下来，我们分别对六个面进行处理。

1. 定厚度

（1）正面A1找平。

利用平刨，将A1加工成平直、光滑、干净的表面，注意辅助安全工具压板和推把的使用（图3-5-112）。多次反复刨削，直至平整即可，每次刨削量控制在1mm左右。

这样，木料的正面A1已经找平。

（2）底面A2找平，与A1平行，确定厚度。

以A1作为基准面，利用压刨，确定A2。

用卡尺找到木料最厚的位置，量取厚度尺寸（图3-5-113），以此设置压刨的初始参数。让木料通过压刨（图3-5-114），已经找平的A1朝下，注意木纹方向。多次反复刨削，每次刨削量1mm左右，直至刨至需要的厚度。

这样，木料的底面A2确定，A2与A1是平行的，且到这步为止确定了木料厚度。

2. 定宽度

（1）侧面B1找平，与A1垂直。

以A1为基准面，利用平刨，确定B1。

设置平刨靠山90°，将加工好的平面A1或A2紧靠靠山，平刨加工侧面B1（图3-5-115）。多次刨削至B1平整，每次刨削量控制在1mm左右。用直角尺检查是否垂直，如果缝隙漏光，可能是靠山不准确或木料未压紧。

这样，木料的侧面B1确定，B1与A1、A2都是垂直的。

（2）侧面B2找平，与B1平行，确定宽度。

以B1作为基准面，利用台锯，确定B2。

设置台锯纵向靠山为木料需要的宽度，将侧面B1抵住直切靠山，直切侧面B2（图3-5-116）。如果木料宽度过窄，一定要使用推把推动木料，禁止徒手接触木料。

这样，木料的侧面B2确定，B2与B1平行，与A1、A2垂直，且到这步为止确定了木料宽度。

3. 定长度

（1）端面C1找平，与A1、A2、B1、B2垂直。

仍然利用台锯，将侧面B1或B2抵住横向靠山，利用横向靠山滑轨，推动木料，切掉端面C1的少量余料使端面C1方正平整（图3-5-117）。

这个过程注意，横料切割必须使用横切推台，严禁使用纵向靠山切割横料（图3-5-118）。在使用台锯的横向靠山时，纵向靠山必须松开，严禁横向靠山和纵向靠山同时使用限制木料（图3-5-119），否则有木料被打碎弹出的风险。

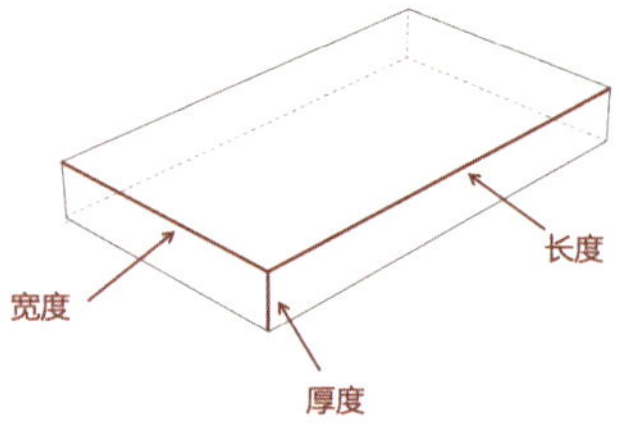

图3-5-110　木板的长度、宽度、厚度

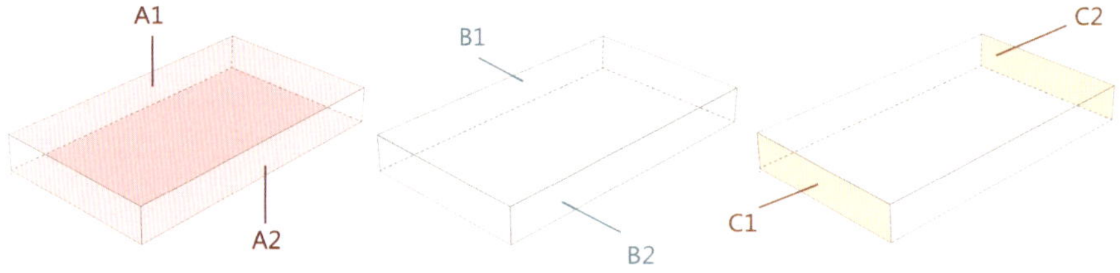

图3-5-111　木板标记示意图

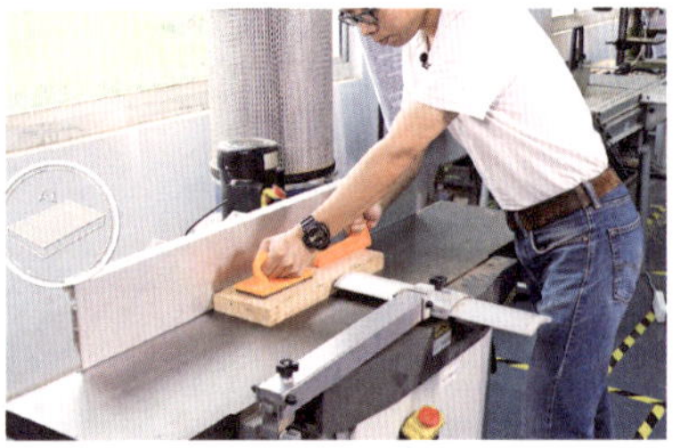

图3-5-112　平刨A1

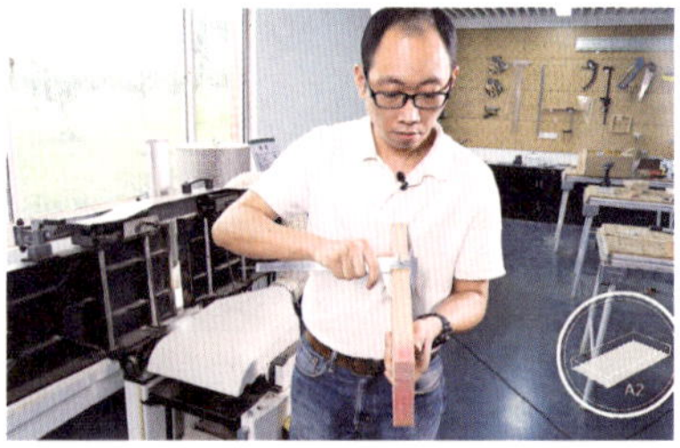

图3-5-113　量取木料厚度

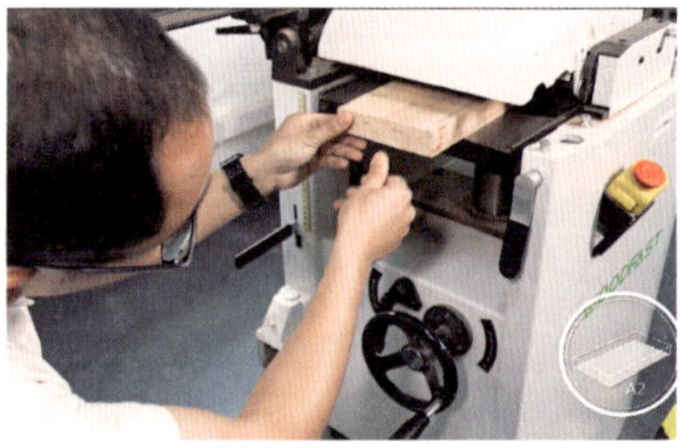

图3-5-114　A2通过压刨

图3-5-115　平刨B1

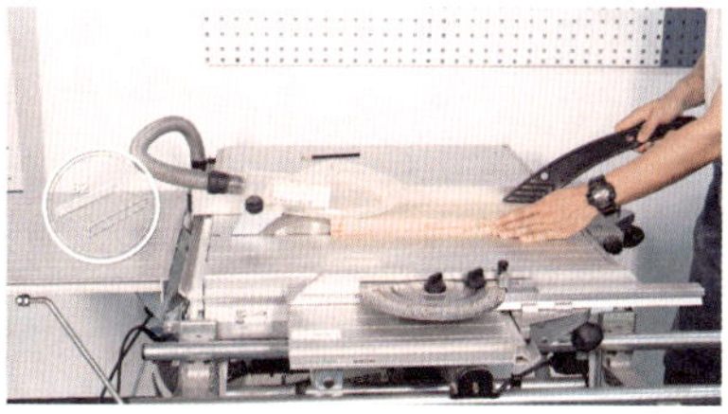
图3-5-116　台锯锯切B2

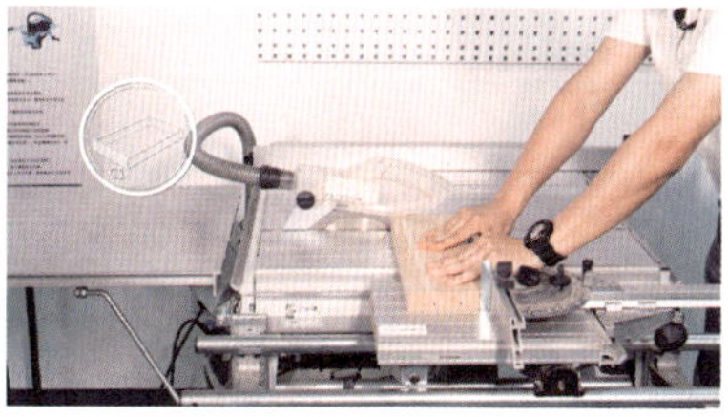
图3-5-117　台锯锯切C1

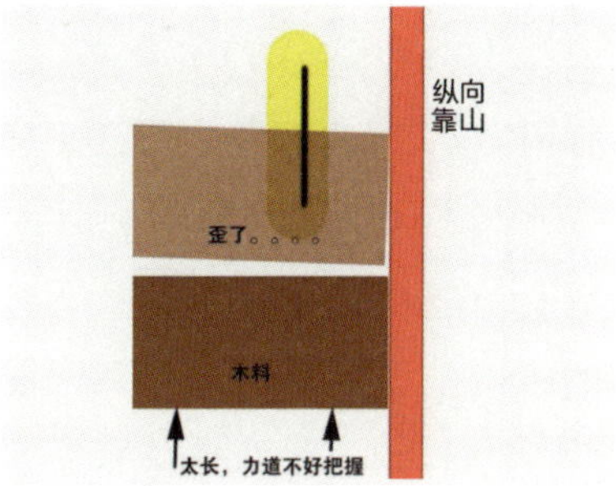

图3-5-118　严禁使用纵向靠山切割横料

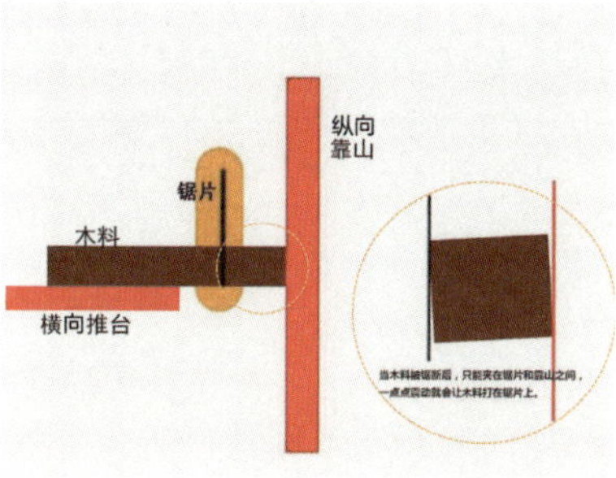

图3-5-119　严禁横向靠山和纵向靠山同时使用

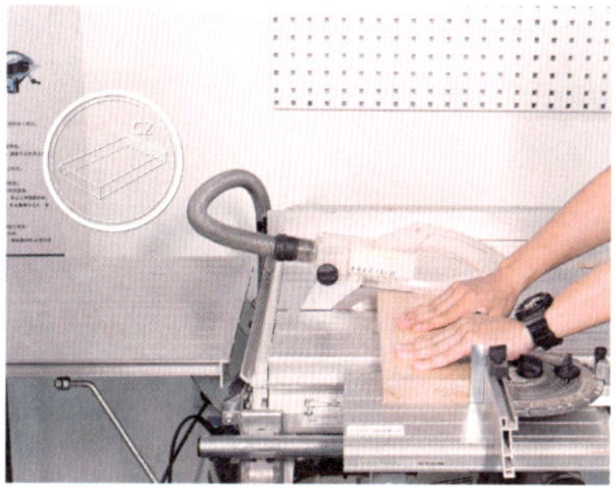
图3-5-120　台锯锯切C2

这样，木料的端面C1确定，C1与A1、A2、B1、B2都是垂直的。

（2）端面C2找平，与A1、A2、B1、B2垂直，确定长度。

最后，以C1作为基准面，利用台锯或型材切割锯，确定C2。

将C1和C2反过来，同样将侧面B1或B2抵住横向靠山，利用横向靠山滑轨，推动木料，横切端面C2使木板至最终长度（图3-1-120）。如果木板的宽度较窄，端面C1、C2也可以在型材切割锯上完成锯切。

这样，C2确定，且确定了木料长度。

至此，六个面都达到了边直、面平、两两垂直的效果，长度、宽度和厚度也确定，一块方正的木板加工完成。

（二）加工一块方正的木板任务记录单

□个人自评　□小组互评　□教师评价　□企业评价　□社会评价

序号	任务流程	任务目标	完成指标	评分	改进措施
1	木料准备	锯切端头	①直角尺画线 ②安全锯切		
2		锯切近似长度	① 测量长度 ② 安全锯切		
3	定厚度	正面A1	① 安全使用平刨进行面刨削 ② 使用安全工具 ③ A1找平		
4		底面A2	① 安全使用压刨进行面刨削 ② A2找平 ③木料厚度确定		
5	定宽度	侧面B1	① 安全使用平刨进行边刨削 ② 直角尺检查垂直 ③ B1垂直		

续表

序号	任务流程	任务目标	完成指标	评分	改进措施
6	定宽度	侧面B2	①安全使用台锯进行纵向锯切 ②使用安全工具 ③ B2垂直 ④木料宽度确定		
7	定长度	端面C1	①安全使用台锯进行横向锯切 ② C1确定		
8		端面C2	①安全使用台锯进行横向锯切 ② C2确定 ③木料长度确定		

（三）实木家具工厂如何减少木材用料失误

木材买来以后，家具工厂生产的一个重要环节就是使用材料，包括开料、选料配料、补料等。有经验的工厂会特别注重材料使用与搭配，并在操作中形成一套规范，做到木料的充分使用。相反，木料拿来就用，缺乏规划，往往会剩下许多短料，耗费更多的木头。

1. 选料配料

通常情况下，用料环节从木头买回来，在工厂卸车的时候就开始了。

首先，将木材分类。分类时，根据木材的种类、新料与老料情况，参照木材的长度、直径、大小以及优劣情况。分好类可以方便选料时十分快捷地找到所需尺寸的木头。

其次，开料的尺寸都是根据家具设计图纸来定的，所以要尽早研究图纸。开料必须坚持两个基本原则：长料不能锯短，宽料不能锯窄。非特殊情况下，开料只从木头的厚度上锯切。

最后，选料也要有顺序、有主次。要依照家具设计图纸，从好料下到次料，从长料下到短料，从宽料下到窄料。

总之，在使用材料环节中，从木头分类，到开料、选料配料、补料，有一个规范的操作，不仅能减少失误、返工、费料现象，关键是能做出好家具来。

2. 开料

在实木家具行业，用于开料的带锯，锯路通常是2.5mm，目前更精细的锯路只有1.5mm。精度虽然只提高1mm，省下的料却不是个小数目。

家具制作锯切过程中，材料损耗不可避免。而带锯或圆锯锯片的厚度、锯路的大小，直接影响出材率。比如，厚度为200mm的一根方料，要开成20块板。理想状态下，按锯切20次计算，锯路2.5mm，厚度损失为50mm，即最终板材有效厚度为150mm、出材率为75%。如果锯路精确到1.5mm，厚度损失就只有30mm，即最终板材有效厚度为170mm、出材率为85%。两者相比，锯路精度提高1mm，出材率提高了10%。

事实上，这1mm的意义和价值还远不止这些。锯路精度的提高，使得锯切下来的板材表面更为平整、光滑、细腻，只需用细砂纸打磨，就能直接用来制造家具，从而又省下了刨削的木材损耗。不仅节省了人工成本，还进一步将出材率提高了1%～2%。

六、任务拓展：完成目标任务，思考改进措施

（1）填写任务记录单，对得分低的任务点进行思考，采取改进措施。

（2）拓展思考：

①思考在加工方正木料的六个面中，哪两个面可以互换顺序，为什么？

②联系中国古代工匠加工方正木料的过程，谈谈自己的体会。

七、任务评价：《加工一块方正的木板任务记录单》《加工一块方正的木板-学习评价表》

根据《加工一块方正的木板-学习评价表》，展开任务的小组互评、教师评价。

任务四 设计基础：技术图纸

一、任务目标：理解一点透视、两点透视、三视图的概念和应用

1. 知识目标

理解一点透视、两点透视、三视图的概念和应用。

2. 能力目标

（1）掌握一点透视效果图的绘制方法。

（2）掌握两点透视效果图的绘制方法。

（3）掌握产品三视图的绘制方法。

3. 素质目标

（1）以劳育美，以美促劳，全面提升审美素养和劳动素养。

（2）树立勤俭节约、规范用料的思想和原则。

（3）培养敬业、精益、专注、创新的工匠精神和职业素质。

（4）提升团结协作精神和沟通协调能力。

二、重点难点：用一点透视图、两点透视图和三视图表现设计概念方案

1. 重点

理解一点透视、两点透视、三视图的科学概念和应用。

2. 难点

用一点透视图、两点透视图和三视图表现设计概念方案，符合透视规律和三视图准则。

三、任务导入：理解三视图成像原理

（1）领取学习任务单，阅读学习指南，预习任务中涉及的概念。

（2）借助三视图投影软件，理解三视图成像原理。

学习任务单

一、开课任务
设计基础：技术图纸 1. 一点透视 2. 两点透视 3. 三视图
二、学习情境
作为一个专业设计师，光有技术还不能直接上手制作产品，应该先进行设计样图的绘制。本任务我们从科学的视角准确理解一点透视、两点透视、三视图的概念和应用，用一点透视图、两点透视图和三视图表现设计概念和想法
三、学习指南
1. 复习前课内容并完成前续课程的任务测验 2. 借助三视图投影软件，理解三视图的成像原理 3. 跟随任务目标，绘制一点透视效果图、两点透视效果图、三视图 4. 小组成员之间互相观摩，填写绘制靠背椅三视图任务记录单 5. 利用互联网和图书馆资源，阅读《产品设计制图》，拓展学习轴测图的知识
四、相关概念
1. 一点透视的概念和画法 2. 两点透视的概念和画法 3. 三视图的定义、投影规则、视图关系、画法、尺寸标注 4. Rhino软件2D制图在工业制造中的应用
五、任务规范
1. 绘图过程严谨细致，符合标准 2. 选取不同类别的产品进行绘图训练，熟能生巧 3. 注意课前、课中、课后学习表现，关乎职业素养与专业学习评价 4. 任务测验成绩将计入课程最终成绩

四、任务准备：一点透视，两点透视，三视图

（一）一点透视

透视学是一门研究和解决外界景物投射到我们眼睛里的景物外形变化的科学。透视的基本原理是由眼睛的视觉作用所形成的物理现象，与传统照相机拍摄的原理相似。外界物体经过光线反射到人的眼球，再经过眼球晶状体投射在视网膜上呈现图像（图3-5-121）。

1. 一点透视

一点透视，也叫“平行透视”。放置在地面上的立方体中，有一个竖直面平行于画面，观者眼中这个面不会发生透视变形，那么我们称之为“一点透视”。一点透视只有一个消失点，且在视平线上。在产品手绘中，一点透视适合画物体上比较小的结构，透视变化不大（图3-5-122）。

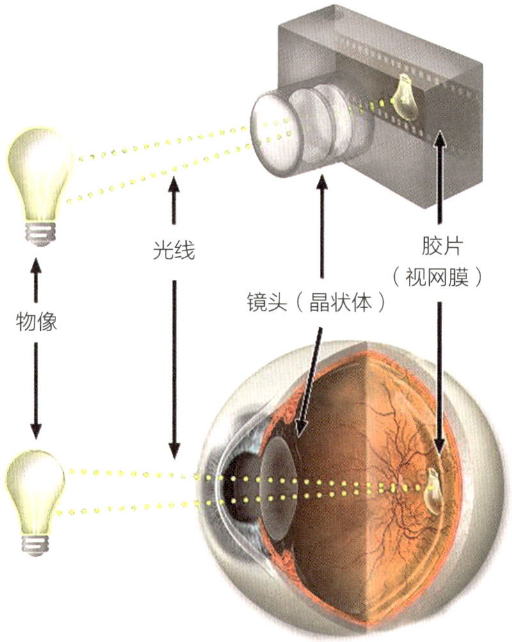

图3-5-121　透视的基本原理

2. 一点透视中“水平线”的位置

水平线的高低随眼睛的上下移动而变化，它决定了物体的顶面或者底面能看到多少。水平线在上是俯视状态，水平线在中是平视状态，水平线在下是仰视状态（图3-5-123）。

3. 立方体一点透视的画法

（1）画出视平线。

（2）在中间画一个正对我们的正方形。

（3）在视平线上确定消失点O。

（4）将正方形的四个顶点分别连接消失点，得到纵深感。

（5）确定立方体具体的深度，画出垂直线AB，得到一点透视立方体的可见面。

（6）依次分别向左、向下进行平移，同样的方法用其他顶点连接消失点，得到一点透视立方体的隐藏线，以虚线表示（图3-5-124、图3-5-125）。

4. 用一点透视绘制产品

一点透视适合表现正侧面结构形态比较丰富的产品，缺点是空间的纵深感不强（图3-5-126）。

（二）两点透视

1. 两点透视

两点透视，也叫“成角透视”。立方体的垂直线

图3-5-122　一点透视

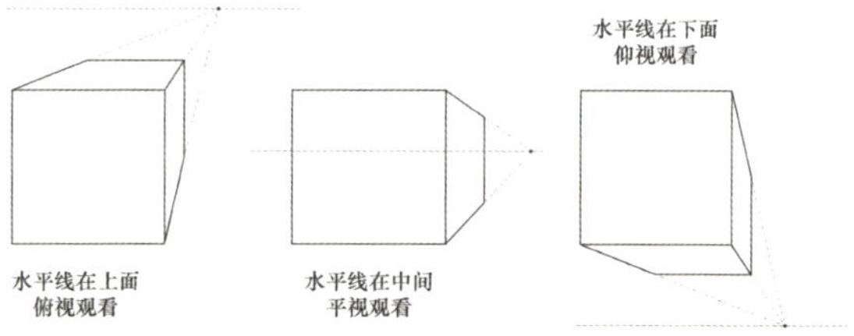

图3-5-123　一点透视中的水平线与观看视角

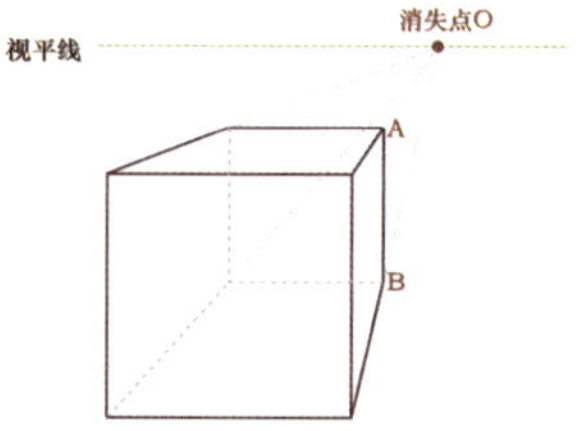

图3-5-124　绘制立方体一点透视

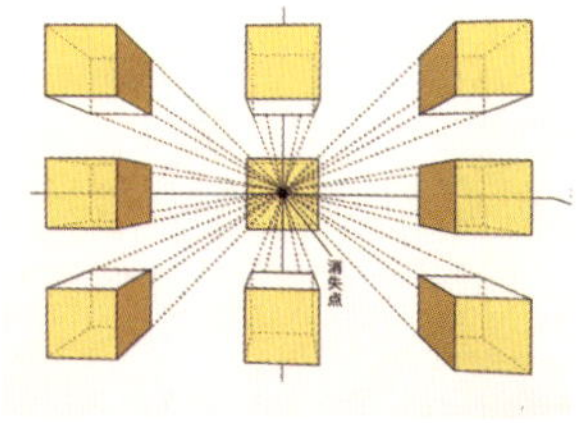

图3-5-125　不同方位的立方体一点透视

与画面平行，其他两组线均与画面成一定的角度，而每组有一个消失点，一共两个消失点，两个消失点均在视平线上。

两点透视是人们观察空间多数情况下的视角，它的画面效果比较饱满，能清楚地表达相邻两个立面的透视关系和物体的形态特征，所以也是产品手绘效果图运用较多的透视关系。两点透视广泛应用于绘制工业产品、景观、建筑等效果图（图3-5-127）。

2. 两点透视中“水平线”的位置

与一点透视一样，水平线的高低随眼睛的上下移动变化而变化，它决定了物体的上面或者下面能看到多少。水平线在上是俯视状态，水平线在中是平视状态，水平线在下是仰视状态（图3-5-128）。

3. 立方体两点透视的画法

（1）画一条视平线，在视平线上分别找出O1、O2两个消失点，注意两个消失点之间的距离不能太近。

（2）确定立方体面向观察者的棱长AB，然后AB两个端点分别连接消失点O1、O2。

（3）找出宽度后，画出立方体的另两条棱长，将两条棱长的端点分别连接消失点O1、O2。

（4）其他顶点连接消失点，得到两点透视立方体的隐藏线，用虚线表示（图3-5-129）。

（5）将棱AB变换位置，按照上述方法得到其他角度两点透视的立方体（图3-5-130）。

4. 用两点透视绘制产品

两点透视的表现形式更为灵活，且传递的设计信息更多，适合绝大多数产品的表现，也是产品手绘图中最常用的透视类型。在选择两点透视具体角度时，应将设计信息较多的面作为图面主体（图3-5-131）。

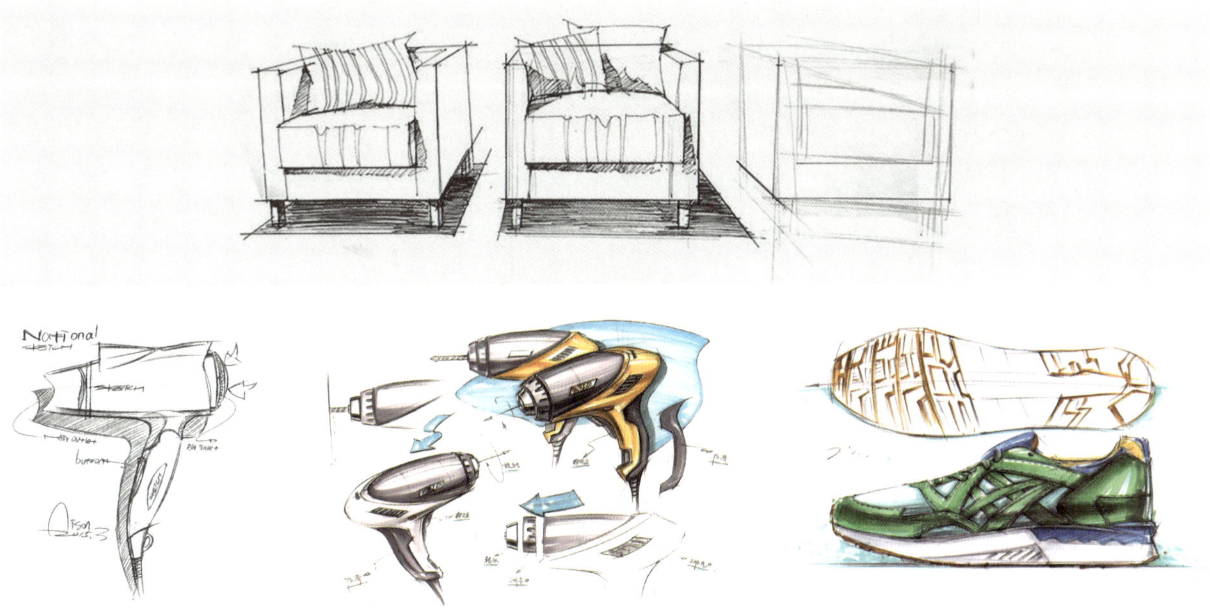

图3-5-126　一点透视绘制产品案例

图3-5-127　两点透视

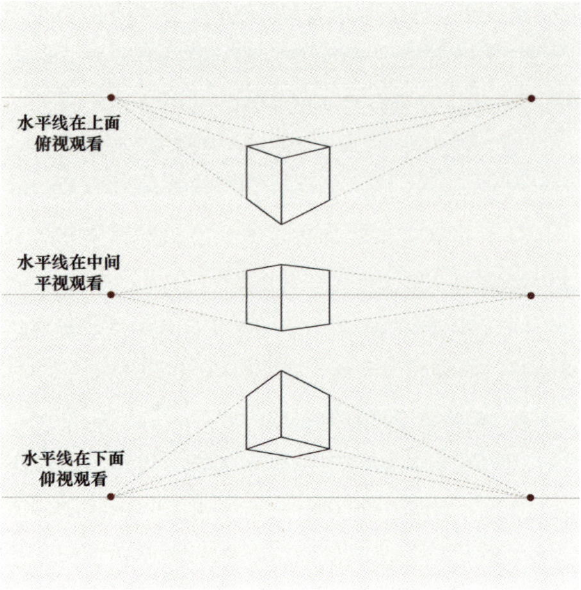

图3-5-128　两点透视中的水平线与观看视角

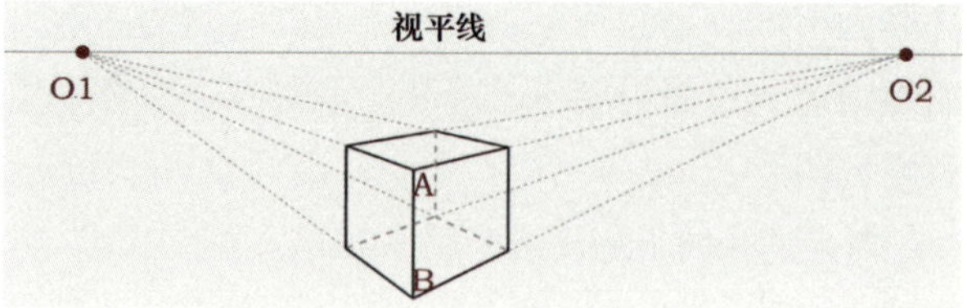

图3-5-129　绘制立方体两点透视

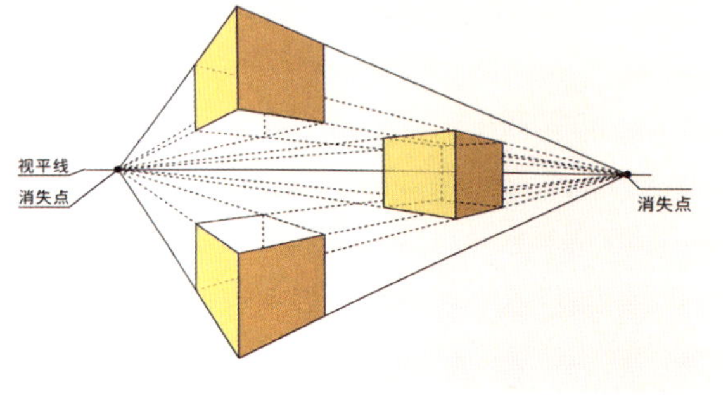

图3-5-130　不同方位的立方体两点透视

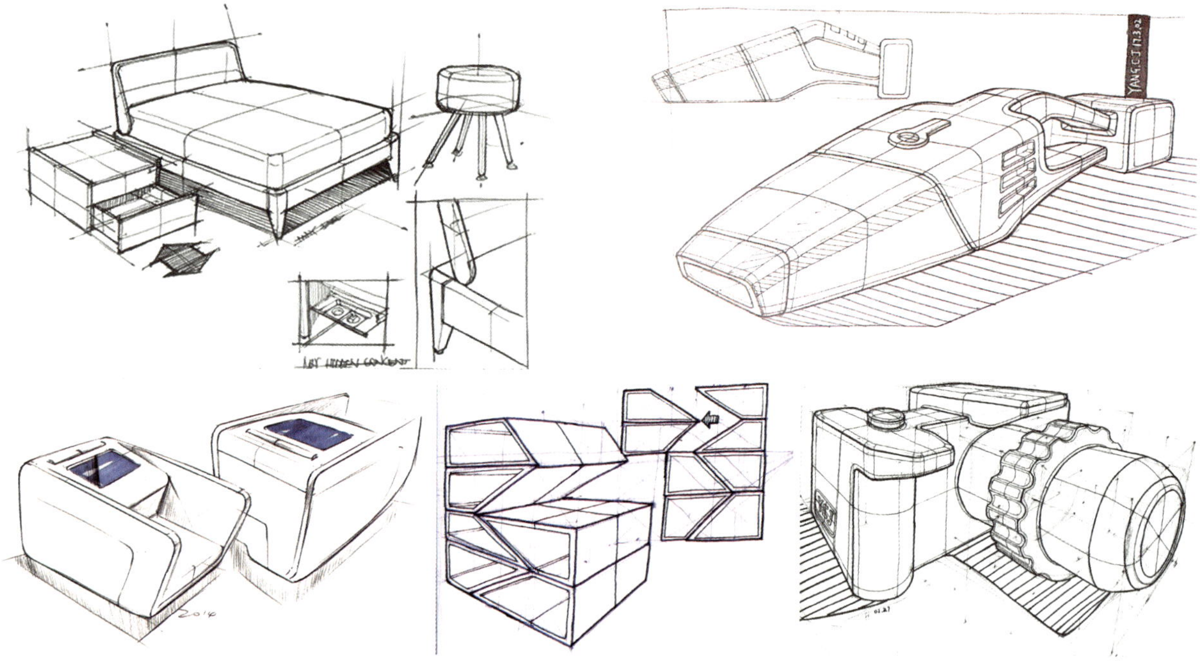

图3-5-131　两点透视绘制产品案例

（三）三视图

1. 定义

将人的视线规定为平行投影线，正对着物体看过去，将所见物体的轮廓用正投影法绘制出来的图形称为视图。一个视图只能反映物体某一方位的形状，不能完整反映物体的结构形状。要确定物体的空间形状，常常需要三个视图，三视图是从三个不同方向对同一个物体进行投射的结果（图3-5-132至图3-5-134）。

所以，能够正确反映物体长、宽、高尺寸的正投影工程图为三视图，这是工程界对物体几何形状的抽象表达方式。从物体的前面向后面投射所得的视图称主视图（正视图），能反映物体的正面形状；从物体的顶面向底面投射所得的视图称俯视图，能

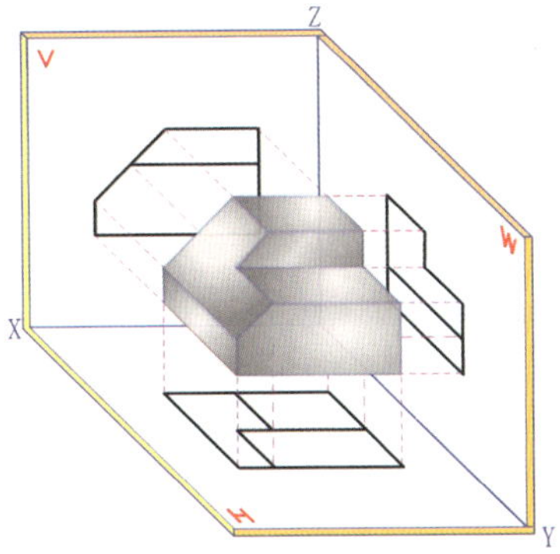

图3-5-132　正投影

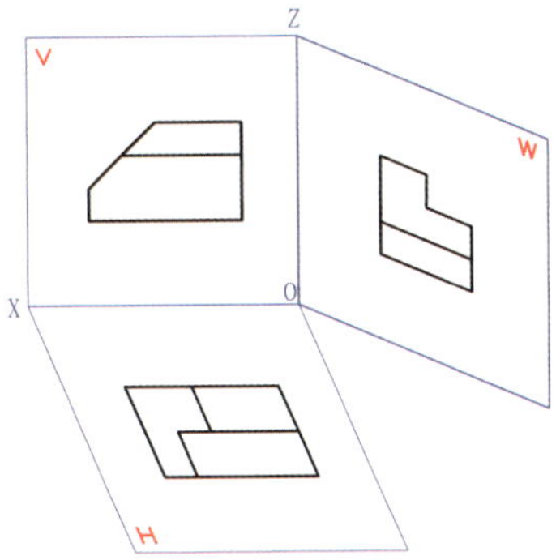

图3-5-133　展开投影面

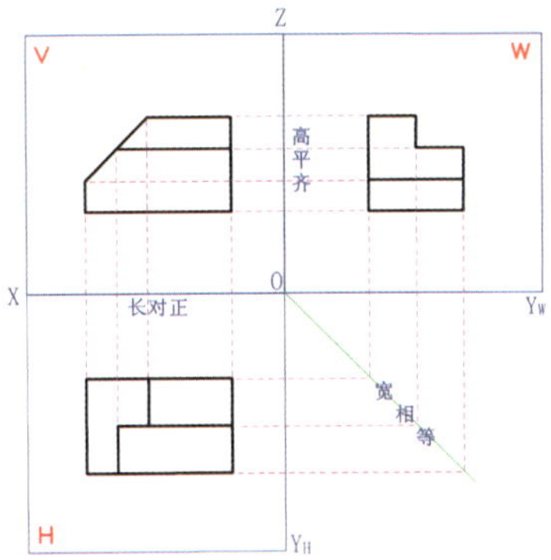

图3-5-134　三视图

反映物体的顶面形状；从物体的左（右）面向右（左）面投射所得的视图称左（右）视图（侧视图），能反映物体的左（右）面形状。

2. 视图关系与投影规则

主视图在图纸的左上方，左视图在主视图的右方，俯视图在主视图的下方。

主视图和俯视图都反映了物体的长度，即长对正；主视图和左视图都反映了物体的高度，即高平齐；俯视图和左视图都反映了物体的宽度，即宽相等。

3. 三视图画法

（1）确定摆放位置。物件的摆放位置要自然稳定，物件的表面相对于投影平面处于尽可能多的平行或垂直位置。

（2）确定主视图的投影方向。主视图的投影方向要能反映物件的物理特征和基本体之间的相互位置，并能减少前视图和左视图的虚线。

（3）布局并绘制基线。绘制每个视图的基准，确定每个视图在图上的具体位置。一般以对称的中心线、轴线和较大的平面为基准。

（4）绘图。根据长对正、高平齐、宽相等的投影规则，逐一画出三视图。一般先实（实形）后空（挖空形），先大（大形）后小（小形），先轮廓再细节。绘制时需要不断观察三个视图间是否对应。

（5）检查。对照标准，按照形状仔细检查（图3-5-135）。

4. 三视图的尺寸标注

三视图尺寸标注要求正确、完整、清晰。一套完整的尺寸标注应包括尺寸界线、尺寸线和尺寸数字三个基本要素（图3-5-136）。

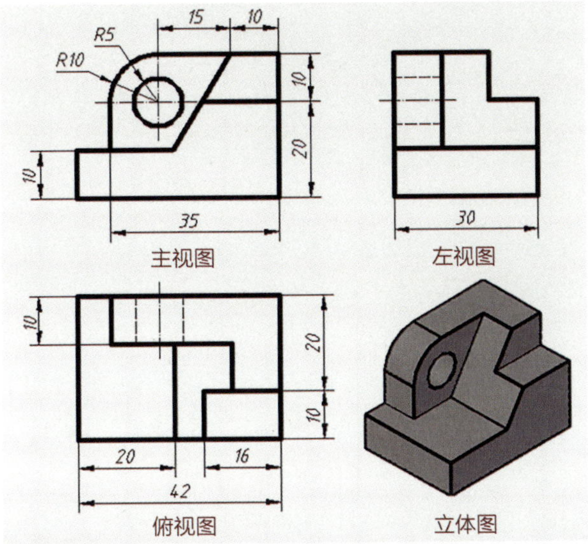

图3-5-135　绘制三视图

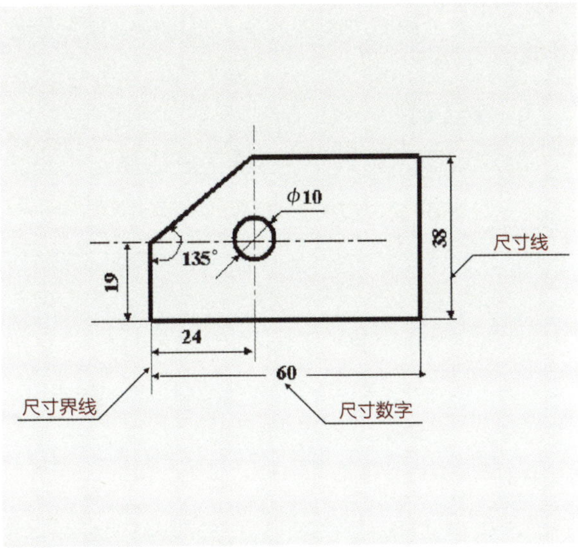

图3-5-136　尺寸标注

（1）尺寸界线。

尺寸界线为细实线，由轮廓线、轴线或对称中心线处引出。

（2）尺寸线。

①尺寸线为细实线，一端或两端带有终端箭头符号。

②尺寸线不能用其他图线代替，也不得与其他图线重合或画在其延长线上。

③尺寸线必须与所标注线段平行。

（3）尺寸数字。

①一般应注在尺寸线的上方，也可注在尺寸线的中断处。

②尺寸数字按国标要求书写，水平方向字头向上，垂直方向字头向左，字高不小于3.5mm。

③同一张图上数字及箭头的大小应保持一致。

④尺寸数字不可被任何图线所通过，否则必须将该图线断开。

五、任务实施：绘制靠背椅的三视图，Rhino软件2D制图在工业制造中的应用

（一）绘制靠背椅的三视图

本任务以靠背椅为例，绘制三视图。

通过前期设计和测量确定椅子的相关尺寸数据。椅子的座面和椅靠部分均为长宽450mm、厚度30mm的长方体，椅腿和横撑厚度分别为120mm和30mm。如图3-5-137所示确定主视图方向，主视图方向是与人接触的主要方向，其他的视图分别是俯视图和左视图。

1. 概括大形

确定绘图比例1：1，把椅子概括成一个长方体，根据三视图的“三等”规律和椅子的长、宽、高具体尺寸，分别画出长方体的主视、俯视和左视图（图3-5-138）。

2. 精细刻画

（1）画座面高度线和椅靠高度线。根据椅子座高和椅靠的高度，分别在三个视图中绘制椅子的座面高度线和椅靠的高度线（图3-5-139）。

（2）画座面厚度线和椅靠厚度线。根据椅子尺寸在主视图和左视图上面绘制出座面和椅靠的厚度（图3-5-140）。

（3）画椅腿厚度线和横撑厚度线。根据所知椅腿的厚度，分别在主视图和左视图上绘制出椅腿的厚度（图3-5-141）。根据所知椅子尺寸在主视图与左视图中绘制椅子横撑的厚度（图3-5-142）。

图3-5-137 靠背椅的尺寸和主视图方向（单位：mm）

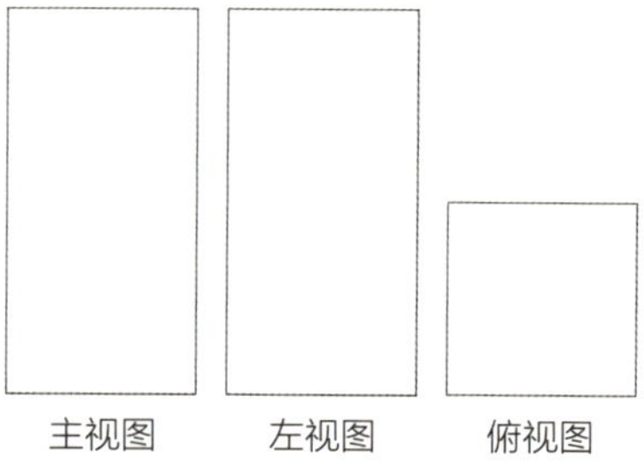

图3-5-138 概括大形

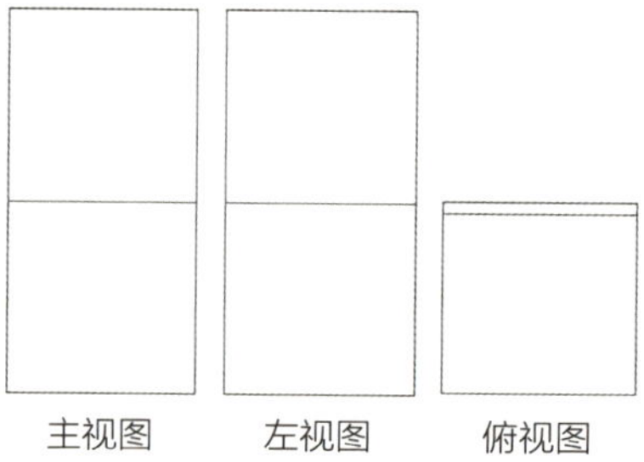

图3-5-139 画座面高度线和椅靠高度线

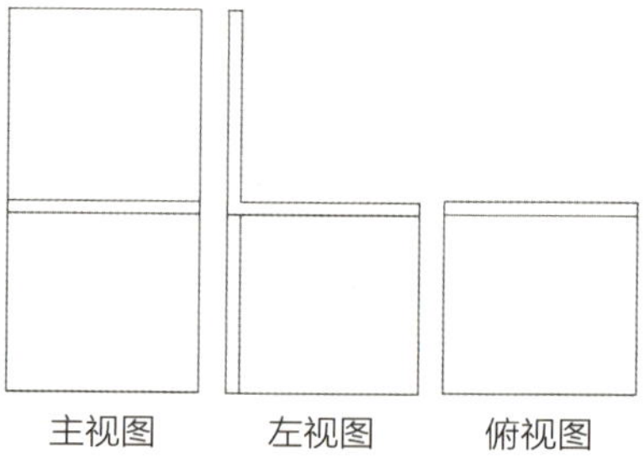

图3-5-140 画座面厚度线和椅靠厚度线

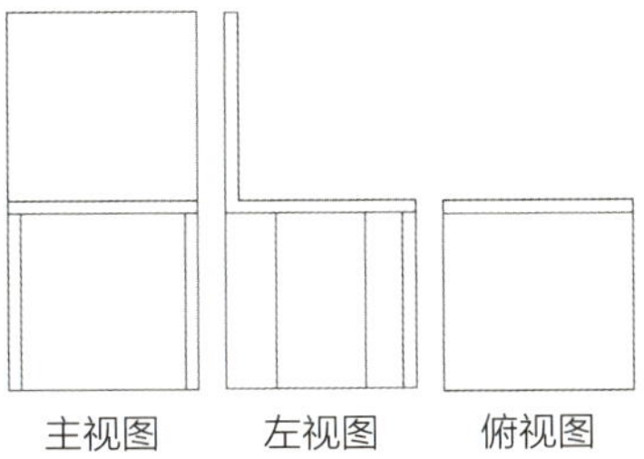

图3-5-141 画椅腿厚度线

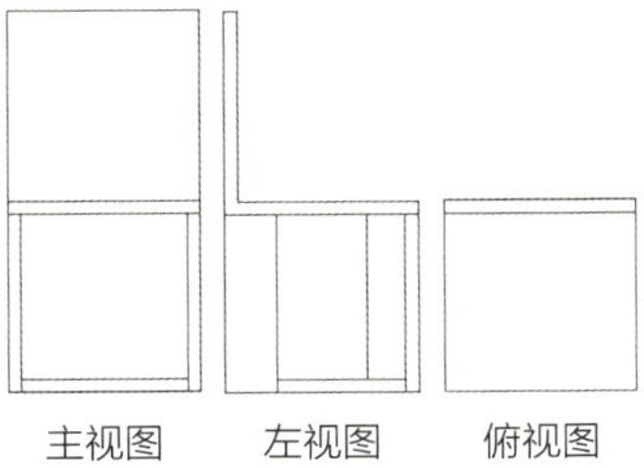

图 3-5-142 画横撑厚度线

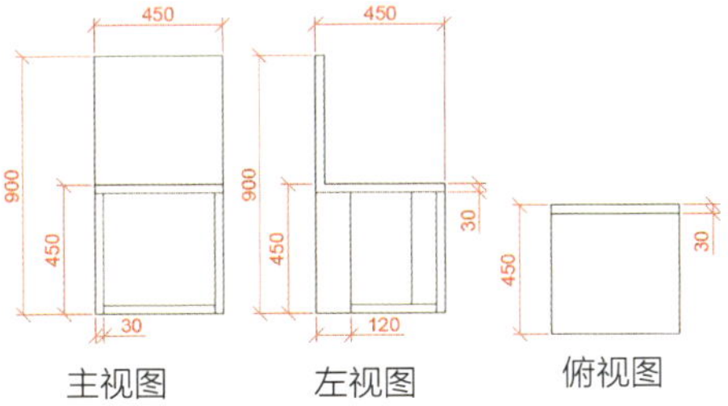

图3-5-143 尺寸标注（单位：mm）

3. 标注尺寸

如图3-5-143所示，标注椅子尺寸。

4. 审核检查

注意绘图原则是由大到小、由外形到内形及三个视图配合来做图，使每个部分符合“长对正、高平齐、宽相等”的投影规律，同时考虑尺寸布置的需要，可适当加大各视图之间的距离。

（二）绘制靠背椅三视图任务记录单

□个人自评 □小组互评 □教师评价 □企业评价 □社会评价

序号	任务流程	任务目标	完成指标	评分	改进措施
1	概括大形	确定三视图位置和长宽高尺寸	①主视图位置合理 ②三视图位置正确 ③长宽高尺寸正确		
2	精细刻画	画座面高度线和椅靠高度线	在三个视图正确绘制座面高度和椅靠高度，尺寸位置正确		
		画座面厚度线和椅靠厚度线	在主视图、左视图正确绘制座面厚度和椅靠厚度，尺寸位置正确		
		画椅腿厚度线和横撑厚度线	在主视图、左视图正确绘制椅腿厚度和横撑厚度，尺寸位置正确		
3	标注尺寸	标注尺寸	①正确。尺寸标注符合要求 ②完整。完全标注物体所有尺寸，不遗漏不重复 ③清晰。布局清晰，便于看图和查找尺寸		
4	审核检查	检查有无遗漏标注、错误标注、重复标注	如有问题，及时修正，确保修正后无误		

（三）Rhino软件2D制图在工业制造中的应用

工业设计和产品设计行业必备三维模型软件Rhino凭借强大的曲面建模能力以及便捷的操作被广泛使用于绘制三视图。利用Rhino绘制产品三视图，不仅可以做出平面效果图，也可以提供给其他工程软件进行三维建模做基础参考。

1. Rhino软件2D制图方法

Rhino能输入和输出的文件格式有几十种，它可以灵活、自由地绘制和编辑各种二维图形。Rhino软件可以利用自身所带的命令如点、线、圆、多线段等生成平面图形，利用图形编辑命令如镜像、旋转、倒角等，可对图形进行编辑和修改。软件本身的标注功能可以准确测量并标注出图形的各种尺寸比例。

2. Rhino软件2D制图在工业制造中的应用

通过Rhino软件导出二维图纸，便于查看产品的三视图，可以在工程设计软件如Creo或SolidWorks中被载入做基础参考。在进入后期处理时，可以配合平面软件做后期着色工作，最终画出想要的效果图。

我国工业设计正在蓬勃发展，Rhino作为在三维建模中必备的软件之一，能让工业设计师更好地与其他软件有机衔接，发挥出各自优势，大胆创新。

六、任务拓展：轴测图

（1）拓展知识：轴测图。

（2）拓展阅读：《产品设计制图》，张公明，彭冬梅编著，中国轻工业出版社2021年版。

（3）扫码完成三视图与立体图转换练习。小组间进行展示交流并完成互评。

（4）完成任务测验。

七、任务评价：《绘制靠背椅三视图任务记录单》《技术图纸-学习评价表》

根据《技术图纸-学习评价表》，展开任务的小组互评、教师评价。

轴测图介绍　　三视图与立体图转换练习

任务五　设计实践：木质玩具设计

一、任务目标：理解玩具设计原则和方法，进行木质玩具设计

1. 知识目标

（1）了解木质玩具的发展历史、主题分类、造型特征。

（2）熟记设计史上具有代表性的木质玩具设计作品。

（3）了解木质玩具的设计原则和设计方法。

2. 能力目标

（1）能够根据主题、工作流程，进行木质玩具设计。

（2）熟练使用计算机三维建模软件，以技术图纸和三维模型的方式表达设计。

3. 素质目标

（1）以劳育美，以美促劳，提升劳动品德和人文素养。

（2）培养健全人格，逐步形成良好的审美观和创新设计能力。

（3）提升团结协作精神和沟通协调能力。

4. 思政目标

树立正确的价值导向，传承中华优秀传统文化，强化文化自信和身份认同。

二、重点难点：将木质玩具设计方法有效用于设计实践，实现设计创新

1. 重点

根据主题，遵循市场调查、创意设计、模型打样、实施生产的工作流程，进行木质玩具设计。

2. 难点

（1）将木质玩具设计方法有效用于设计实践，实现设计创新。

（2）在设计立意上提升设计高度，避免单纯的卡通形象设计。

（3）以技术图纸和三维模型的方式表达设计。

三、任务导入：搜集设计史上的代表性玩具作品

（1）领取学习任务单，阅读学习指南，按照原有设计小组继续展开学习，预习任务中涉及的概念。

（2）搜集设计史上具有代表性的设计作品，调研其设计师和设计背后的故事。

学习任务单

一、开课任务

设计实践：木质玩具设计
1. 木质玩具创意设计方法
2. 木质玩具创意设计流程

二、学习情境

在前面的学习中，我们已经熟悉常用机械木工工具的安全操作规范和使用方法，学会精确开料的方法，能用一点透视图、两点透视图和三视图表现设计概念想法。本节课我们以玩具为主题，进行木质玩具设计，并以技术图纸的方式表现

三、学习指南

1. 搜集设计史上具有代表性的木质玩具设计作品，调研其设计师和设计背后的故事
2. 按课程任务要求分成小组，团结协作推进任务完成
3. 跟随任务目标，完成木质玩具创意产品设计
4. 课堂上进行设计汇报，小组互评，教师评价，企业评价
5. 课后将设计方案发布在社交平台上，传播优秀传统文化，收集目标消费人群的意见
6. 拓展学习网格设计知识，提高版式设计技能
7. 预习任务六，准备本组设计方案制作需要使用的材料和工具

四、相关概念

1. 玩具的概念
2. 木质玩具分类
3. 木质玩具的市场状况
4. 木质玩具创意设计方法
5. 木质玩具创意设计流程

五、任务规范

1. 设计方案需综合考虑功能、造型、结构、细节、尺寸、材料等要素
2. 保持细致耐心、规范操作的工作态度和职业精神
3. 注意课前学习及课中表现，关注学生自我表现力的提升，关注过程评价
4. 提升团队协作能力和集体荣誉感

四、任务准备：玩具的概念，木质玩具分类，木质玩具市场状况，木质玩具创意设计方法

（一）玩具的概念

从广义上看，玩具泛指一切可以用来玩的物品，凡是可以玩的、看的、听的和触摸的东西，都可以叫玩具。玩具的产生和发展是一种文化现象，是人类物质生活得到一定满足时出现的一种用于有意识的娱乐活动的物品。

木质玩具是指采用天然竹木或合成木材加工而成的玩具。相较于其他玩具，木材属于绿色可再生材料，木质玩具具有安全卫生、牢固耐磨、寓教于乐等特性，并且木质玩具的种类繁多、造型精美、可玩性强（图3-5-144）。

中国木质玩具发展历史比较久远，河姆渡遗址出土的木雕鱼被认为是世界上最早的木质玩具（图3-5-145）。另外，华容道、孔明锁也是经典的古代木质益智玩具（图3-5-146），对身心放松、大脑开发、手眼协调都有一定的作用。现今，我国已是木质玩具生产大国，浙江省云和县是全国最大的木质玩具生产基地，正努力向“全球木玩创制中心”前进。

（二）木质玩具分类

1. 益智类木质玩具（图3-5-147）

（1）直观性：充分挖掘儿童潜力。

（2）复杂性：外观看似简单，但往往需要通过玩者的思考分析才能玩得更有趣、多样。

（3）多变性：造型多种多样，充分调动人们的想象力，趣味十足。

2. 陈设类木质玩具（图3-5-148）

（1）形象性：玩具的整体形象比较接近所要表

图3-5-144 各类木质玩具

图3-5-145 河姆渡遗址木雕鱼

图3-5-146　古代木质益智玩具

图3-5-147　益智类木质玩具

图3-5-148　陈设类木质玩具

达的内容。

（2）雕琢性：通过雕刻与琢磨来完成表面加工，丰富生动，形象逼真。

（3）再造性：按照一定比例将要表达的内容进行缩小的创意设计。

3. 挂饰类木质玩具（图3-5-149）

（1）抽象性：用抽象的方法表达设计思想和表现内容，与抽象雕塑接近。

（2）装饰性：通过木质纹理或油彩来表现主题装饰。

4. 幼教类木质玩具（图3-5-150）

（1）系列性：通过一系列产品来表达一个主题，如厨房系列作品等。

（2）色彩性：用色彩表达主题，提高幼儿的认知能力。

（3）拼装性：可以进行重复拆装，提高幼儿动手、动脑的能力。

（4）声乐性：将木质玩具与声乐结合，增强幼儿的视觉、听觉、触觉。

（三）木质玩具市场状况

1. 国际市场

全世界的玩具市场发展主要是依赖儿童庞大的消费基数，同时由经济蓬勃发展的地区支撑。目前

图3-5-149 挂饰类木质玩具

图3-5-150 幼教类木质玩具

儿童木质玩具市场份额，更多被美国、德国、俄罗斯等发达国家占据。这些木质玩具企业发展时间较早且注重玩具创新设计，因其益智、环保、卫生等优点而深受社会各界人士的青睐。

国外的木质玩具设计及其市场发展已极具规模且相对成熟，这些成熟的经验对我国木质玩具设计的发展具有重要的指导和借鉴意义。

2. 国内市场

随着人们消费观念的转变，国人对于高质量的木质玩具更加青睐。近五年来，随着国家相关法律法规的出台，木质玩具企业的科技研发水平持续提升，使得国内木质玩具行业的市场规模不断扩张。

3. 面临的问题

目前国内木质玩具行业中也存在一些让人担忧的问题。首先，中国很多木质玩具大多以订单加工为主，不适合企业的长远发展。其次，目前市场上销售较好的木质玩具多为传统益智类木质玩具，但内容缺乏新意，形式缺乏美感。再次，很多木质玩具企业属于小作坊式经营，没有整体的形象设计和品牌规划。

我们可以从儿童木质玩具的功能特性、创意性玩法、适用人群特征、市场环境需求、制作工艺等角度入手，发现儿童木质玩具中的设计触点，促进木质玩具设计行业的发展。

（四）木质玩具创意设计方法

1. 低碳环保、绿色设计策略

随着全球气候变化，低碳环保的设计逐渐成了全球产品设计师的共识，木质玩具的消费者也非常注重产品的绿色性。例如，泰国Wonderworld玩具品牌在生产过程中注入了强烈的环境意识，采用可再生橡木等环保材料。纯木质玩具天然环保，用可持续发展森林的树林制造，能发挥出木质玩具独有的质感（图3-5-151）。

另外，利用废旧木质家具，重新加工后形成新的木质玩具，也不失为一种亲切而可行的设计策略。来自美国加利福尼亚州奥克兰的设计师Mark设计的森林家族系列木质玩具，所用木材均为边角料，给人童话世界般的感觉，还能培养儿童的环保意识（图3-5-152）。

2. 基于传统木质玩具的再设计策略

我国的木质玩具历史由来已久，其中以益智类玩具居多，比如陀螺、孔明锁、七巧板、竹蜻蜓等。这些传统而精巧的木质玩具是我们设计创新取之不竭的灵感源泉。

基于传统木质玩具的再设计是很值得思考的一种策略，目前也有了一些成功案例值得借鉴。例如，韩国设计师Tsunho Wang设计的竹蜻蜓数码相机（图3-5-153），能够将竹蜻蜓旋转的动能转化为电能供给相机运转，竹蜻蜓飞起来后就能主动以鸟瞰的方式进行抓拍。还有一种可以发出声音的七巧板，可以根据配套的故事书拼成各种图案，拼好后七巧板能发出声音说出拼的是什么以及相关故事。可见，安静的传统木质玩具被注入声光电后仿佛有了新的生命，这都是传统玩具与现代科技完美结合的案例。

3. 互动性与体验设计策略

被誉为现代设计先驱的意大利设计师兼艺术家Enzo Mari，以他在塑料和儿童玩具方面的实验性设计而闻名。1957年出品的16 Animals Puzzle（图3-5-154），由Danese公司每年限量生产300套，每套由16个动物组成，可搭可拼，整个产品的编排、动物的造型都是精良考究、形神兼备。家长和孩子或孩子和孩子共同完成玩具拼搭，在此过程中

图3-5-151 Wonderworld玩具

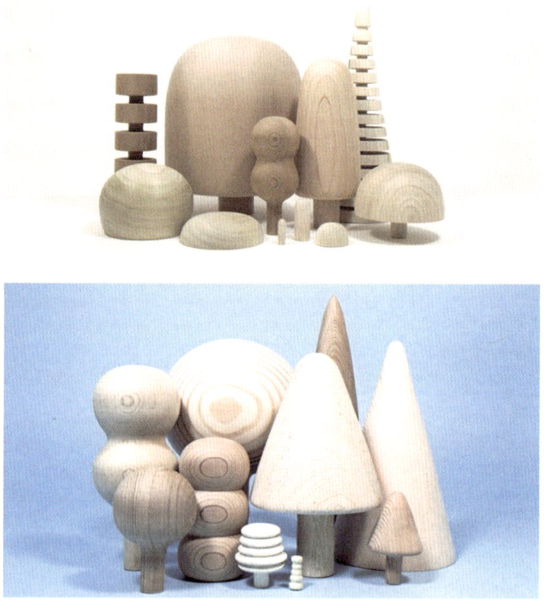

图3-5-152 森林家族玩具

图3-5-153 竹蜻蜓数码相机

提高孩子的专注力、沟通能力并让他们体验成功与失败。这套玩具的玩法不仅适合孩子，对大人也是不小的挑战。

4. 以单个产品为中心的家族化设计策略

儿童玩具的寿命相对于其他产品来说比较短暂，如果永不停止地创新汰旧，对玩具企业和设计师都是一个非常大的挑战，也违背环保原则。而以单个产品为中心的家族化玩具设计策略则可以最大程度地延长玩具寿命、拓展销路、降低成本。

图3-5-155所示木质猴子的作者是丹麦设计师Kay Bojesen，小猴构造精巧，造型可爱，四肢可以随意转动而摆出各种动作，甚至悬挂在物品上。木质猴子玩具大获成功后，设计师又做出一系列关节可以活动的玩具（图3-5-155），包括大象、熊和士兵，融合了传统玩具的温暖质感，又有精练简约的现代设计元素，其中大部分都是设计师在20世纪50年代创作的，但在今天看来仍旧历久弥新，毫不过时。

图3-5-154 16 Animals Puzzle

图3-5-155 可活动关节玩具系列

五、任务实施：木质玩具创意设计流程

（一）木质玩具创意设计流程

格物“智”知·中国传统玩具再设计

一件玩具产品从初步的想法到成熟上市，需要理智分析和反复实验。我们以作品《格物“智”知·中国传统玩具再设计》为例（图3-5-156），学习木质玩具创意设计流程，这件作品曾获得第五届“紫金奖”文化创意设计大赛银奖，参加“紫金奖”历届优质项目推荐暨竞买会，入选第二届江苏（南京）版权贸易博览会。

1. 设计起源

传统玩具是中华传统文化的重要组成部分，以其民俗性强、造型多样、寓教于乐，深受大众喜爱。然而随着全球化进程的加快，传统玩具的生存现状堪忧，很多经典的木质玩具，如木陀螺、风车等已“沦落”到小商品市场，在中高端玩具市场难得一见。

作为产品设计师，我们必须深层思考传统玩具的现代化创新之路，将现代产品设计的方法导入传统玩具行业，传承延续传统玩具，让传统文化在新时代中焕发出新的生机。

2. 设计研究

设计研究包括前期调查、资料收集和研究工作，通过观察用户发现玩具产品需要解决的主要问题，通过同行业竞品分析拟定产品开发策略，通过研究开发平台和媒介实现技术创新，成功找寻设计的突破点，使项目计划得以发展。

中华文化源远流长，延绵几千年且流传至今的文化符号数不胜数，本项目的关键取决于如何进行选择并将其有效应用于玩具设计。中国传统玩具再设计，选取陀螺、七巧板、中国象棋三种具有代表性的中国传统玩具来展开（图3-5-157）。

陀螺代表了“圆”的形态。陀螺的设计突破点是将传统的民间玩具向中高端化发展，转化为高端商务办公减压玩具。

七巧板代表了“方”的形态。设计的突破点在于将传统七巧板“立体化”，提供更为新型和多样的

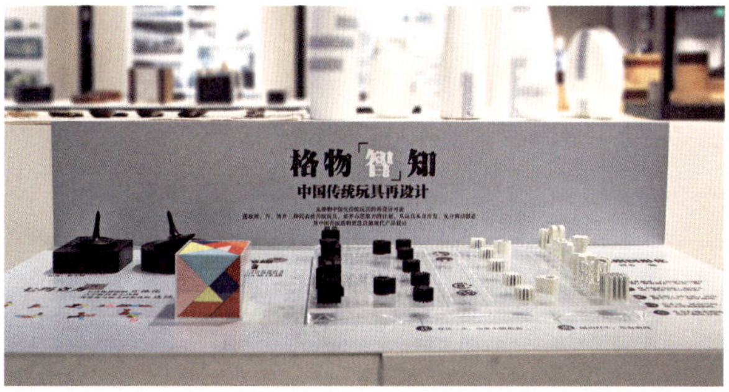

图3-5-156 格物“智”知·中国传统玩具再设计

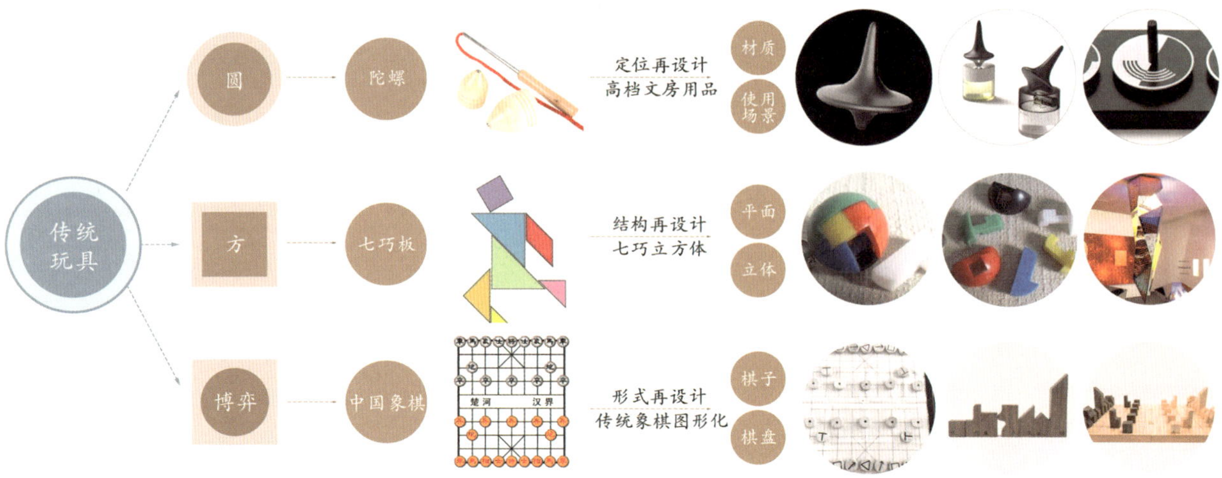

图3-5-157　设计研究

拼装方式，更加锻炼使用者的三维思考能力和空间想象力。

中国象棋代表了博弈的文化。通过调研观察发现，不识字的学龄前小朋友学习象棋是很困难的，这启发设计师用图形学的方法展现不同的中国象棋棋子类别，使其更有识读性。

3. 设计过程

在经过设计研究提出设计突破点的基础上，进一步完善改进设计创意，关注玩具的玩法设计和功能设定，通过手绘草图、效果图表达设计概念，通过计算机辅助三维建模完善外观模型以及创意原型的结构设计，通过技术和材料分析确定生产工艺和技术以及成本核算。

本案例中的陀螺属于定位提升。再设计的陀螺采用紫光檀材质，打磨后形成亮丽的包浆，利用水波形态的设计制造视错觉形成悬浮感，好似永动旋转（图3-5-158）。

本案例中的七巧立方属于结构创新。通过结构设计，将平面七巧板重构为七巧立方体，共22块组合构件。七巧立方的六个面都是七巧板，并且形体边缘保持面与面的连续性，不会沿边分裂。经过测算，六块七巧板边与边拼构的所有形式中，只有两种可以达到以上要求，本设计呈现的是其中一种（图3-5-159）。

本案例中的中国象棋属于形式创新。用图形学的方法展现不同的中国象棋棋子类别，将棋子的形式进行重新设计，使形态与棋子代表的事物或走法规则相对应。比如“将”，棋子高度最高，六角源自中国军衔，横直斜走，每次一格；再比如“马”，马走日，棋子形似马鞍，又暗示对角的路线（图3-5-160）。

4. 设计呈现

进一步利用计算机辅助三维建模细化设计，利用渲染软件进行颜色搭配，完成外观模型以及创意原型的制作，发放调查问卷，收集用户和市场反馈，确认设计方案（图3-5-161）。

图3-5-158　陀螺

图3-5-159　七巧立方

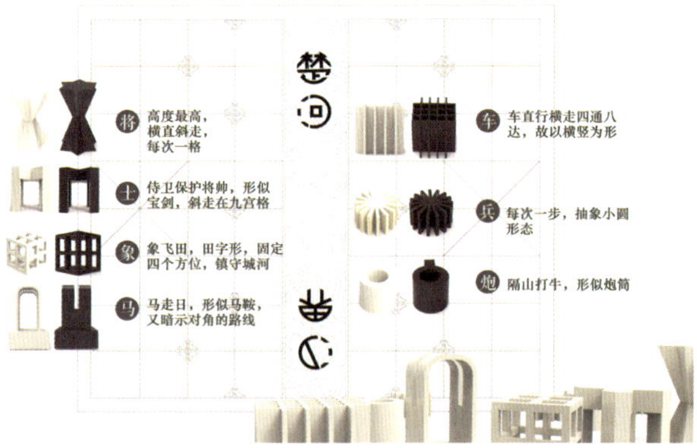

图3-5-160　中国象棋

图3-5-161　三维建模与原型制作

5. 实施生产

提交定案的设计样本，制订生产方案，确定生产需要的规格和技术，测算材料和成本，进行试生产。除玩具产品本身之外，玩具的包装、说明书、宣传页以及推广物料也需要同步考量和生产。

（二）木质玩具创意设计任务记录单

□个人自评　□小组互评　□教师评价　□企业评价　□社会评价

以“我和玩具的故事”为主题，进行木质玩具设计，要求选材合理、形态美观、细节丰富、结构精致，能实现准确拼装，能举一反三解决制作过程中的各种问题。

序号	任务流程	任务目标	评价指标	评分	改进措施
1	设计起源	设计的来源	设计来源于生活		
		设计的目的和意义	设计具有必要性和充分性，具有社会价值		
2	设计研究	设计的方向和方法	①设计方法可靠 ②设计方向精准		
		设计考察	①明确用户需求 ②了解市场需求 ③同类产品分析		
		设计的突破点	运用5W2H法则定位设计痛点和创新点 When何时 Where何地 Who用户对象 What做什么 Why为什么做 How怎么做 How much价格		
3	设计过程	草图阶段	形式多变，结构清晰，呈现多种可能性		
		草模阶段	形式比例正确，呈现造型的不同演变阶段		
		计算机辅助三维模型和效果图制作	造型优美，结构正确，具有细节特征，比例尺寸精准，效果图制作真实		
		加工模型（如有）	参与模型加工全过程记录，了解工艺流程		
4	设计呈现	产品原型（如有）	造型优美，连接结构合理，质感细腻，细节丰富，比例尺寸精准，符合人机工学		
		设计报告册	逻辑清晰，叙述流畅，图文并茂，版式设计精良		
		设计图纸	符合三视图制作标准		

六、任务拓展：网格设计

（1）拓展知识：网格设计。

（2）完成木质玩具产品设计方案，于社交平台发布作品图片和设计说明，收获点赞和评论，收集设计评价。

（3）准备本组设计方案制作需要使用的材料，列举方案制作需要的工具。

七、任务评价：《木质玩具创意设计任务记录单》《木质玩具设计-学习评价表》

网格设计介绍

根据《木质玩具设计-学习评价表》，展开任务的小组互评、教师评价。

任务六　应用实践：木质玩具制作工艺与流程

一、任务目标：掌握具有拼装结构的木质玩具制作工艺与流程

1. 知识目标

了解并掌握以儿童木马为代表的具有拼装结构的木质玩具制作工艺与流程。

2. 能力目标

（1）综合利用机械木工工具，通过画线开料、精确定型、榫卯连接、打磨、表面处理等工艺手段，制作儿童木马玩具。

（2）熟能生巧，以儿童木马案例举一反三，制作主题木质玩具。

3. 素质目标

（1）以劳育美，以美促劳，提升劳动品德和人文素养、职业素养。

（2）培养健全人格，逐步形成自己良好的审美观和创新设计能力。

（3）树立勤俭节约、规范用料的思想和原则。

（4）提升团结协作精神和沟通协调能力。

4. 思政目标

（1）培养敬业、精益、专注、创新的工匠精神。

（2）树立正确的价值导向，传承中华优秀传统文化，强化文化自信和身份认同。

二、重点难点：解决玩具产品加工制作中出现的个性化问题

1. 重点

具有拼装结构的木质玩具制作工艺与流程。

2. 难点

在了解木马案例的基础上，举一反三，制作具有拼装结构的木质玩具产品，能解决制作过程中的各种问题。

三、任务导入：玩具设计方案拆件、形成开料图纸和开料单

（1）领取学习任务单，阅读学习指南，预习任务中涉及的概念。

（2）将任务五中本组的玩具设计进行拆件，形成开料图纸和开料单。

学习任务单

一、开课任务
应用实践：木质玩具制作工艺与流程 1. 儿童木马玩具的分类 2. 橡胶木板的材料特性 3. 木质玩具制作工艺与流程
二、学习情境
本任务，我们以儿童木马玩具为例，了解并掌握具有拼装结构的木质玩具制作工艺与流程。举一反三，综合利用木工手工和机械工具，制作自行设计的具有拼装结构的木质玩具产品

续表

三、学习指南
1. 将任务五中设计的玩具产品进行数字化建模，重点分析其拼装结构 2. 准备本组设计方案制作需要使用的材料，列举需要的工具 3. 按课程任务要求分成小组，团结协作推进任务完成 4. 跟随任务目标，综合利用机械工具，制作具有拼装结构的木质玩具产品 5. 利用课余时间到木工实训工坊练习手工工具，注意操作规范与安全 6. 于社交平台发布作品制作过程和成果照片，收集目标人群反馈和社会评价
四、相关概念
1. 儿童木马玩具的分类 2. 橡胶木板的材料特性 3. 儿童木马制作工艺与流程
五、任务规范
1. 进一步学习木工安全操作的规范，尤其是要时刻保持安全操作 2. 各小组任务协作完成，注意制作过程的照片和视频记录，丰富的影像素材有助于提高社交平台发布的质量 3. 制作过程符合设计图纸，选材合理，形态美观，细节丰富，结构精致，能实现准确拼装 4. 注意课前、课中、课后学习表现，关乎职业素养与专业学习评价 5. 全面提升劳动品德和人文素养，养成细致耐心、规范操作的工作态度和职业精神

四、任务准备：儿童木马，橡胶木板

（一）儿童木马

儿童木马是集玩具和家具为一体的儿童趣味型产品，能够锻炼孩子的平衡力，促进孩子的骨骼发育和肌肉均衡生长。儿童木马由来已久，传统木马结构简单，玩法单一，儿童往往玩了一段时间后就会闲置。因此，今天的儿童木马设计不断演变创新，通过可拆卸的结构和简单的变换，实现木马造型及使用场景的转变，延长木马的使用生命周期，伴随孩子成长。

1. 多功能塑料摇马设计

这款滑摇两用儿童木马采用塑料材质，色彩明艳，手感光滑，安全环保（图3-5-162）。可滑行可摇摆，适合室内活动玩耍，拆去摇马底板，即刻变身滑行小车，一车两用。可以帮助低幼龄儿童全方位地锻炼身体协调性，同时增加了玩耍的乐趣。

2. 成长型儿童木马设计

为扩展儿童产品在时间和空间上的使用范围和使用寿命，做到物尽其用，将儿童产品的功能进行转换以及拓展延续也是一种成长型的设计策略。这款木质多功能木马设计，集合了儿童滑步车、手推学步车和摇摇马三种不同的使用功能（图3-5-163）。在核心功能保持不变的情况下，对产品局部进行调整，从而满足儿童的不同使用需求。通常，设计标准接口或标准组件是确保局部变化的手段之一。

（二）橡胶木板

橡胶树是较典型的热带雨林树种，经济寿命在30年左右，所分泌的乳胶是重要的工业原料。橡胶树是重要的人工林资源之一，其木材材质轻、色泽淡雅、花纹美观，加工性能优良、尺寸稳定性好，可制作实木家具、木门、地板、定制家居、木皮及小工艺品，也可以用于室内装饰装修材料（图3-5-164、图3-5-165）。

随着人们对实木家具需求的增大，以及天然硬木资源的日渐枯竭，橡胶木开始进入人们的视野，并凭借其性价比高、加工性能好、木材花纹美观、涂饰性好等优点，成为实木制品的主要用材。

1. 橡胶木的主要价值

感官舒适。橡胶木花纹美观，色调柔和，不同位置的纹理色彩多变，材色为淡雅的黄色，朴素又沉静。

宜居价值。由于木材吸湿特性，使用橡胶木制品有利于调节外部温湿度变化所引起的室内环境变化。

健康价值。橡胶木材质天然散发淡淡的香气，这些挥发物含有萜烯类化合物，具有良好的生理活性，可以缓解紧张与疲劳。

绿色可持续。橡胶林是优质热带森林生态系统

图3-5-162　滑摇两用儿童木马

图3-5-163　木质多功能木马设计

的重要组成部分。据相关实验测得1公顷橡胶树林1天可吸收二氧化碳1000kg，可制造氧气730kg，犹如天然“氧吧”。

2. 橡胶木的加工特性

色泽淡雅均一，具有天然象牙色调。刚砍下来的橡胶木呈浅黄褐色，风干后呈现微微带灰色的乳白色，心材和边材的区别不明显。

材质均匀，木材收缩率低，尺寸稳定，密度中等。橡胶木属于环孔阔叶材，体积干缩系数为0.353%，生材含水率高，但容易干燥。

加工性能良好，容易锯解、旋切、钻孔等，也易于胶合和涂饰。橡胶木质地轻而软，木材硬度随树龄而增长。

花纹美观，色泽浅，装饰性能良好。橡胶木的硬度和密度适中，表面粗糙度适中，能接受所有类型的染料和涂料，油漆涂装性能良好。

3. 橡胶木指接板

由于橡胶采割量较大，现在橡胶树一般生长期不到30年就被砍伐，使得其树径大多小于300mm。橡胶树的树形生长特性是在较矮的部位就开始分杈生长，笔直的身板长度不够，不适合做直拼大板。加之橡胶木含糖量比较高，容易变形，所以目前利用橡胶木生产家具，多采用指接集成技术来加工部件。

指接板，又叫指接木、集成板，是由多块实木板拼接而成，由于竖向木板间采用锯齿状接口，类似两手手指交叉对接，故称指接板（图3-5-166）。相对于其他木工板、密度板、多层板、刨花板，指接板采用的是实木板，用胶量很少，更为环保。指接板最常用规格为1220mm×2440mm，厚度有9mm、12mm、15mm、18mm、25mm不等。

本任务中，我们利用25mm厚的橡胶木指接板作为儿童木马原材料。橡胶木指接板双面平整，木色淡雅，有细腻的木纹和特殊的美感，易加工制作出复杂的曲面造型，大大减轻了我们的开料工作。

图3-5-164　橡胶木板

图3-5-165　橡胶木砧板

图3-5-166　指接板

五、任务实施：儿童木马制作工艺与流程

（一）儿童木马制作工艺与流程

我们以儿童木马的尺寸图纸建立计算机三维模型，用Rhino软件打开进行旋转观察和拆解分析。如图3-5-167模型拆件图，从上到下儿童木马主要由八个部件构成：马头、把手、坐面、马尾、斜撑、横撑、弯腿、脚踏。制作儿童木马的过程主要分为：图纸分析、画线开料、精确定型、连接结构制作、细节优化、组装和表面处理，这也是我们制作含有拼装结构、比较复杂的木质玩具的基本工艺和流程。

1. 图纸分析

因为具有多个部件和连接结构，儿童木马的图纸和尺寸比较复杂，图3-5-168是以三视图的形式表现其各个部件的详细尺寸和榫卯连接件，后期的精确定型需要以此为标准。可扫码查看图纸文件。

木马榫卯定位图

2. 画线开料

图3-5-169是儿童木马的开料单，标明了木马的各个部件的开料尺寸和数量。根据这张开料单，在橡胶木板上画线定位，使用台锯和型材切割锯

木马开料单

进行初开料。大部分初开料的形状以长方形为主，本着节约木料的原则，弯腿可以进行弧形排列，用带锯开料。初开料的排布需要仔细考虑，尽可能在有限的木板上排出更多的初开料（图3-5-170）。

3. 精确定型

在初开料的基础上，根据使用的机械工具，我们将木马的部件分成三类。

（1）用带锯处理马头和弯腿，注意曲线的顺滑。

弯腿的弧线大，方便处理，但马头的曲线较精细，尤其是马头和脖子的曲线衔接处，距离很窄，不能在带锯上硬转，需要用带锯锯条一点点小心蹭掉木料（图3-5-171、图3-5-172）。

（2）用型材切割锯处理马尾和斜撑的斜面，注意设置角度。

根据木马图纸，斜撑的锯切斜面是30°，马尾的锯切斜面是15°，参考型材切割锯斜切木料的方法进行角度设置和锯切（图3-5-173）。

（3）用圆锯处理坐面的梯形造型。

木马坐面的梯形造型属于长直线斜切，无法在台锯上完成，必须使用手持式圆锯，配合轨道，沿画线痕迹锯切（图3-5-174）。

余下的横撑和脚踏无需精细处理，初开料得到的即是我们需要的尺寸，把手通过直接购买直径20mm的榉木圆棍木棒实现（图3-5-175）。

4. 连接结构制作

接下来，连接结构制作，这是木质玩具制作工艺与流程中的难点。

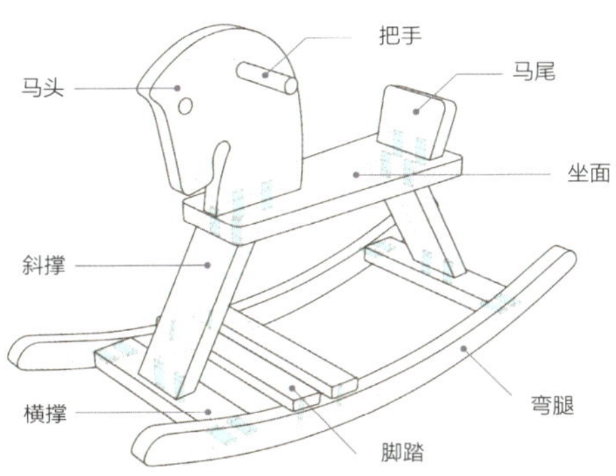

图3-5-167　儿童木马部件组成

木马三维模型

木马三视图

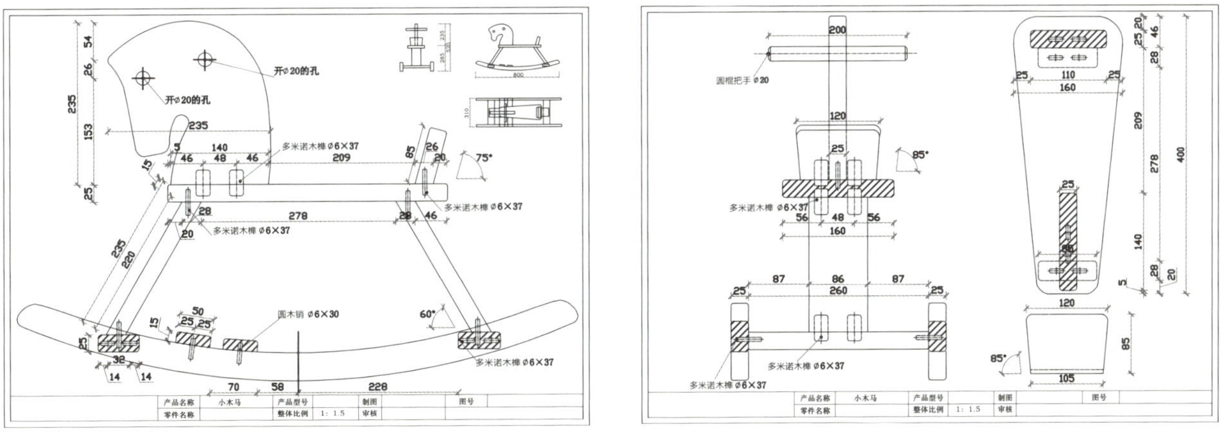

图3-5-168　儿童木马三视图纸

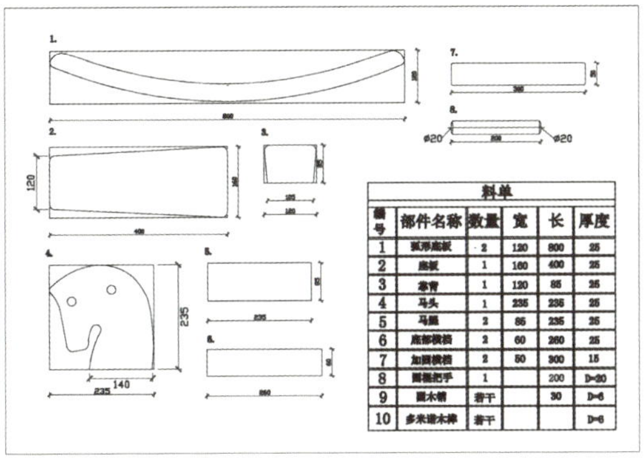

料单					
编号	部件名称	数量	宽	长	厚度
1	弧形底板	2	120	800	25
2	座板	1	160	400	25
3	靠背	1	120	85	25
4	马头	1	235	235	25
5	马腿	2	85	235	25
6	底部横档	2	60	260	25
7	加固横档	2	50	300	15
8	圆棍把手	1		200	D=20
9	圆木销	若干		30	D=6
10	多米诺木榫	若干			D=6

图3-5-169　木马开料单

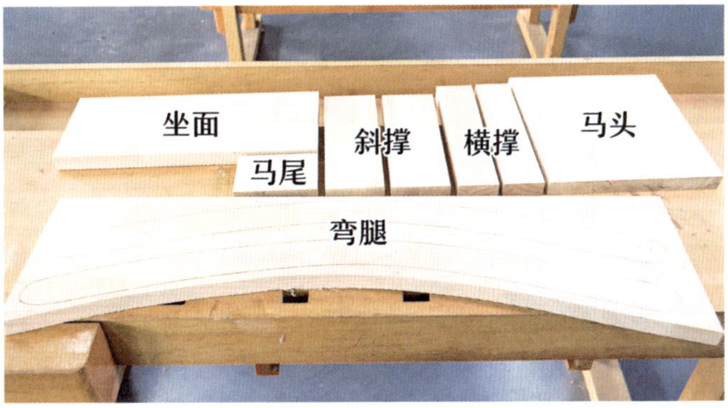

图3-5-170　木马部件初开料

木艺制品的连接和组装是需要重点研究的，它对家具的造型、功能和品质起到至关重要的作用。传统木作家具的榫卯连接固然精妙，但工艺复杂，初学者难以实现，所以我们今天选择使用的是多米诺榫连接。

我们根据木材的厚度25mm，选择5～6mm厚度的木榫和配套的刀具。图纸上共有16个多米诺榫连接点位，根据图纸上多米诺榫的定位尺寸，画线确定连接位置，设置多米诺榫机参数，用多米诺榫机在两个部件的连接点分别制作出榫孔（图3-5-176），插入配套的多米诺榫，两个部件就能牢固相接，快速完成结构组装（图3-5-177）。多米诺榫机的具体使用方法可参照本书前文。

5. 细节优化

由于木马的结构件较多，且与儿童密切接触，需要在细节上对其进一步优化，对每个部件分别倒角和打磨，保持其表面平滑，没有毛刺，转角圆滑。如果对曲线的精度和顺滑度要求很高，可以用CNC雕刻出模板，利用铣机对照模板仿形，这样可以保证每一匹木马的曲线形态完全一模一样（图3-5-178）。

6. 组装

木马的各个部件制作好后，进行组装。在榫孔挤入木工胶水，用锤子敲击进行组装，配合夹具固定（图3-5-179）。

7. 表面处理

12小时后，拆去夹具，铲掉外露的胶水，再次手工打磨，使用木蜡油进行表面涂擦护理。推荐使用棉布擦拭，可以帮助木料更好地吸收。

儿童木马的制作就完成了（图3-5-180、图3-5-181）。

图3-5-171 锯切马头

图3-5-172 锯切弯腿

图3-5-173 切割斜面

图3-5-174 切割坐面斜边

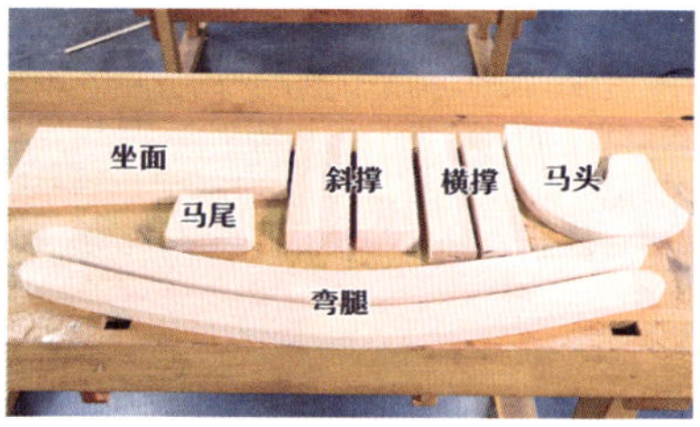

图3-5-175 木马部件精确定型

图3-5-176 多米诺榫机制作榫孔

图3-5-177 部件试装

图3-5-178 打磨部件

图3-5-179 组装部件

图3-5-180　儿童木马完成图

图3-5-181　儿童木马细节图

（二）儿童木马制作任务记录单

□个人自评　□小组互评　□教师评价　□企业评价　□社会评价

序号	任务流程	任务目标	评价指标	评分	改进措施
1	图纸分析	分析木马三视图与木马榫卯定位图	读取木马三视图尺寸，绘制开料单，与教师提供的开料单比对数据		
2	画线开料	用带锯开料：马头、弯腿	根据开料单，近似切割曲线形状		
		用台锯和型材切割锯开料：马尾、斜撑、坐面	根据开料单，精确切割出各个部件的长方形形状		
		用台锯和型材切割锯开料：横撑、脚踏	根据开料单，精确切割部件形状		
3	精确定型	用带锯处理马头和弯腿	精确切割马头和弯腿		
		用型材切割锯精确定型：马尾和斜撑的斜面	精确切割马尾和斜撑的斜面		
		用圆锯精确定型：坐面的梯形造型	精确切割坐面的梯形造型		
		精确定型：横撑和脚踏	已在“画线开料”步骤实现		
4	连接结构制作	多米诺榫连接	根据木马榫卯定位图，测量画线，用多米诺榫机打孔		
		圆棒榫连接	根据木马榫卯定位图，测量画线，用手电钻打孔		
5	细节优化	倒角	对所有部件倒角，倒角弧度一致		
		打磨	对大面积平面采用振动打磨机打磨至无明显磨痕，对小面积平面采用手工打磨		
6	组装	榫卯连接	用多米诺榫和圆棒榫连接所有连接点，配合木工胶填充和锤子敲击		
		夹具固定	用夹具固定所有连接点，尽可能减少缝隙，擦去外溢胶水		
7	表面处理	涂擦木蜡油	撤去夹具，铲掉外露的干燥胶水，再次手工打磨，使用棉布擦拭木蜡油		

六、任务拓展：完成木质玩具制作，上传于社交平台

（1）完成木质玩具设计与制作，于社交平台发布作品制作过程和成果照片，收集目标人群的反馈和社会评价。

（2）完成任务测验。

七、任务评价：《儿童木马制作任务记录单》《木质玩具制作工艺与流程-学习评价表》

根据《木质玩具制作工艺与流程-学习评价表》，展开任务的小组互评、教师评价。

PROJECT 6

项目六

机械工具与木旋技艺

木旋与其说是一门技术，不如说是一门艺术。天然木料的材质、纤维肌理、硬度等物理特性千差万别，即使同一块木料的相邻部位，其物理特性也可能有巨大的差别，所以要创作一件优秀的木旋作品，需要操作者通过眼睛、耳朵和双手与旋转的木料进行微妙而动态的持续对话，将木料制作成心中想象的形状。

本项目我们将介绍机械木工中的一种特殊技艺——木旋，熟悉木旋机械工具车床的主要结构和运行原理，了解并掌握利用木旋制作陀螺和复杂旋转形态产品的工艺与流程，在掌握技术的前提下融合创意设计。

学习目标

1. 知识目标

（1）了解木旋的概念，熟悉车床的主要结构和运行原理。

（2）了解并掌握利用木旋制作陀螺的工艺与流程。

2. 能力目标

（1）会正确安全操作车床和配套工具。

（2）能利用带锯和车床，通过开料准备、打坯、精确定型、打磨抛光等工艺，制作陀螺、戒指架等主轴车削产品。

（3）能通过主轴车削举一反三，利用卡盘车削制作花瓶、木碗等需要端面造型的产品。

3. 素质目标

（1）树立牢固的安全意识，提升劳动品德和人文素养。

（2）形成良好的审美观和创新设计能力。

（3）培养敬业、精益、专注、创新的工匠精神和职业素质。

（4）因木旋操作“不可回头”，倡导细心操作，提前规划，避免浪费。

任务设计

任务一	木旋机械与工具	课时	4
任务内容	认知木旋机械工具的主要结构和运行原理		
任务要求	1. 了解木旋的概念和历史发展 2. 熟悉车床的主要结构和运行原理 3. 会根据不同的制作形态选择合适的车刀		
任务二	案例实践：木旋技艺与陀螺	课时	4
任务内容	旋转形态产品设计与制作		
任务要求	1. 了解并掌握利用木旋制作陀螺的工艺与流程 2. 利用带锯和车床，通过开料准备、打坯、精确定型、打磨抛光等工艺，制作陀螺、戒指架等主轴车削产品 3. 通过主轴车削举一反三，利用卡盘车削制作花瓶、木碗等需要端面造型的产品		

任务一 木旋机械与工具

一、任务目标：熟悉车床的主要结构和运行原理

1. 知识目标

（1）熟记并背诵木工实训室安全操作要点。

（2）了解木旋的概念和历史发展。

（3）熟悉木旋机械工具车床的主要结构和运行原理。

2. 能力目标

（1）会正确安全操作车床。

（2）会根据不同的制作形态选择合适的车刀。

3. 素质目标

（1）树立牢固的安全意识，提升劳动品德和人文素养。

（2）培养敬业、精益、专注、创新的工匠精神和职业素质。

二、重点难点：熟记车床和车刀的安全操作规范

1. 重点

熟悉车床的主要结构和运行原理。

2. 难点

正确安全操作车床和配套车刀，进行简单的车削操作。

三、任务导入：观看木旋加工视频

（1）完成前课项目测验和评价反馈。

（2）领取学习任务单，阅读学习指南，预习任务中涉及的概念。

（3）观看木旋加工视频，思考木旋可以用来做哪些产品，画出示意草图。

学习任务单

一、开课任务

木旋机械与工具
1. 木旋
2. 车床
3. 车刀

二、学习情境

在前面的学习中，我们利用机械工具，准确开料，掌握了具有拼装结构的木艺玩具制作工艺与流程。本节课开始，我们从一般机械过渡到特殊机械，学习制作旋转形态的一门技术——木旋，了解木旋的概念，熟悉木旋机械工具（车床）的主要结构和运行原理。木旋制作技艺是一门古老的民间技艺，也是与我们之前所学的机械工具完全不同的木艺制作体系

三、学习指南

1. 完成前课项目测验和评价反馈
2. 观看木旋加工相关视频，思考木旋加工可以用来做哪些产品
3. 讲述车床的工作原理和主要结构，模仿学习正确的操作姿势
4. 拓展阅读《木旋全书》，理查德·拉凡著，北京科学技术出版社，2016年版
5. 利用网络或图书馆资源收集手工木旋作品案例

四、相关概念

1. 木旋的概念与技术发展
2. 车床的结构和配件
3. 车刀的分类

五、任务规范

1. 面向车床指出其主要结构和运行原理，讲解清晰，原理正确
2. 收集手工木旋作品案例丰富、类别广泛，适合作为后续木旋制作的参考
3. 全面提升劳动品德和人文素养，形成细致耐心、规范操作的工作态度和职业精神
4. 注意课前、课中、课后学习表现，关乎职业素养与专业学习评价
5. 任务测验成绩将计入课程成绩

四、知识传授：木旋，车床，车刀

在前面的学习中，我们认知了锯、刨、铣、磨、钻、车六类机械工具，观察如图3-6-1所示这些木艺产品，这些产品的共同特征是圆形，而我们之前学习的木工机械都以方形加工为主，对旋转成型的产品是不适用的。所以本项目，我们来学习一门专业做“圆”的技艺——木旋。

（一）木旋

在中国民间传统技艺中，木工可分修建木结构房屋的大木作（图3-6-2）、木结构装修的小木作（图3-6-3）、制作家具与木制品的精细木作（图3-6-4、图3-6-5）以及木雕（图3-6-6）和木刻等，木旋（图3-6-7）属于木工分类中的精细木作。

图3-6-1　木旋作品

木旋是民间传承下来的手工技艺，蕴含着浓郁的民间生活气息。因其在加工制作时必须围绕中心轴进行，被称为木旋。木旋技艺的特征是用两手控制刀具对旋转的木料进行旋削，最终得到轴对称的木旋成品。

1. 传统木旋技艺

木旋在中国有悠久的历史，传承至今已有数百年。传统木旋的动力来源是手艺人通过脚踩带动旋轴旋转进行加工制作，图3-6-8为传统的脚踩式手工车床。位于河北邯郸肥乡区东南部的沙窝村，是中国民间手工木旋文化发祥地之一，其使用“套旋”技艺生产制造木碗（图3-6-9）的历史悠久，制作工具有脚踏式旋床、单刃斧、挖刀、尖刀等（图3-6-10）。沙窝木碗在清代初期便小有规模，清末进入鼎盛时期，传承至今已有500多年的历史。但近年来由于手艺人纷纷改行，沙窝传统木旋技艺面临着严峻的传承问题。

2. 现代发展革新

进入20世纪后，木旋技艺及其手工艺人的生产生活方式产生了巨大的变化。电动化的木旋设备快速发展，出现了以红箭、Powermatic、沃富特、海

图3-6-2　大木作

图3-6-3　小木作

图3-6-4　精细木作1

图3-6-5　精细木作2

图3-6-6　木雕

图3-6-7　木旋

图3-6-8　传统脚踩车床

图3-6-9　沙窝村“套旋”木碗

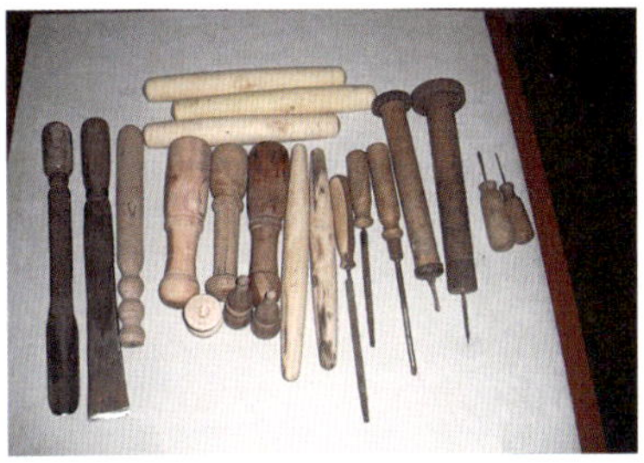

图3-6-10　沙窝村木旋工具

图3-6-11　电动木工车床

威等为代表的电动木工车床（图3-6-11），逐渐取代了传统的脚踩式木旋床，这使得传统木旋通过新的方式得到了传承发展。

电动木工车床相较于传统旋床在精细度上更高，也更加节省手艺人的体力，但电动车床在加工时高速旋转会产生巨大的离心力，也使其更危险。在配件的革新上，出现了木旋防护面罩，可以保护制作者的面部，减少木屑灰尘的吸入。有适合各种木旋半成品的卡盘，以固定不同尺寸的木料。为了加工不同造型的木旋制品，车刀的发展多种多样，还有配套的车刀研磨系统等。这些现代工具的革新，为木旋的创新提供了更便利的基础条件。

（二）车床

木旋离不开车床，车床也被称为“旋床”，是加工圆形或圆柱形物件最高效的工具。车床能够使木料在一定速度下围绕一个中心点旋转，操作者使用车刀或砂纸对工件进行匀速的车削或打磨，最终获得我们想要的造型。与其他机械工具相比，木旋技艺最大的优势是安静，几乎没有噪声。车刀在车削木料时，也和台锯、平压刨等这类大型木工机械不同，并不会发出尖厉的噪声。

1. 车床的主体结构

标准车床主要由以下几个部件构成：床身、床头箱、尾架、刀架和内部的电机，另外还配有开关和快速止停手柄（图3-6-12）。

以沃富特M305小型车床为例，如图3-6-12所示，①是床身，是车床所有部件的基础。

②是床头箱。床头箱是固定不动的，内部装有电机。电机通过带动皮带和皮带轮来带动安装在床头箱内的水平轴，从而带动木料（图3-6-13）。这

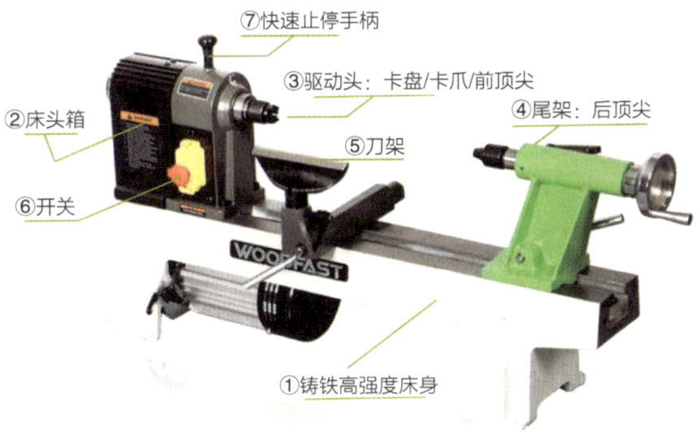

图3-6-12　标准车床部件结构

图3-6-13　手动调速皮带组

款车床需要手动来改变速度，具体方法是将皮带移到不同的滑轮组上。而另外一些车床可以通过无级变速自动调速（图3-6-14）。

床头箱的右边是③驱动头，在木旋制作过程中，根据不同的造型需要，驱动头上可以安装花盘、卡盘或顶尖。

④是尾架。尾架上可安装后顶尖，尾架可以沿着床身滑动以形成大小不同的操作空间。

⑤是刀架。木旋操作时车刀必须放在刀架上使用，不得悬空。

⑥是开关。开关分红色和绿色两个按钮，绿色开红色关，且红色按钮的高度高于绿色，方便在停止时直接拍下按停（图3-6-15）。

⑦是快速止停手柄。快速止停手柄在使用车床时需要抬起，遇到紧急情况放下可立刻卡停车床运行（图3-6-16）。

车床的操作体量取决于两点：一是床头箱和尾架之间的最大距离，这个距离决定了车削的可用加工长度；二是从床身到驱动轴中心线的距离，这个距离就是在做卡盘车削时的最大半径。

2. 车床的配件

车床一般标配有一个花盘、一个前顶尖（驱动顶尖）和一个后顶尖（回转顶尖），有了这些基本的固定装置就能开工。当然，根据需求选配其他配件能让旋切更加轻松。

要车削一块木头，需要把木头牢牢地固定在车床上，有以下三种基本的固定方法。

（1）把木料顶在前后顶尖之间（图3-6-17至图3-6-19）。

把木料顶在前后顶尖之间是最简单的固定方法，适合沿木料长度方向进行主轴车削时使用。旋转动力通过前顶尖上的齿爪传递给木料，使之旋转，后顶尖把木料牢牢地顶在前顶尖上。前顶尖一定要和尾架后顶尖一起配合使用，没有后顶尖，前顶尖是无法单独工作的。前后顶尖有多种规格可以选用，取决于待加工木料的大小、重量和特性。

（2）把木料用螺丝固定在花盘上（图3-6-20、图3-6-21）。

花盘的作用是在面盘车削时固定木料，特别是大体量的木料。具体使用方式是用螺丝将花盘打进木料中固定，再将花盘装上车床的驱动头。花盘的固定方式是最稳固的，可以有效防止木料飞出。

（3）用卡盘夹住木料（图3-6-22至图3-6-24）。

如果不只是用车床进行主轴车削，那么还至少需要一个四爪卡盘。四爪卡盘上有四条滑槽，可以安装不同类型的卡爪。卡盘的好处是，通过选配不

图3-6-14　无级变速调速

图3-6-15　开关

图3-6-16　快速止停手柄

图3-6-17　前顶尖

图3-6-18　后顶尖

图3-6-19　把木料顶在前后顶尖之间

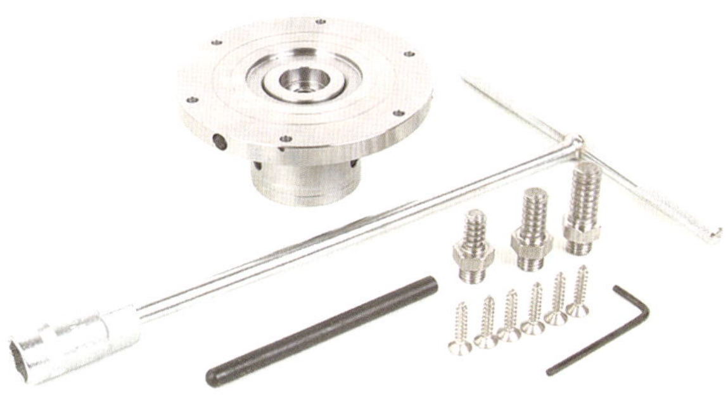

图3-6-20　花盘

图3-6-21　把木料用螺丝固定在花盘上

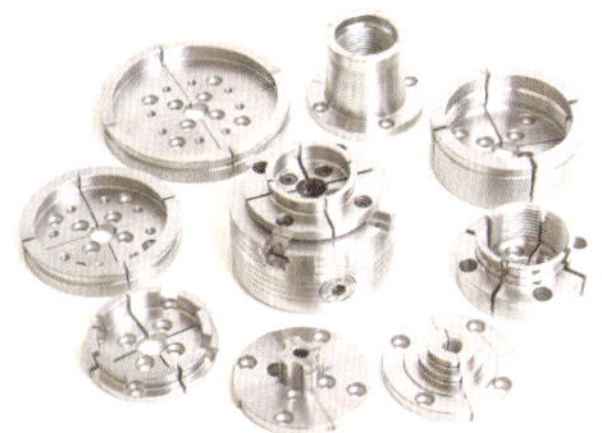

图3-6-22　卡盘

图3-6-23　用卡盘夹住木料1

图3-6-24　用卡盘夹住木料2

同的卡爪，无论是方形木料还是圆形木料，根据造型不同，卡爪能够向外撑开、向内夹紧和抓扣住待车削的木料。但卡盘的抓握力度不及花盘，在高速旋转过程中有飞出的风险。

3. 车床的工作类型

车床能完成两种不同类型的工作：主轴车削和卡盘车削。

（1）主轴车削（图3-6-25）。

主轴车削可以用来制作椅子的横挡、桌腿、蜡烛架、楼梯栏杆等长圆柱形状，操作时木料沿着长度方向被固定在床头箱和尾架之间。床头箱配有四爪顶针来带动木料，手持车刀置于刀架上对圆柱的长轴方向进行车削。

（2）卡盘车削（图3-6-26、图3-6-27）。

卡盘车削可以用来制作碗、盘子和花瓶等物件的端面。待加工的木料被用螺丝钉拧在花盘上，花盘固定到床头箱。如果待加工的木料直径不大，可以选择用卡盘的卡爪抓住木料。

根据端面形状和是否掏空，卡盘车削又可以分为端面车削和面盘车削。端面车削适合制作端面带球形弧度的物件或需要掏空的物件，面盘车削用于制作有宽大平整端面的物件。

（三）车刀

今天市面上的车刀大部分都是由标准的半圆刀、刮刀、凿刀发展而来的，大多采用高速钢制作。木工用的车刀通常配有较长的把手，方便操控，车刀永远是放在刀架上使用的，不能悬空使用。

主轴车削、端面车削和面盘车削对车刀的使用各不相同，但基本的几款是可以通用的。

1. 主轴车削车刀

做主轴车削操作时，木纹方向与车床的轴线是

图3-6-25　主轴车削

图3-6-26　端面车削

图3-6-27　面盘车削

平行的。图3-6-28展示了主轴车削的基本车刀（从左到右）：切断车刀、打坯刀、斜口车刀、不同规格的半圆刀。

打坯刀用来把粗料或者方形的木料加工成圆形。打坯刀刀身较宽大，有浅槽的，也有深槽的。半圆刀一般有浅圆槽形和长指甲形的末端，用来精修细节造型。切断车刀沿木料直径方向工作，用于确定作品的直径，或者分割木料，也就是把整个木料的轴向分成几块或者切断以完成一个作品。

2. 端面车削车刀

进行端面车削操作时，木纹方向也要与车床轴线平行，这点与主轴车削一致，端面车削作品的外表面需要用主轴车削的工具进行操作。图3-6-29展示了端面车削的车刀及工具（从左到右）：平端刮刀、不同规格的圆鼻刮刀、不同规格的半圆刀和深度钻。

如何掏空端面取决于物件的直径、开口大小和深度。物件越深，需要的车刀就越长，强度也越高。在端面掏深度100mm的开口，需要一个钻头设定深度，一把指甲盖形半圆刀去除多余的木料，还需要不同形状的刮刀来完成表面的处理和定型。大于200mm的掏空作业需要使用手柄长、重量大的车刀，除此之外，还需要一套深掏空系统。

图3-6-28　主轴车削车刀

图3-6-29　端面车削车刀

车床的尾座上还可以安装不同规格的钻头。把钻头安装在尾座中心，启动车床，手动推动尾座往左深入木料，就可以完成钻孔或掏空。

3. 面盘车削车刀

做面盘车削操作时，木纹方向与车床轴线垂直。常见的面盘车削作品有大浅盘、钟面、杯垫、奖杯基座等。面盘车削要先用半圆刀车削出轮廓，再用刮刀整修表面。

4. 舍弃式车刀

传统车刀有个缺点，跟木工凿子一样，车刀也是有刃口的，需要经常研磨。而大多数车刀刃口都是弧形的，不是很好掌握研磨技术。随着木旋技术的发展，人们发明出舍弃式车刀（图3-6-30）。将刀头设计成模块化的合金刀片（图3-6-31），用专用螺丝安装于刀身上（图3-6-32），有圆刀、方刀、方圆刀、尖刀四个类别，能应对大多数造型需求。

舍弃式车刀不需要研磨，刀片钝了之后换个方向继续使用，后期直接丢弃，大大方便了木旋爱好人士。

五、任务拓展：阅读《木旋全书》

（1）拓展阅读：《木旋全书》，理查德·拉凡著，北京科学技术出版社，2016年版。

（2）面对车床实物讲解其主要结构和运行原理，完成任务测验。

（3）补充收集手工木旋作品案例。

六、任务评价：《木旋机械与工具-学习评价表》

根据《木旋机械与工具-学习评价表》，展开任务的小组互评、教师评价。

图3-6-30　舍弃式车刀

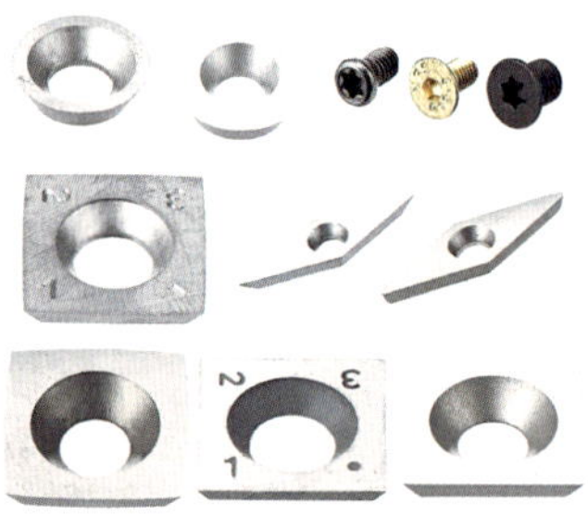

图3-6-31　舍弃式车刀刀片

图3-6-32　刀片安装槽

任务二 案例实践：木旋技艺与陀螺

一、任务目标：掌握利用木旋制作陀螺的工艺与流程

1. 知识目标

（1）熟记并背诵木工实训室安全操作要点。

（2）熟悉木旋机械工具车床的主要结构和运行原理。

（3）了解并掌握利用木旋制作陀螺的工艺与流程。

2. 能力目标

（1）利用带锯和车床，通过开料准备、打坯、精细造型、打磨抛光等工艺，制作陀螺、戒指架等主轴车削产品。

（2）通过主轴车削举一反三，利用卡盘车削制作花瓶、木碗等需要端面造型的产品。

3. 素质目标

（1）树立牢固的安全意识，提升劳动品德和人文素养。

（2）形成良好的审美观和创新设计能力。

（3）培养敬业、精益、专注、创新的工匠精神和职业素质。

二、重点难点：从主轴车削举一反三尝试端面车削作品

1. 重点

掌握利用木旋制作陀螺等旋转形态产品的工艺与流程。

2. 难点

从主轴车削举一反三过渡到端面车削，在掌握技术的前提下融合创意设计，制作复杂旋转形态的木艺产品。

三、任务导入：观看木旋加工视频

（1）领取学习任务单，阅读学习指南，复习车床的主要结构和运行原理。

（2）观看木旋加工视频，尝试总结木旋制作的工艺流程。

学习任务单

一、开课任务
案例实践：木旋技艺与陀螺 1. 木旋技艺与陀螺 2. 车床安全提示
二、学习情境
通过前面的学习，同学们了解了木旋的概念和木旋机械工具（车床）的主要结构、运行原理。本任务我们综合利用带锯和车床，通过开料准备、打坯、精细造型、打磨抛光等工艺，制作陀螺，并举一反三，制作花瓶、戒指架等旋转形态的产品
三、学习指南
1. 复习车床的主要结构和运行原理 2. 观看木旋加工视频，尝试总结木旋制作的工艺流程 3. 按课程任务要求分成小组，团结协作推进任务完成 4. 跟随任务目标，安全正确操作车床，制作不同形态的陀螺，进行旋转验证 5. 小组成员之间互相观摩，做好任务记录单 6. 对得分低的任务点进行思考，采取改进措施 7. 以陀螺制作经验为基础，尝试设计其他产品的木旋步骤，并实践操作
四、相关概念
1. 木旋陀螺制作工艺与流程 ①开料准备 ②打坯 ③精细造型 ④打磨抛光 2. 车床安全提示
五、任务规范
1. 分组时考虑组员不同性格、不同技能特长的互补，对任务的完成推进有益处 2. 遵循安全操作规范。口罩、护目镜、耳塞、围裙是我们个人防护的标配，除此之外，在进行木旋操作时一定要佩戴防护面罩，以防止木料或车刀飞出砸伤 3. 必须有老师在场的情况下才能使用机械工具，严禁学生单独使用 4. 注意课前、课中、课后学习表现，关乎职业素养与专业学习评价 5. 任务测验成绩将计入课程成绩 6. 以劳育美，以美促劳，培养健全人格，全面提升劳动品德和人文素养，形成细致耐心、规范操作的工作态度和职业精神

四、任务实施：车床安全提示，利用木旋技艺制作陀螺

（一）车床安全提示

（1）操作过程中要一直佩戴面罩。防护眼镜不能保证万无一失，车削过程中有飞屑产生。防护眼

镜只能阻挡小飞屑，却不能阻挡大块的飞出物体。夹持不到位、木材本身缺陷、切削过量，都会造成工件在车削高速进行时飞出。

（2）确保木板被牢固地固定在了车床上。在对一块大的木板进行车削前，先用带锯将其边缘修圆。

（3）当启动车床加工大块的木板时，应站得离车床远一些，防止木板因不平衡而飞出来。

（4）紧握住车刀的把手，使其不会因为顶端卡到木板上而弹起。

（二）利用木旋技艺制作陀螺

1. 调校车床

（1）调整车床高度。

车床的高度需要根据个人的坐姿或站姿进行适度调整，有一个简便的方法是根据工件的中线将其设置到与肘部同高的位置。当工件固定到车床上时也可以使用同样的方法来操作，不同形状的工件可能会有不同的中心点。

（2）固定车床。

车床固定得越稳，旋切中因振动产生的问题就越少。即便有着牢固的结构和沉重的底座，如果在不平的台面上操作，车床也会扭曲变形。因此，用螺丝把车床固定在地面或台面上之前，一定要把地面或台面找平。

（3）对齐前后顶尖。

车床的前后顶尖必须精准对齐。

首先，将后顶尖与前顶尖拉近并锁紧尾座（图3-6-33）。如果前、后顶尖没有对齐，必须调整主轴箱或尾座直到它们对齐。

接下来，将后顶尖调到床身中间，把一根端面平滑的圆柱形木料用卡盘抓紧或安装在花盘上，另一端用后顶尖轻轻顶住，然后手动旋转卡盘或花盘（图3-6-34）。如果没有对齐，后顶尖会在木料的端面画出一个圈。

2. 开料准备

（1）挑选木料。

用于车削的木料以方形角材为宜，木料有裂缝和松节不可使用，使用的木料应清除木料上所附着的金属物和砂土。

（2）确定工件中心。

利用直尺在工件一侧的端面画斜角交叉线找出中心点（图3-6-35），然后利用手电钻或钉子在中心位置钻一个直径4mm、深4mm的孔（图3-6-36），接着在工件的另一端重复画线和钻孔步骤，钻孔的目的是方便我们将木料与前后顶尖固定。

（3）修整形状。

在对一块大的方形木板车削前，先用带锯将其边缘修圆（图3-6-37、图3-6-38），可以方便后

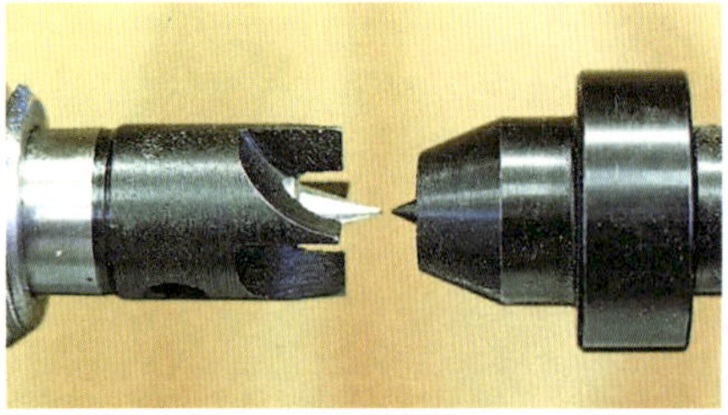
图3-6-33　对齐前顶尖与后顶尖

图3-6-34　对齐卡盘/花盘与后顶尖

图3-6-35　在端面找中心点

图3-6-36　钻孔

图3-6-37　用带锯修圆方料边缘

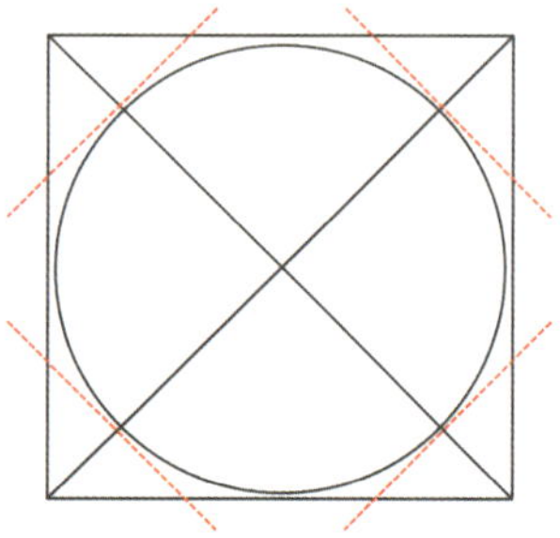
图3-6-38　木材横截面示意图

续打坯操作。这个案例中，我们用圆规在工件端面画出可切割圆的最大直径，通过带锯的斜切功能将木料的圆以外的四个直角切除。

3. 打坯

（1）固定工件。

将前顶尖插入主轴箱，将工件的中心对齐前顶尖，用锤子敲击，使前顶尖的爪子插入工件固定（图3-6-39）。将工件与床身平行对齐，尾座向前移动，直至后顶尖顶到工件另一端的打孔，锁定尾座（图3-6-40）。接着转动尾座调节轮将后顶尖继续向前推进，使工件固定在中心位置，锁紧固定后顶尖（图3-6-41）。

（2）调整刀架。

移动刀座至适当位置，固定位置，调整刀架高度，使刀架面与木料外缘距离2～3mm。用手试转木料，观察刀架位置是否适当，木料能否平稳地转动，如发现异常，需要重新调整（图3-6-42）。

刀架的高度以车刀的车削位置在工件中线或者中线上方为宜。刀架太高，造成的结果是车不到工件，不会造成危险。但如果刀架太低，车削发生在中线之下，车刀会随高速旋转的木头，被飞速带离刀架。如果这时候发生卡刀跳刀，车刀还很可能脱手而出，造成不可预料的伤害。

（3）打坯刀主轴车削。

开动机器以700～800r/min的低速运转，观察运转稳当方可进刀。无级调速车床可以直接转动旋钮调速，手动调速车床需要将主轴箱内的皮带调整到相应转速的滑轮组上（图3-6-43）。

先用打坯刀进行粗车，一手握车刀前部，将其靠在刀架上，稳定车刀位置，并作方向引导，另一手握车刀柄，控制进刀量。将车刀缓慢接触工件中部，左右移动车刀进行车削操作，确保能够良好控制住车刀（图3-6-44），直到木料成圆形为止（图3-6-45）。初学者要避免从端面进刀，端面进刀无法掌握深度，极易造成卡刀跳刀。

打坯初期因为木料形状不规整，跳刀很厉害，需要减少切削量，放慢移动速度，稳定车刀，当木料渐渐变圆，跳刀的情况会大幅减少。注意，无论什么时候，车刀必须全程放置在刀架上使用，禁止悬空使用。

4. 精细造型

木料成圆柱后，改用1500～2000r/min的高速车削，按照预先设计的陀螺形状，进行形态的精细制作，可以使用不同规格的半圆刀或舍弃式车刀中的圆刀和尖刀。精细造型过程中一定要用游标卡尺或卡规测量陀螺的形态（图3-6-46），与设计形态

图3-6-39　工件固定前顶尖

图3-6-40　工件固定后顶尖，锁定尾座

图3-6-41　锁紧固定后顶尖

图3-6-42　刀架调整位置

图3-6-43　主轴箱皮带滑轮组

图3-6-44　打坯

进行比对。注意根据不同的形态，更换不同的车刀（图3-6-47）。

5. 打磨抛光

车削成形完毕，移去刀架，打磨抛光。有反转功能的车床，在反转模式下，按照砂纸目数180—240—320—400—600—1000的顺序打磨（图3-6-48）。有反转功能的车床，反转模式只可用于打磨，绝对不可用于车削，本轮的打磨一定要把上一轮遗留的砂纸痕处理掉。打磨后吹去浮尘，用干净的棉布蘸取抛光蜡抛光（图3-6-49）。最后用直板锯小心锯下陀螺，对两端再次手工打磨。

图3-6-45　打坯完成

图3-6-46　用游标卡尺测量

图3-6-47　精细造型

图3-6-48　打磨

图3-6-49　抛光蜡

（三）利用木旋技艺制作陀螺任务记录单

□个人自评　□小组互评　□教师评价　□企业评价　□社会评价

序号	任务步骤	任务流程	任务目标	评分	改进措施
1	调校车床	调整车床高度	根据工件的中线将其设置到与肘部同高的位置		
		固定车床	找平地面或台面，用螺丝固定车床		
		对齐前后顶尖	①对齐前顶尖与后顶尖 ②对齐卡盘/花盘与后顶尖		
2	开料准备	挑选木料	挑选合适的方形角材木料，避免裂缝和松节，避免金属异物		
		确定工件中心	找出工件两端的中心点，钻孔		
		固定工件	前顶尖插入主轴箱，与工件一端的孔固定		
			移动尾座，使后顶尖插入工件另一端的孔，固定尾座		
			推进后顶尖使工件固定，固定后顶尖		

续表

序号	任务步骤	任务流程	任务目标	评分	改进措施
3	打坯	打坯刀主轴车削	调整刀架高度至工件中线，调整刀架面与木料外缘距离2～3mm		
			低速开机，使用半圆打坯刀粗车至全圆		
4	精细造型	精细造型	按照设计图纸，换其他刀具高速车削		
			用游标卡尺或卡规测量陀螺的形态，与设计图比对		
5	打磨抛光	打磨抛光	反转模式下按照标准顺序打磨		
6	验证	旋转验证并计时	采用相同的力度旋转陀螺并计时，旋转时间长者为佳		

五、任务拓展：尝试端面车削

（1）任务记录与评价。

填写任务记录单，对得分低的任务点进行思考，采取改进措施。

（2）举一反三。

以陀螺制作经验为基础，尝试设计其他产品的木旋步骤，并实际操作。

六、任务评价：《利用木旋技艺制作陀螺任务记录单》《木旋技艺与陀螺-学习评价表》

根据《木旋技艺与陀螺-学习评价表》，展开任务的小组互评、教师评价。

模块四

家具设计

项目七　从木艺到家具：家具设计初探　157
任务一　家具设计初探　158
任务二　案例实践：木质家具制作工艺与流程　163

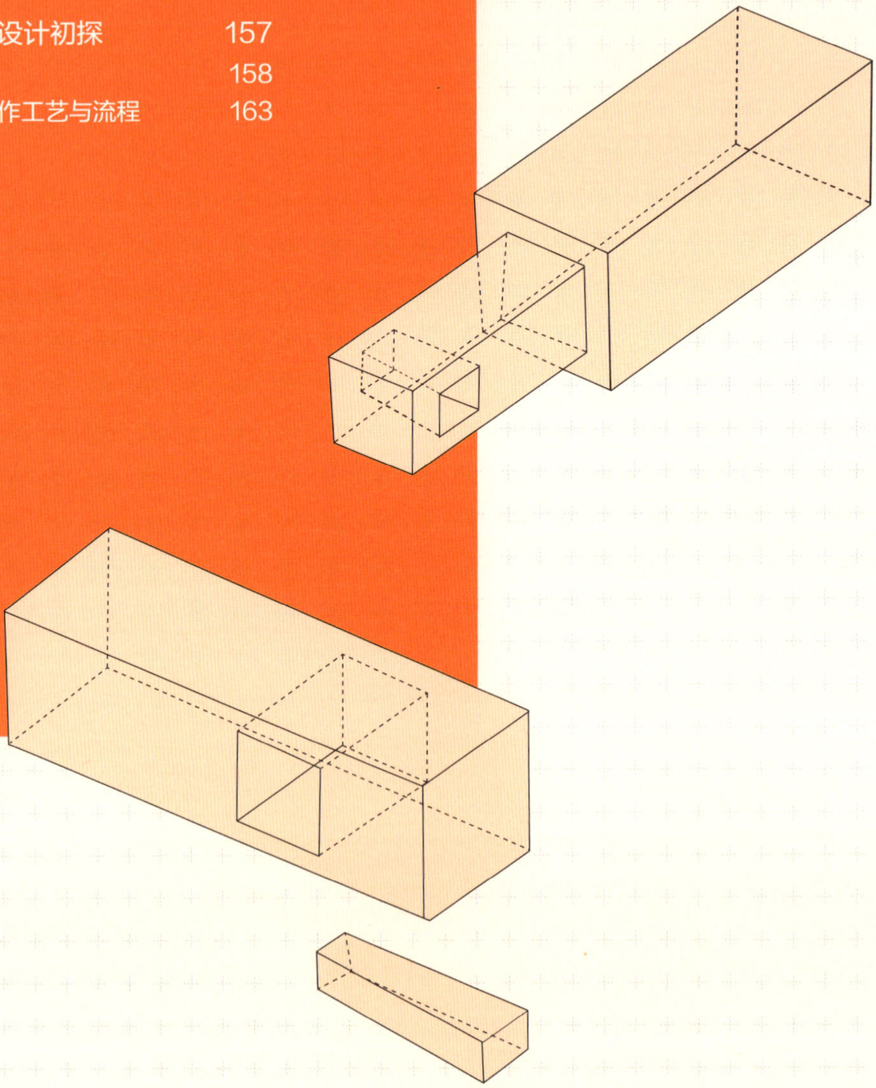

项目七

PROJECT 7

从木艺到家具：家具设计初探

家具贯穿于人们生活的方方面面，几乎无处不在。我们只有系统学习家具相关知识，了解与家具相关的学科体系，才能明确家具设计的学习方向，进一步思考如何传承中华优秀的传统文化，建立具有中国特色的现代家具风格，打造中国家具的国际品牌。

本项目是由木艺产品到家具设计的过渡项目，介绍家具的概念和家具设计的特性，梳理家具与人们生活方式和社会文化形态的关系，并以木凳为例介绍简单木质家具制作工艺与流程。

学习目标

1. 知识目标

（1）了解家具设计的概念、家具的产生和发展、现代家具的特性。

（2）了解基本的木质家具制作工艺与流程。

2. 能力目标

（1）能够举例说明现代家具的特性。

（2）掌握木凳的制作工艺和技能。

（3）举一反三，将木凳的制作工艺和流程推演至其他家具。

3. 素质目标

（1）培养“以人为本”的设计精神。

（2）以劳育美，以美促劳，全面提升劳动品德和人文素养。

（3）形成细致耐心、规范操作的工作态度和职业精神。

（4）锻炼沟通协调能力和团结协作精神，强化心理素质、社会责任感。

4. 思政目标

树立正确的价值导向，传承中华优秀传统文化，强化文化自信和身份认同。

任务设计

任务一	家具设计初探	课时	2
任务内容	理解现代家具的特性		
任务要求	1. 了解家具的产生和发展 2. 举例说明现代家具的特性		
任务二	案例实践：木质家具制作工艺与流程	课时	8
任务内容	木质家具制作		
任务要求	1. 掌握木凳的制作工艺和技能 2. 能够根据设计图纸和规格要求，进行其他简单的木质家具制作		

任务一　家具设计初探

一、任务目标：了解家具设计的概念

1. 知识目标

（1）了解家具设计的概念、家具的产生和发展、现代家具特性。

（2）理解现代家具与建筑设计、室内设计、环境设计、工业设计等相关专业的关系与学科体系的整体性。

2. 能力目标

（1）能举例说明现代家具的特性（普遍性、两重性、社会性、文化性）。

（2）能阐述家具与生活方式以及文化形态的内在联系。

3. 素质目标

树立正确的价值导向。

4. 思政目标

（1）传承中华优秀传统文化。

（2）强化文化自信和身份认同。

二、重点难点：举例说明现代家具的特性

1. 重点

了解家具设计的概念、家具的产生和发展、现代家具特性。

2. 难点

举例说明现代家具的特性，传承明式家具中的中华优秀传统文化。

三、任务导入：收集工业设计史上经典家具案例

（1）领取学习任务单，阅读学习指南，预习家具设计的概念。

（2）收集工业设计史上经典家具案例，以今天的设计视角谈谈这些家具给人带来的感受。

学习任务单

一、开课任务
家具设计初探 1. 家具的产生与发展 2. 现代家具的特性 3. 家具与生活方式 4. 家具与相关学科的关系
二、学习情境
本项目作为全书最后一个项目，是木艺产品到家具设计的过渡。我们将系统了解家具的概念和现代家具的特性，梳理家具与人们生活方式和社会文化形态的关系，明确后续家具设计与制作的学习方向
三、学习指南
1. 按课程任务要求分成小组，团结协作推进任务完成 2. 观看微课视频，进行课程预习 3. 收集工业设计史上经典家具案例，以今天的设计视角谈谈这些家具给人带来的感受 4. 小组讨论，结合具体案例说明现代家具的特性 5. 利用网络或图书馆资源收集现代家具不同风格的创新设计
四、本课概念
1. 家具的产生与发展 ①家具 ②家具设计 2. 现代家具的特性 ①普遍性 ②两重性 ③社会性 ④文化性 3. 家具与生活方式 4. 家具与相关学科的关系 ①建筑设计 ②室内设计 ③环境设计 ④工业设计
五、本课规范
1. 课堂讨论能清晰表达自我观点 2. 注意课前、课中、课后学习表现，关乎职业素养与专业学习评价 3. 基础知识需要每个人都熟记于心，课后进行测试

四、知识传授：家具的产生与发展，现代家具的特性，家具与生活方式，家具与相关学科的关系

（一）家具的产生与发展

家具作为一种人类生活和文明发展的产物，其历史源远流长。从古人建造简陋的茅屋开始，家具便随之出现，为人们的生活与生产提供便利。随着文化的发展与生产水平的提高，家具设计不断发展进步与完善，出现各种不同形式和种类，逐渐演化成为一个重要的设计门类，充分展现出丰富多样的文化和艺术特征。

1. 家具

狭义上的家具指在生活和工作中供人们坐、卧、支撑或储存物品的器具与设备。随着时代的发展，家具的定义已变得十分宽泛。在广义上，家具是维持人类正常生活、从事生产实践和开展社会活动必不可少的器具之一。现代家具的设计几乎涵盖了所有环境产品、城市设施、家庭空间、公共空间和工业产品，旨在满足人们不断变化的需求，创造更美好、更舒适、更健康的生活、工作、娱乐和休闲方式。

2. 家具设计

家具设计是指在用途、经济、工艺材料和生产制作等条件制约下，制成家具图样、进行方案设计的过程，是使用功能、生产技术和设计造型的高度统一。

家具的类型、数量、功能、形式、风格和制造水平，反映了一个国家与地区在某一时期的社会生活方式、社会物质文明以及社会生产力水平。

设计家具是为了更好地为人们的生活服务，要体现“以人为本”的设计精神。

（二）现代家具的特性

1. 普遍性

家具贯穿于现代生活的方方面面，涉及工作、生活、学习、娱乐、休息等有关活动，几乎无处不在。现代家具能够满足多种群体的需求，种类和功能特性越来越丰富，如酒店家具、办公家具、厨房家具、儿童家具等（图4-7-1）。

随着社会的发展、科技的进步以及生活方式的改变，现代家具仍在不断发展变化，智能家具的出现更是将家具的使用体验和功能提升到了一个新的高度（图4-7-2）。可以说，现代家具用途广泛、种类多样、功能全面，已然成为我们生活中不可或缺的一部分。

2. 两重性

家具不仅要满足功能性、实用性，也要满足人们对审美的需求，使人在使用过程中产生审美快感和丰富联想。

首先，实用方面。现代家具除了具备基本功能，还需要具备越来越多的高级功能，如保健、环保和智能等。这些功能需要家具设计师考虑到各种家居环境和用户的需求。例如，一张办公桌既要能够容纳基本办公设备，还要满足人体工程学，以实现长时间使用的舒适性。在实用方面更加追求的是合理、舒适和便利。

其次，审美方面。现代家具设计除了实用功能，还需要提供美学价值，需要与周围环境相融合。例如，一张沙发不仅仅是舒适的，还必须考虑到设计美感和色彩搭配，能够给人带来视觉上的享受。

因此，现代家具功能的两重性指它既是实用产品，也是艺术创作。对于设计师来说，要在实用性和美学之间取得平衡，需要考虑材料、结构、色彩和造型等因素，以满足人们在使用和欣赏过程中的需求（图4-7-3、图4-7-4）。

3. 社会性

家具作为一种文化现象，具有象征意义和社会意义。

（a）酒店家具　（b）办公家具　（c）厨房家具　（d）儿童家具

图4-7-1 现代家具种类多样

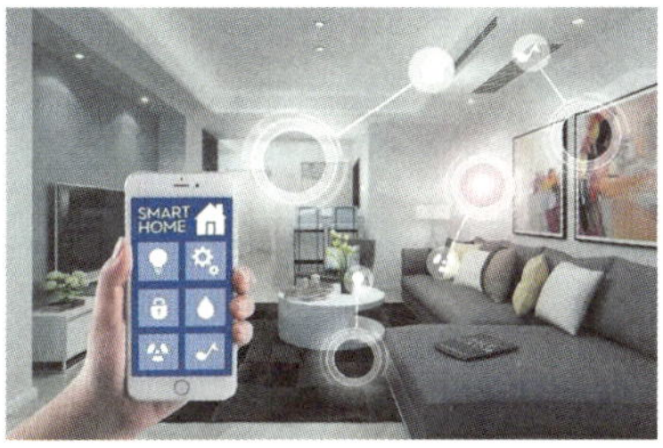

图4-7-2 智能家具

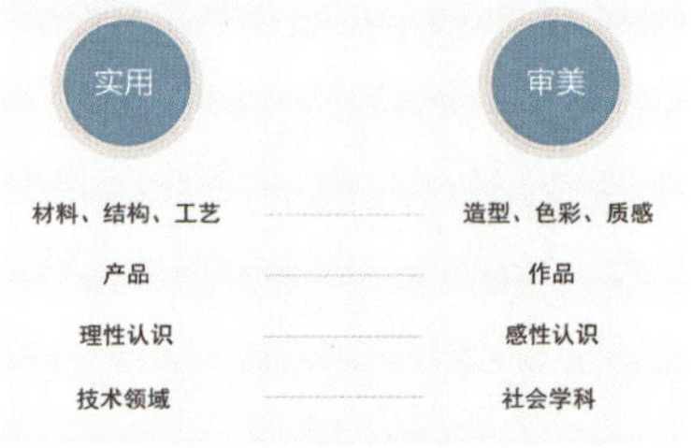

图4-7-3 现代家具的两重性

图4-7-4 艺术与功能的结合——潘顿椅

首先，家具反映了社会和文化的价值观。不同文化对于家具风格、色彩、纹饰和材料等都有自己独特的要求和规范。比如中国明代家具造型简练、结构严谨、装饰适度、纹理优美，强调实用性和内在的精神价值（图4-7-5）；而文艺复兴时期的意大利家具造型复杂，纹饰华丽繁复，重视艺术表现和装饰性元素（图4-7-6）。

其次，家具反映了人们的文化背景、社会地位和经济水平。不同职业和阶层的人所使用的家具也有所不同，比如在古代中国，宫廷中常常摆放紫檀木家具，以象征高雅和尊贵；而普通百姓则更倾向于选择简单实用的藤编家具，以此满足实际需求。

最后，家具也反映了人们的审美和生活方式。随着社会的发展和文化的交流，人们的审美和生活方式也在不断变化，从而影响着家具的设计。比如现代城市家庭中的家具越来越趋向于简洁、实用和多样化，反映了当下快节奏的生活方式和个性化的审美趋向。

可以说家具是某一国家或地区，在某一历史时期，社会生产力发展水平的标志，是某种生活方式的缩影，是某种文化形态的显现，因而家具凝聚了丰富而深刻的社会性。

4．文化性

家具是一类既实用又兼具文化内涵的物质产品，它反映了人类社会发展的多个方面。家具文化是物质文化、精神文化和艺术文化的整合。

作为物质文化，家具是人们生产和生活中必不可少的组成部分。家具的种类和数量反映了人类社会各个历史时期的物质条件和生活方式。从原始时期到现代，家具的种类和功能不断发生着变化，反映出人类社会在物质文明和科技方面的进步。

作为精神文化，家具是传递文化的载体和象征，家具设计的原则和文化观念表达了当时社会的思想。在日常生活中，家具还能够影响人们的情感和思考方式，提高人们的审美能力和文化素养。

从艺术文化角度来看，家具设计的造型、色彩和艺术风格与环境和室内空间共同构成艺术氛围。家具的设计和制作过程可以被视为一种艺术探索和表达的过程。

因此，家具不仅是一种生产和生活必需品，也是一种艺术品和文化融合的象征（图4-7-7）。

（三）家具与生活方式

生活方式指的是人们在日常生活中所表现出的行为和习惯，广义的生活方式包括人们在绝大部分社会领域中的活动方式，而狭义的生活方式则着重于人们在物质消费、精神文化和日常生活领域中的活动方式。

家具与生活方式息息相关，家具的选择影响人们的生活方式和习惯，生活方式的变化也促进了家具的发展，生活方式的多样化决定了家具的多样性。回顾家具发展史，不难发现家具是某一历史阶段生产力水平、科学文化水平、社会心理、风俗习惯的有力佐证。

例如在中国传统家具的发展初期，人们的居住环境通常比较简朴，以席地而坐为主（图4-7-8）。因此，早期传统家具的主要类型有坐垫、藤椅、凉席等。它们大多造型简单，使用的材料也比较粗简，以竹、木等自然材料为主。随着时代和社会的发展，传统家具的样式和品质得到了极大的提升，尤其在宋代以后，由于经济的发展、文化的繁荣和室内空间的扩大，人们开始普及垂足而坐的生活方式（图4-7-9）。在这种生活方式的影响下，传统家具的种类变得

图4-7-5　明式圈椅

图4-7-6　意大利文艺复兴时期但丁椅

（a）南官帽椅　（b）蛋椅　（c）蝴蝶凳

图4-7-7　兼具实用性与文化内涵的家具

更多，出现了许多新型传统家具，如交椅、软椅、太师椅、斗柜、屏风等，基本上涵盖了居家生活所需的各种家居用具。家具样式也变得更加个性化和精致化，呈现出造型优美、雕刻精致的特点。

因此设计家具也被认为是设计生活方式。作为未来设计师的我们，在设计家具时需要考虑人们所处的社会环境和生活方式，以便更好地满足人们的需求和期望。

（四）家具与相关学科的关系

1．家具与建筑设计

在漫长的历史长河中，家具的发展和建筑的发展一直密不可分，它们相互影响、相互促进。

一方面，建筑样式和风格的变化影响着家具的样式和风格。比如，中国古典园林建筑的繁荣，推动了明式家具的风靡，明式家具造型典雅精致、工艺复杂，与园林建筑的气韵相合（图4-7-10）。

另一方面，家具的形式、风格和材料，也对建筑设计产生重要的影响。一件好的家具不仅仅是一件实用的物品，更是一件能够与建筑空间相互呼应的艺术品。一些著名的建筑师如勒·柯布西耶、密斯·凡·德·罗、弗兰克·劳埃德·赖特等，他们同时也是杰出的家具设计师，他们将建筑与家具设计紧密结合，实现了空间和家具的完美融合（图4-7-11）。

2．家具与室内设计

家具是室内空间的主体，在室内设计中，家具的作用不仅是满足人们的日常生活需求，更是以其形式、颜色、纹理、材质、尺寸等方面与空间中的其他元素相互协调，形成内在的统一性和完整性（图4-7-12）。

首先，家具是构成室内空间的主体，家具的风格影响着室内设计的风格。比如古典家具会让室内环境显得沉稳高贵，现代家具会让室内环境显得简洁高效。

其次，家具不仅能够提高室内空间的利用率，还能够丰富空间造型。例如整面墙的大衣柜、书架以及各种通透的隔断和屏风设计，使得室内空间不仅互相连通，而且不会产生干扰。因此，家具在室内空间造型方面起到了至关重要的作用。

由此可见，在室内空间规划时，设计师不仅需要考虑到空间的功能性，包括家具的配置和摆放等问题，使家具与室内环境相融合，还需要关注家具的尺寸、造型、颜色、材料与室内元素的协调性，以实现室内环境视觉上的美感，适应人体工程学的需要。

3．家具与环境设计

首先，从家具角度看，其设计可以增强环境的功能性和美观性（图4-7-13）。比如在公交车站设计合适的候车长椅可以打造舒适的等待体验，让乘客更加享受公共交通出行。

其次，从环境设计角度看，环境设计也可以促

图4-7-8　席地而坐

图4-7-9　垂足而坐

图4-7-10　中国古典园林建筑与明式家具

（a）巴塞罗那椅

（b）巴塞罗那世博会德国馆

图4-7-11　密斯·凡·德·罗的家具和建筑作品

图4-7-12　家具与室内设计

进家具的设计和使用（图4-7-14）。比如在广场或公园中，长椅的设计必须重视防水、防晒、防腐等特性，以适应不同的季节和气候，从而确保长椅的使用寿命和使用体验。

现今，各种家具层出不穷，不仅具备新的使用和审美功能，还具有丰富的文化内涵，为人们提供了更愉悦和舒适的户外生活体验。

4. 家具与工业设计

（1）家具与传统手工业。

现代家具设计和制造是工业化生产的产物。在18世纪工业革命之前，家具的设计和制造主要依靠手工艺行业，设计者和制造者往往是同一个人，没有明确的分工，生产方式基本上是手工单件制作，使用简单的手工工具和天然材料如木材、藤草和竹子等。家具的制作完全靠手工艺人的个人经验，品种单一且不能批量生产。针对上层阶级和皇室权贵，家具的制作工艺上讲究细致华丽的雕刻与装饰，例如欧洲的巴洛克、洛可可风格和新古典主义等流派，以及中国清代宫廷家具等。

同时，手工艺人为普通百姓建造古朴的民居和制作朴素大方的家具，他们采用竹子、藤草、柳条等天然纤维材料，编织出具有不同风格和地方特色的竹、藤、柳编家具。中国的明式家具，被认为是手工艺时期民间艺术和家具制作的杰出代表。无论是精美的宫廷家具还是简朴的民间家具，都是人类宝贵历史文化遗产的一部分（图4-7-15）。

（2）家具与现代工业设计。

工业革命开启了人类文明史的新篇章。机器的发明、新技术的发展以及新材料的发现，带来了机械化大规模生产家具的新模式。同时，大批中产阶级的出现，使得工业化大规模制造和售卖家具成为可能。虽然传统手工艺人仍在一定范围内存在，但设计师逐步从手工艺人中独立出来，设计和制造逐渐分离。专业化的机器广泛应用，使得家具的生产从手工单件制作变成了大规模机械化制造，家具变成了现代工业产品，家具设计成为现代工业产品设计的重要组成部分（图4-7-16）。

随着科学技术的发展和进步，现代家具的内涵和外延不断扩大。不仅使人类的生活与工作更加便利舒适，提高了效率，还能给人带来美学上的愉悦和精神

图4-7-13 家具增强环境的功能性和美观性

图4-7-14 环境促进家具的设计

（a）皇族　（b）士族　（c）庶民

图4-7-15 古代不同阶层的家具

图4-7-16 现代工业设计下的家具

上的享受。现代家具设计具有三个基本特征：一是建立在大工业生产的基础上，二是建立在现代科学技术发展的基础上，三是标准化、部件化的制造工艺。

因此，现代家具设计既是现代工业产品设计的一类，也是建筑设计、室内设计和环境设计中的重要组成部分。

五、任务拓展：收集家具案例

（1）收集不同风格的现代家具创新设计案例。

（2）完成任务测验。

六、任务评价：《家具设计初探-学习评价表》

根据《家具设计初探-学习评价表》，展开学生互评、教师评价。

任务二　案例实践：木质家具制作工艺与流程

一、任务目标：掌握简单的木质家具制作工艺与流程

1. 知识目标

（1）了解简单的木质家具制作工艺与流程。

（2）熟悉木质家具制作的工具设备。

2. 能力目标

（1）能够根据设计图纸和规格要求，掌握木凳的制作工艺和技能。

（2）举一反三，将木凳的制作工艺和流程推演至其他家具。

3. 素质目标

（1）培养“以人为本”的设计精神。

（2）以劳育美，以美促劳，全面提升劳动品德和人文素养。

（3）培养细致耐心、规范操作的职业精神和工匠精神。

（4）锻炼沟通协调能力、团结协作精神，强化心理素质、社会责任感。

二、重点难点：举一反三推演至其他家具设计与制作

1. 重点

掌握简单的木质家具制作工艺与流程。

2. 难点

根据木凳制作举一反三，将工艺和流程推演至其他的家具设计与制作。

三、任务导入：搜集短视频平台的家具制作视频

（1）领取学习任务单，阅读学习指南，预习任务中涉及的概念。

（2）在短视频平台上观看家具制作的相关视频，发表观点，上传讨论组共享。

（3）准备本任务制作需要使用的材料，列举需要的工具。

学习任务单

一、开课任务
案例实践：木质家具制作工艺与流程 1. 框式家具结构与工艺 2. 板式家具结构与工艺 3. 实木板凳制作工艺与流程
二、学习情境
在之前的课程中，我们已经了解了家具的概念和现代家具的特性，梳理了家具与人们生活方式和社会文化形态的关系。本任务，我们以实木板凳为例，了解简单的木质家具制作工艺与流程，在掌握木艺产品设计与制作技能的基础上举一反三，将工艺和流程推演至其他的家具设计与制作
三、学习指南
1. 按课程任务要求分成小组，团结协作推进任务完成 2. 在课堂上跟随教师进行家具结构设计的话题讨论 3. 在木工实训室观察木质家具，分析其制作工艺与流程 4. 跟随任务目标，综合利用机械工具，制作实木板凳 5. 利用课余时间到木工实训工坊练习制作，注意操作规范与安全 6. 于社交平台发布作品制作过程和成果照片，收集社会评价
四、本课概念
1. 框式家具结构与工艺 2. 板式家具结构与工艺 3. 选材 4. 实木板凳制作工艺与流程 ①图纸分析 ②画线开料 ③精确造型 ④连接结构制作 ⑤组装 ⑥表面处理
五、本课规范
1. 进一步学习木工安全操作的规范，尤其是时刻保持安全操作 2. 各小组任务协作完成，注意制作过程的照片和视频记录 3. 制作过程符合设计图纸，形态美观，细节丰富，结构精致，能实现准确拼装 4. 注意课前、课中、课后学习表现，关乎职业素养与专业学习评价 5. 全面提升劳动品德和人文素养，培养细致耐心、规范操作的工作态度和职业精神

四、任务准备：框式家具结构与工艺，板式家具结构与工艺

（一）框式家具结构与工艺

框式家具是指以榫接合的框架为结构的家具，是中国传统的接合方式，其结构的合理性直接影响家具的美观性、接合强度和加工工艺（图4-7-17）。

1. 框式家具结构

框式家具的结构类型有：榫接合结构，框架结构，嵌板结构，拼板结构，箱框结构。

（1）古典家具结构。

中国的古典家具历史源远流长，特别是明式家具以其独特的风格和典雅的品质享有盛誉（图4-7-18）。明式家具的结构源于建筑学的梁架结构，横者为梁，竖者为架，浑然天成的构造结合轮廓的方中有圆、圆中有方，巧妙运用木材的特点。各部件之间采用榫卯连接，黏胶辅助加固，展现出高超的技艺。

（2）现代实木家具结构。

随着现代化工业生产的不断发展，家具产品部件化生产成为家具工业化生产的主流。传统家具的榫卯结构已不能满足工业化生产的要求，逐步被五金件接合所替代。例如，实木方材的角连接、实木框角连接、桌脚与裙板的可拆装连接、框架类实木椅连接以及框架类实木床连接。同时，也有部分设计师将传统结构与现代工艺有机结合，采用新的连接方式。

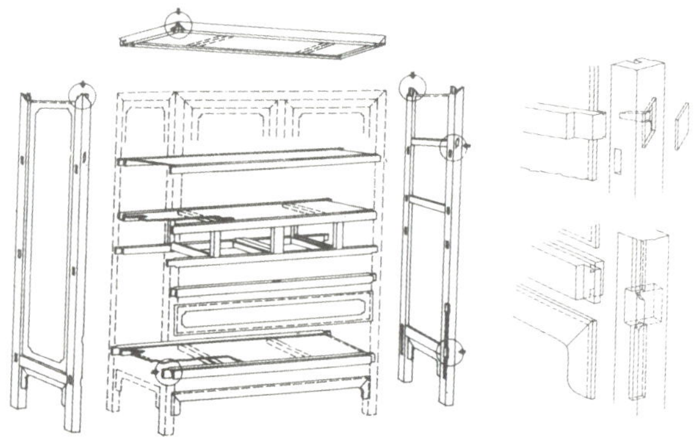

图4-7-17 框式家具

图4-7-18 闷户橱及其爆炸模型

2. 框式家具生产工艺

家具生产工艺是指利用各种家具材料，按照设计的技术要求，经过一系列复杂的加工和装饰工艺，获得家具产品的全过程。框式家具生产工艺如下（图4-7-19）。

（1）干燥。为了防止加工好的零部件变形、增加尺寸的稳定性，以及提高其表面涂饰的质量，在配料前，所有的方材和板材都必须进行干燥。

（2）配料。配料是指根据零件尺寸规格和质量要求，将成材锯割成各种规格、形状的毛料的加工过程。在配料过程中，需要注意四个方面的问题，即保证质量、按质选材、配料方案与加工方法、合理确定加工余量。

其中，加工余量是指经过配料后所得毛料尺寸与零件尺寸之差。毛料必须经过多次加工，才能够得到符合设计要求的零件形状、尺寸和质量。若加工余量太大，则加工次数增多，降低生产效率；若加工余量过小，则难以保证质量与精度，所以要根据零件加工的具体情况，合理确定加工余量。

（3）毛料加工。毛料的加工主要包括两个方面的内容：基准面加工与相对面加工。先正确地加工出平面、侧面、端面三个基准面，然后对其余表面进行平整刨削，以确保它们与基准面之间具有正确的相对位置，从而使毛料具有规定的端面尺寸。

（4）胶合。实木材胶合包括宽度上的胶拼、接长、胶厚三个方面的内容。为了节约宝贵的木材资源，在现代家具生产过程中，常常会采用贴面工

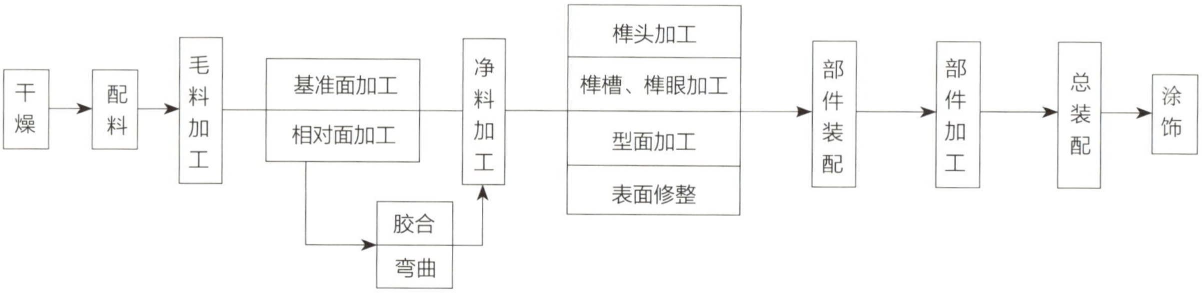

图4-7-19 框式家具工艺流程

艺，将具有较好装饰性的材料贴在基材上。

（5）弯曲。弯曲零件可采用方材弯曲、薄板胶合弯曲、模压成型及锯口弯曲等方法。

（6）净料加工。对方材进行净料加工包括了四个部分的内容：榫头加工、榫槽或榫眼加工、型面加工以及表面修整。其中，榫头加工可以利用开榫机或铣床进行。榫槽加工则一般使用刨床、铣床或者万能圆锯机完成。如果要加工方榫眼，需要在钻床上装上方形套装，或者直接在铣床上完成加工。型面的加工一般采用铣床，部分情况也可以使用压刨机进行加工。而表面修整的目的是消除因加工过程而产生的各种表面不平整，加工设备一般包括净光机或者砂光机等设备。

（7）部件装配。将加工好的零件组装成部件，如将方材拼接成面板框架。

（8）部件加工。零件组装成部件后，有的部件需进一步加工，或是存在一些误差需要进行修整。

（9）总装配。将零件、部件组装成产品。

（10）涂饰。成品使用涂饰工艺，可以起到保护与装饰作用。按漆膜是否透明，可将涂饰分为透明涂饰和不透明涂饰。

如图4-7-20所示为明式官帽椅工艺结构图。

（二）板式家具结构与工艺

板式家具指以人造板为基材，板件为主体，采用专用的五金连接件或圆棒榫连接装配而成的家具（图4-7-21）。

1. 板式家具的结构

板式家具采用了现代家具五金件和圆榫连接，摒弃框式家具中复杂的榫卯结构，是一种更简便的接合方式。而安装五金件与圆榫所必需的圆孔由钻头间距为32mm的排钻加工完成。这样就诞生了“32mm系统”，是世界板式家具的通用体系。

“32mm系统”自装配家具，最大的特点是产品就是板件。用户可以购买不同的板件，自行组装不同款式的家具，用户不仅是消费者，同时也参与设计。因此，板件的标准化、系列化及互换性是板式家具结构设计的重点。

“32mm系统”以旁板的设计为核心。旁板是板式家具中最主要的骨架部件，能够与顶板、底板、层板等其他板件接合。在设计中，旁板上的布局，包括结构孔和系统孔的布置，是决定“32mm系统”

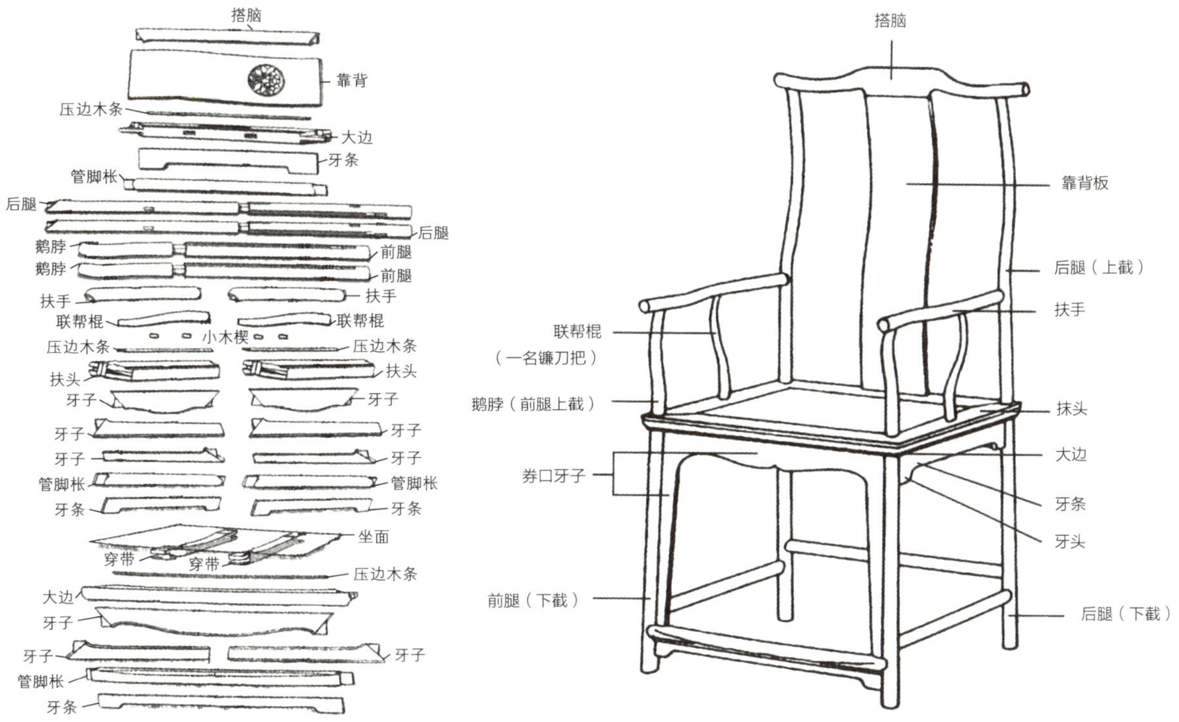

图4-7-20 官帽椅工艺结构图

成败的关键（图4-7-22）。前者是制作柜类家具框架所必须的结合孔，后者用于装配搁板、抽屉、门板等零部件。

2. 板式家具生产工艺

“32mm系统”板式拆装家具，它以“板件即为产品”的新概念为核心。采用五金件与圆榫来实现板件间的接合，要求生产过程中实现板件的标准化和互换性。板式家具生产工艺的重点应放在高精度标准板件的尺寸加工、高精度标准孔加工、板件边部处理和板件表面装饰这四个方面。

根据板件形式的不同，生产工艺被分为两种，即板件结构为栅状空心板的生产工艺和板件结构为覆面实心板的生产工艺。

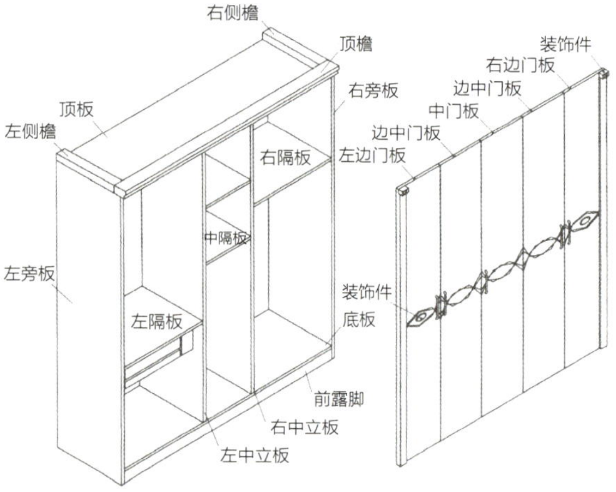

图4-7-21　板式家具

（1）板件结构为栅状空心板。这种结构一般用于厚度较大的板件，如大班台台面板、会议台台面板等。一般的工艺流程如图4-7-23所示。

（2）板件结构为覆面实心板。这种实心板是在生产中最常用的类型，常以15mm、18mm、25mm等规格的刨花板或中密度纤维板做基材。一般的加工工艺流程如图4-7-24所示。

五、任务实施：选材，实木板凳制作工艺与流程

（一）选材

木质家具制作是一项非常精细的工艺，选材是至关重要的一步，合适的木材能够确保家具的品质和寿命。在选材时通常考虑以下四个方面的因素。

1. 耐久性

耐久性是材料在使用一段时间后维持原始外观和性能的能力。在制作家具时，需要选择具有足够

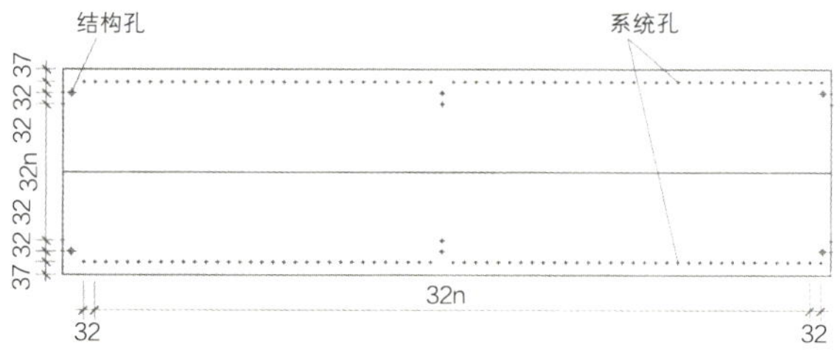

图4-7-22　系统孔与结构孔

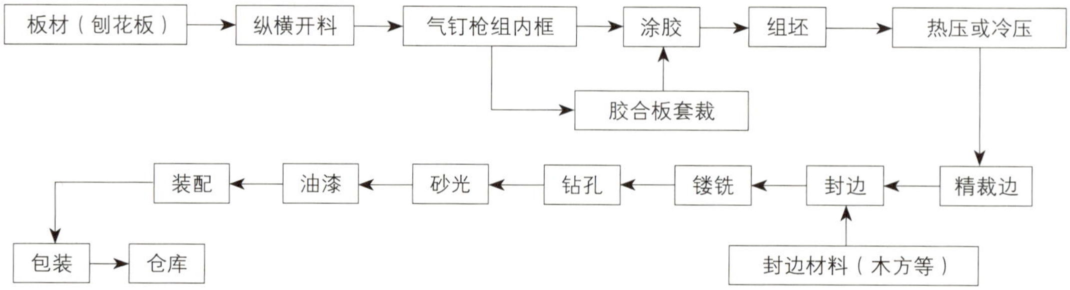

图4-7-23　栅状空心板生产工艺流程

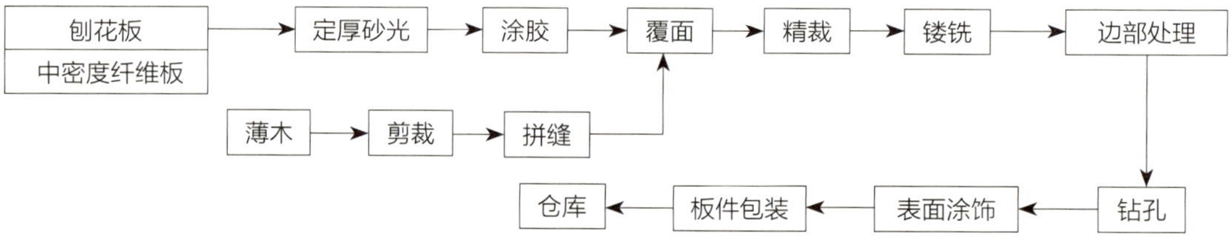

图4-7-24　覆面实心板生产工艺流程

耐久性的材料，以便使家具在长时间使用的过程中能够保持美观和稳定性。一般情况下密度较大的木材，强度和耐久性也较高。

2. 稳定性

稳定性是指木材在吸收水分和失去水分时形状和尺寸的变化情况。稳定性好的木材能够确保在不同的环境条件下，木材不会出现无法预测的形变，从而影响家具的构造和美观。

3. 工艺性

制作家具需要使用一些工具来打磨和装配家具的零件，这意味着家具制作的材料需要容易切割、钻孔和雕刻。同时，材料的表面也要有足够光滑的质感，这样可以使得家具外观美观，触感适宜。

4. 美观性

木材的纹理和色泽是制作家具时添加美感和质感的重要因素。

另外要特别注意，我们在购买木材之前还应进行评估和计划，避免买到有缺陷的木材。缺陷包括木材裂缝、虫蛀、树疤、漏油等，如果有些缺陷难以避免，应该及时做好处理，防止它们对成品家具造成影响。

本任务中，考虑到实木板凳的特殊性，我们选择25mm厚度的橡胶木板。橡胶木板是以橡胶木作为原材料制作的预制实木板材，硬度适中，稳定性高，双面平整，木色淡雅，大大减轻了我们开料的工作，便于家具的制作。

（二）实木板凳制作工艺与流程

实木板凳作为最简单的木质家具之一，结构简单，容易上手，且相当具有代表性，符合家具制作的一般规律，学习者很容易举一反三。制作实木板凳的过程主要分为：图纸分析、画线开料、精确造型、连接结构制作、组装和表面处理。

板凳尺寸与开料单

1. 图纸分析

在进行板凳加工前，首先要进行图纸分析。

我们以板凳的尺寸图纸建立计算机三维模型（图4-7-25），用Rhino软件进行旋转观察和拆解分析（图4-7-26）。从模型拆解图可以看出，板凳是由1个凳面、2个凳腿和1个横撑组成，部件之间以多米诺榫进行连接，共6个连接点。需要注意的是，凳腿并不是垂直的，而是以9°的角度向外张开。

板凳模型

2. 画线开料

根据图纸尺寸（图4-7-27），在木料上进行画线和定位，使用台锯和型材切割锯进行初开料。

4块初开料的形状以长方形为主，可根据需要进行部分修整，正好对应板凳的4个部件（图4-7-28）。为了提高后续切割精度和板材质量，我们需要认真检查每一块初开料的切割是否符合尺寸要求。

3. 精确造型

在初开料完成后，我们需要进一步精确造型，以便让板凳部件的造型更为精准。

（1）使用砂带机处理凳面圆角（图4-7-29）。注意过渡光滑，确保处理后的凳面具有良好的手感和外观。

（2）处理板凳凳腿。具体步骤为，使用型材切割锯处理板凳腿的斜度，使其以9°的角度向外张开（图4-7-30）；使用圆锯处理凳腿的梯形造型，使其上小下大（图4-7-31）；使用带锯处理凳腿下部的镂空造型，这个造型可以根据需求个性化制作（图4-7-32）。

（3）使用型材切割锯处理板凳横撑的斜边。注意角度，使其与凳腿张开的角度相匹配（图4-7-33）。

图4-7-25　计算机模型

图4-7-26　模型拆解

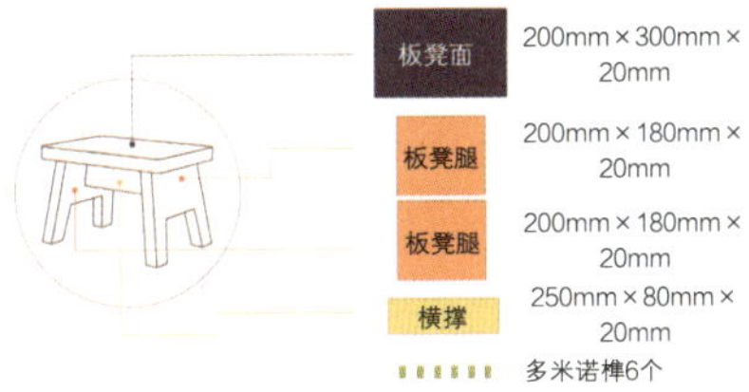

图4-7-27　图纸尺寸

在精确造型时，板凳的整体造型可以根据设计师的意愿进行不同的调整，但机械工具的使用原理都是相通的。以上步骤完成的过程中要注意提高制品的精度，以供后续加工。

4. 连接结构制作

我们根据木材的厚度25mm，选择5～6mm厚度的木榫和配套的刀具。

图纸上共有6个多米诺榫连接点位，4个用于凳腿与凳面连接，2个用于横撑与凳腿连接。

我们画线确定连接位置，设置多米诺榫机深度、角度、高度参数，用多米诺榫机在两个部件的连接点分别制作出榫孔（图4-7-34），插入配套的多米诺榫，快速完成结构组装。

5. 组装

按照砂纸目数从小到大的顺序，使用振动打磨机对每个部件进行单件打磨，确保其表面平整光滑（图4-7-35），吹去浮尘，清理杂质，在榫孔中挤入木工胶水。

用锤子轻轻敲击，将部件组装在一起，以有胶水溢出为佳，注意避免太过用力，以防损坏木头表面，配合夹具对连接点处进行固定（图4-7-36）。

6. 表面处理

待12小时后，拆除夹具，利用木凿铲除外露的胶水，再次进行手工打磨。此时木凳的外观结构已经确定，但可能存在一些毛刺、胶水印等痕迹，二次手工打磨可以修正这些问题，还可以增加木凳的质感和舒适度。

最后，使用木蜡油对木凳表面进行护理，为木材提供额外的保护，避免空气湿度的大幅变化导致木材开裂变形，延长家具使用寿命。在涂抹时，建议使用棉布擦拭，可以帮助木材更好地吸收油脂，达到更佳的效果。

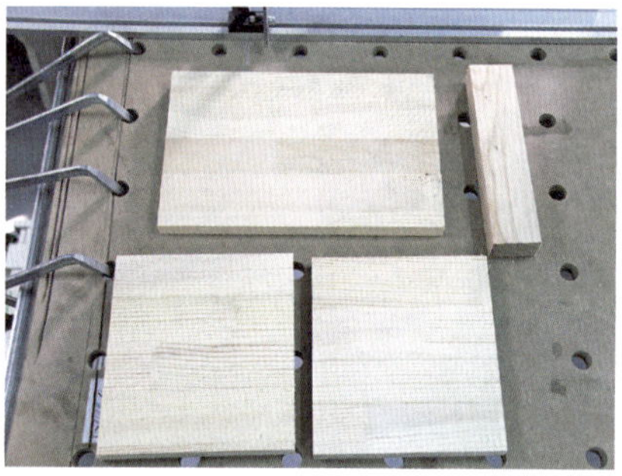

图4-7-28　初开料

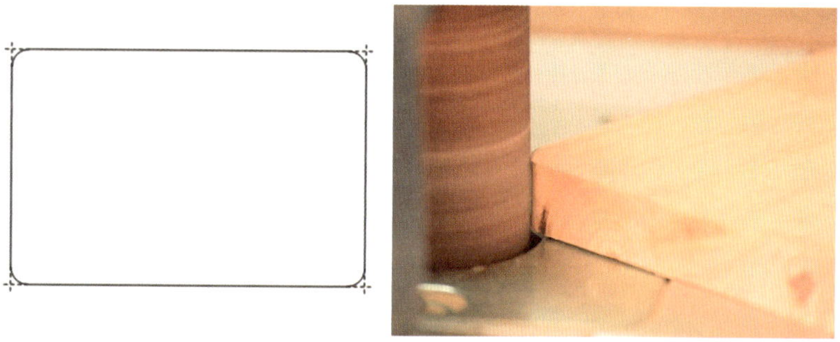

图4-7-29　砂带机处理凳面圆角

图4-7-30　型材切割锯处理板凳腿斜度

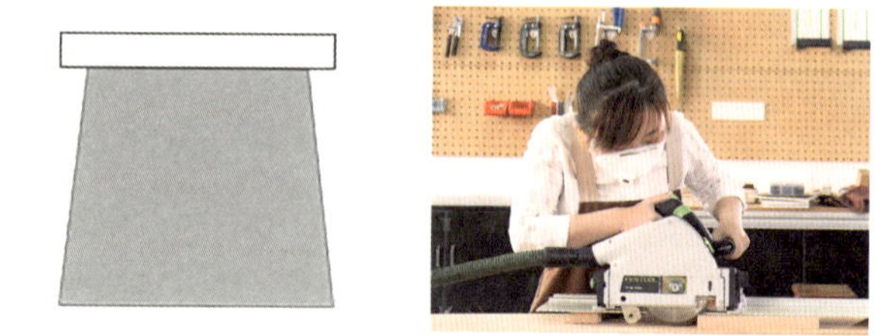

图4-7-31　圆锯处理凳腿造型

图4-7-32　带锯处理凳腿镂空造型

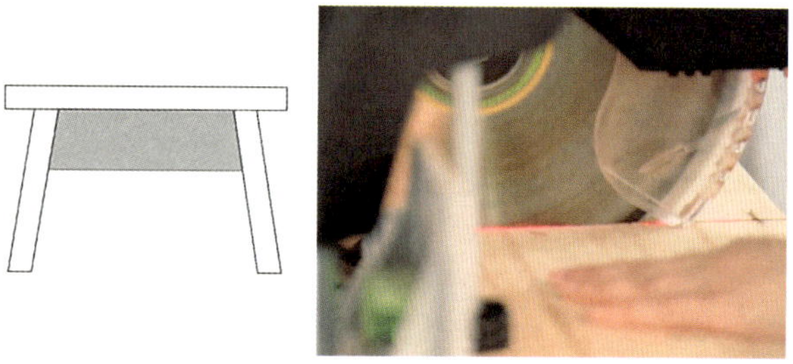

图4-7-33　型材切割锯处理横撑斜边

图4-7-34　制作榫孔

图4-7-35　打磨

图4-7-36　组装

（三）实木板凳制作任务记录单

□个人自评　□小组互评　□教师评价　□企业评价　□社会评价

序号	任务流程	任务目标	评价指标	评分	改进措施
1	图纸分析	分析板凳三视图尺寸	读取板凳三视图尺寸，绘制开料单，与教师提供的开料单比对数据		
2	画线开料	使用台锯和型材切割锯进行初开料	根据开料单，精确锯切4个部件初开料		
3	精确造型	使用砂带机处理凳面圆角	过渡光滑		
		处理板凳凳腿 使用型材切割锯锯切凳腿斜度，圆锯锯切凳腿造型，带锯锯切凳腿镂空造型	角度准确，形式美观		
		使用型材切割锯处理板凳横撑的斜边	角度准确		
4	连接结构制作	多米诺榫连接	测量画线，用多米诺榫机打孔		
5	组装	单件打磨	平整光滑		
		榫卯连接	用多米诺榫连接所有连接点，配合木工胶填充和锤子敲击		
		夹具固定	用夹具固定所有连接点，尽可能减少缝隙，擦去外溢胶水		
6	表面处理	涂擦木蜡油	拆去夹具，铲掉外露的干燥胶水，再次手工打磨，使用棉布擦拭木蜡油		

六、任务拓展：制作高脚吧台圆凳

高脚吧台圆凳模型

高脚吧台圆凳图纸

（1）完成实木板凳制作，于社交平台发布作品图片，收获点赞和评论。

（2）拓展案例：根据高脚吧台圆凳图纸，按照实木板凳的制作流程，尝试制作。

七、任务评价：《实木板凳制作任务记录单》《木质家具制作工艺与流程-学习评价表》

根据《木质家具制作工艺与流程-学习评价表》，展开小组互评、教师评价和企业评价。

参考文献

[1] 彼得·科恩. 彼得·科恩木工基础 [M]. 北京：北京科学技术出版社，2013.

[2] 英国DK出版社. 木工全书 [M]. 北京：北京科学技术出版社，2014.

[3] 罗建举. 木与人类文明 [M]. 北京：科学出版社，2015.

[4] 泰利·诺尔. 木工接合 [M]. 北京：北京科学技术出版社，2019.

[5] 理查德·拉凡. 木旋全书：从零开始真正掌握木工车削技艺 [M]. 北京：北京科学技术出版社，2016.